ERGEBNISSE DER BIOLOGIE
ADVANCES IN BIOLOGY

HERAUSGEBER · EDITORIAL BOARD

H. AUTRUM · E. BÜNNING · K. v. FRISCH
E. HADORN · A. KÜHN · E. MAYR · A. PIRSON
J. STRAUB · H. STUBBE · W. WEIDEL

REDIGIERT VON · EDITED BY

HANSJOCHEM AUTRUM

BAND/VOLUME 27

MIT 27 ABBILDUNGEN
WITH 27 FIGURES

Springer-Verlag Berlin Heidelberg GmbH
1964

Alle Rechte, insbesondere das der Übersetzung in fremde Sprachen, vorbehalten
Ohne ausdrückliche Genehmigung des Verlages ist es auch nicht gestattet, dieses
Buch oder Teile daraus auf photomechanischem Wege (Photokopie, Mikrokopie)
oder auf andere Art zu vervielfältigen

© by Springer-Verlag Berlin Heidelberg 1964
Ursprünglich erschienen bei Springer-Verlag OHG. Berlin · Göttingen · Heidelberg 1964
Softcover reprint of the hardcover 1st edition 1964
Library of Congress Catalog Card Number 26—11246

ISBN 978-3-642-46001-2   ISBN 978-3-642-46000-5 (eBook)
DOI 10.1007/978-3-642-46000-5

Die Wiedergabe von Gebrauchsnamen, Handelsnamen, Warenbezeichnungen usw.
in diesem Werk berechtigt auch ohne besondere Kennzeichnung nicht zu der
Annahme, daß solche Namen im Sinn der Warenzeichen- und Markenschutz-
Gesetzgebung als frei zu betrachten wären und daher von jedermann benutzt
werden dürften

Druck der Brühlschen Universitätsdruckerei Gießen

Titel-Nr. 44 69

Inhaltsverzeichnis

Bau und Vorkommen von proprioceptiven Sinnesorganen bei den Arthropoden. Von Dr. CHRISTIAN HOFFMANN, München. Mit 4 Abbildungen 1

Die Schwimmechanik der Wasserinsekten. Von Dr. WERNER NACHTIGALL, München. Mit 9 Abbildungen 39

Die ökologische Umwelt. Von Prof. Dr. KARL STRENZKE†, Wilhelmshaven 79

Geschlechtsbestimmung bei Blütenpflanzen. Von Dr. DIETHARD KÖHLER, Darmstadt. Mit 2 Abbildungen 98

Die Physiologie der Mitose. Von Prof. Dr. FRITZ ERICH LEHMANN, Bern. Mit 6 Abbildungen 116

On the Migration of Insects. By Dr. ERIK TETENS NIELSEN, Femmöller (Dänemark). With 6 Figures 162

Namenverzeichnis 194

Sachverzeichnis 198

Berichtigung zum Band 26 der „Ergebnisse der Biologie"

Im Beitrag von KLAUS SCHMIDT-KOENIG: „Neuere Aspekte über die Orientierungsleistungen von Brieftauben" sind die Figuren der Abbildungen 5 (Seite 290) und 9 (Seite 296) versehentlich vertauscht worden. Die Figur der Abbildung 5 gehört zur Legende der Abbildung 9 und umgekehrt.

Bau und Vorkommen von proprioceptiven Sinnesorganen bei den Arthropoden

Von CHRISTIAN HOFFMANN

Zoologisches Institut der Universität München

Mit 4 Abbildungen

Inhaltsverzeichnis

A. Einleitung 1
B. Allgemeines (Definitionen, Abgrenzung zu anderen Sinnesorganen, allgemeiner Wissensstand) 3
C. Systematischer Teil 4
   1. Die sensiblen multipolaren Neuronen 4
      a) Die sensible Innervation der Muskeln und Bindegewebe bei Krebsen 5
      b) Die Streckreceptoren der Insekten 15
      c) Die Gelenkreceptoren der Cheliceraten 19
   2. Die chordotonalen proprioceptiven Sinnesorgane 20
      a) Die Chordotonalorgane der Krebse 21
      b) Die Chordotonalorgane der Insekten 27
   3. Die proprioceptiven Cuticularsensillen der Arthropoden 28
      a) Proprioceptive Cuticularsensillen der Insekten 29
      b) Die lyriformen Organe der Cheliceraten 34
Literatur 35

A. Einleitung

Wer einem, eine künstliche Lichtquelle umkreisenden Nachtfalter zuschaut oder einer durch Erschütterungen von Fußtritten aufgescheuchten Küchenschabe gewahr wird oder schließlich bemerkt, daß ein kleiner Mäusekadaver Dutzende von Aaskäfern anlockt, wird schnell einsehen, daß Insekten Sinnesorgane besitzen müssen, die ihnen eine solche Orientierung gegenüber äußeren Reizquellen ermöglichen. Derart auf die äußere Umwelt ausgerichtete, beim Menschen die bewußten Wahrnehmungsinhalte vermittelnden Sinnesorgane erwartet man auch bei Arthropoden, wenn eine Beobachtung der genannten Art darauf hinweist.

Auf die Existenz von Sinnesorganen, mit denen beim Menschen keines der subjektiven Erlebnisse des Sehens, Hörens, Riechens, Schmeckens und Fühlens verbunden ist, stößt man aber bei anatomischen Untersuchungen. Die funktionelle Bedeutung solcher Sinnesorgane läßt sich schon bei den Wirbeltieren nicht immer ohne weiteres erschließen, vielfach bedarf es dazu des planvoll angestellten Experimentes. Sinnesorgane, die in diese Gruppe gehören, sind u. a. die Proprioceptoren, die bei den Wirbeltieren im Funktionskreis der Regelung von Körperhaltung und Körperbewegung eine bedeutsame Rolle spielen, ihren Dienst dabei aber so unauffällig verrichten, daß man das Wort von den stummen Leistungen der Proprioceptivität (KOELLA 1951) geprägt hat.

Nicht anders als bei den Wirbeltieren ist man auch bei Arthropoden in zweierlei Weise auf proprioceptive Sinnesorgane aufmerksam geworden: durch mehr oder minder zufällige Entdeckungen im Rahmen der gründlichen anatomischen Erforschung einer Tierart (Prosternalorgan von *Calliphora*; LOWNE 1890) oder durch planvolles Suchen nach Sinnesorganen, die aufgrund physiologischer Studien als notwendig für bestimmte Leistungen gefordert werden mußten (für Beispiel s. S. 11). Da man normalerweise ein Insekt oder einen Krebs immer in einer harmonisch anmutenden, also alle Körperteile sinnvoll gegeneinander bewegenden und genau abgestimmten Weise laufen, fliegen oder schwimmen sieht, verführt dieser gewohnte Anblick leicht dazu, hierin eine Selbstverständlichkeit zu erblicken. Daß das durchaus nicht der Fall zu sein braucht, zeigt der physiologische Versuch. Heuschrecken, die sich bei Belichtung stets so orientieren, daß die Beleuchtungsstärke an den dorsalen Ommatidien ein Maximum erreicht, drehen ihren Körper in die zunächst nur vom Kopf eingenommene Richtung nach. Entfernt man nun eine bestimmte Gruppe von innervierten Haaren in der Halsregion, so sind die Tiere verhindert, diese konstante Winkelbeziehung zwischen dem Kopf und dem übrigen Körper herzustellen (GOODMAN 1959). Die Haare, deren Entfernung so tiefgreifende Störungen in der natürlichen Körperhaltung der Heuschrecken erzeugt, sind ein besonders klares Beispiel für Proprioceptoren und ihre Leistungen bei den Arthropoden.

Das große physiologische Interesse an der Regelung der Körperhaltung und der Körperbewegungen bei den Arthropoden hat besonders in den letzten 20 Jahren auch eine intensive Beschäftigung mit der Morphologie der beteiligten Proprioceptoren nach sich gezogen. Es ist das Ziel dieser Übersicht, über das Vorkommen und den Bau proprioceptiver Sinnesorgane der Arthropoden zusammenfassend zu berichten, so weit das heute möglich ist. Da es sich um ein relativ junges Forschungsgebiet handelt, wird es kaum verwundern, daß die gegebene Darstellung nur ein unvollständiges Mosaik sein kann, dessen fehlende Steinchen die vorhandenen an Zahl sicherlich weit übertreffen.

B. Allgemeines
(Definitionen, Abgrenzung zu anderen Sinnesorganen und allgemeiner Wissensstand)

Einleitend war ein Beispiel eines Proprioceptors bei Arthropoden bereits gegeben worden; was diese Sinnesorgane im allgemeinen sind und worin sie sich von anderen Sinnesorganen unterscheiden, bedarf noch einiger Erläuterungen. Zunächst muß dabei festgestellt werden, daß es anatomisch faßbare allgemeine Merkmale für Proprioceptoren *nicht* gibt. Die Entscheidung, ob ein Sinnesorgan ein Proprioceptor ist oder nicht, kann nur aufgrund physiologischer Befunde getroffen werden. Aber auch dann, wenn solche Befunde vorliegen, bleibt es noch eine Frage der Definition, was man unter einem Proprioceptor verstanden wissen will. Eine allgemein anerkannte Definition für Proprioceptoren gibt es nicht. Der Begriff wird von verschiedenen Autoren unterschiedlich weit ausgelegt. Ohne die Entwicklung des Begriffes hier im einzelnen zu verfolgen und ohne verschiedene Definitionen miteinander zu vergleichen, sei kurz festgestellt, was in dieser Arbeit mit Proprioceptoren gemeint ist. Aufgenommen werden sollen in diese Darstellung Sinnesorgane, für die durch physiologische Untersuchungen, die hier weder zitiert noch diskutiert werden können, gezeigt worden ist, daß sie der Reception vom Tier selbst erzeugter physikalischer oder chemischer Bedingungen dienen. Die Wahrnehmung dieser Bedingungen darf dabei nicht mittels äußerer Faktoren wie Licht, Schwerkraft, mechanische Kräfte sonstiger Art (Erschütterungen) und gradientenhaft verteilter Temperatur, chemischer Stoffe usw. erfolgen und die Anzeige, welche die Proprioceptoren geben, soll als Bezugspunkt den Körper oder Teile des Körpers eines Tieres haben. Da ein Insekt normalerweise den Bedingungen der Schwerelosigkeit nie ausgesetzt wird, sind das irreale Forderungen, die nur aufgestellt wurden, um überhaupt eine Grenzziehung gegen andere Sinnesorgane vornehmen zu können, gegen die sich die Proprioceptoren nie völlig eindeutig abgrenzen lassen werden. Beispiele von Sinnesorganen, die sowohl Proprioceptoren als auch Schweresinnesorgane sind, kennt man; bei der Besprechung dieser Organe (S. 33) muß auf die hier aufgezeigten Schwierigkeiten nochmals zurückgekommen werden.

Selbst in dem angegebenen Umfang muß jedoch manches unberücksichtigt bleiben, weil innerhalb der oben gezogenen Grenzen Sinnesorgane liegen werden, die in manchen Fällen anatomisch vielleicht schon bekannt sind, aber für die keine physiologischen Befunde ihrer wahren Funktion vorliegen. Da nicht irgendwelche, sondern proprioceptive Sinnesorgane dargestellt werden sollen, ist der Kreis der besprochenen Beispiele lieber zu eng als zu weit gefaßt worden. So sind bei Arthropoden keine inneren proprioceptiven Chemo- und Thermoreceptoren nach Art der bei den Vertebraten bekannten Organe nachgewiesen. Für die sensible Innervation der inneren Organe finden sich zwar einige anatomische Hinweise, aber keine physiologischen Nachweise der wahren Bedeutung dieser Strukturen. Selbst an dem sonst recht genau untersuchten Herz der Krebse sind die einzigen als sensible Organe in Betracht kommenden Strukturen, nämlich einige Kollateralen der Herzneurone, die nicht wie die meisten Kollateralen Synapsen mit anderen Neuronen bilden, sondern auf einer kleinen Fläche des Myokards dendritische Ausläufer haben, nur aufgrund von Mutmaßungen für Streckreceptoren gehalten worden (BULLOCK, COHEN und MAYNARD 1954).

Fast alle Kenntnisse beschränken sich so auf die mechanoreceptorischen Proprioceptoren des Bewegungsapparates. Hier gibt es genügend Beispiele anatomisch und physiologisch gleichermaßen gut bekannter Sinnesorgane. Allerdings muß hier zwischen der Breite des Wissens und der Gründlichkeit, mit der einzelne Sinnesorgane untersucht wurden, ein Unterschied gemacht werden. In vergleichend-anatomischer Hinsicht wird man die Breite des Wissens ungefähr an der Zahl der an einzelnen Vertretern untersuchten größeren systematischen Einheiten abschätzen können. In dieser Beziehung ist die Kenntnis der Proprioceptoren bei Arthropoden sehr bescheiden, da meist nur solche Gruppen Berücksichtigung gefunden haben, in denen es große und leicht zu beschaffende Arten gibt. Mitunter hat das zur Folge, daß ziemlich abseitige Gruppen wie die Xiphosuren in Hinblick auf ihre Proprioceptoren besser bekannt sind als beispielsweise die wichtigen Insektenordnungen der Käfer und der Dipteren. Deshalb sind besonders die in der Arbeit gemachten Angaben über die Verbreitung bestimmter Typen von Sinnesorganen unter den verschiedenen Klassen und Ordnungen der Arthropoden kein zuverlässiges Spiegelbild der wahren Verbreitung, sondern nur als Beispiele aufzufassen. Viel besser steht es um die genaue morphologische Untersuchung (und zugleich um die physiologische Ergänzung) bestimmter Organe bei einzelnen Tierarten. Hier sind es besonders die größeren Krebse, die als Objekte für die anatomische Erforschung der Proprioceptoren gedient haben. Der spezielle Teil dieser Arbeit wird dementsprechend dieser Klasse der Arthropoden den größten Platz einräumen und wenigstens an Einzelbeispielen auch aus anderen Gruppen die physiologisch teilweise recht ähnlich arbeitenden, morphologisch aber völlig heterogenen mechanischen Sinnesorgane mit proprioceptiver Funktion ihrem Bau nach besprechen und vergleichen.

C. Systematischer Teil
1. Die sensiblen multipolaren Neuronen

Multipolare sensible Ganglienzellen bei Arthropoden sind zwar seit langem bekannt, doch besteht in der älteren Literatur eine erhebliche

Verwirrung, weil in vielen Fällen irrtümlicherweise mesenchymale Zellen als Ganglienzellen beschrieben worden sind (BETHE 1896, NUSBAUM und SCHREIBER 1897, TONNER 1933 und 1936 im Falle des subepidermalen „Nervenzellnetzes" der Krebse). ALEXANDROWICZ (1957) hat die älteren Arbeiten einer kritischen Betrachtung unterzogen und fand nur sehr wenige Beispiele, in denen unzweifelhaft multipolare Ganglienzellen beschrieben worden sind. Bei Krebsen *(Palaemon)* hat HOLMGREN (1898) solche Zellen beobachtet, bei Insekten sind die Beipiele etwas häufiger. In der klassischen Arbeit von ZAWARZIN (1912a) über das sensible Nervensystem der *Aeschna*-Larven finden sich multipolare Nervenzellen (ZAWARZINs Zelltypus II) dargestellt, die auf den Gelenken liegen und dort die Hypodermis der Gelenkmembranen innervieren. ROGOSINA (1928) fand am gleichen Objekt baumförmige Endverzweigungen multipolarer Zellen auf Muskelfasern und im Bindegewebe der Bauchsegmente und sprach ganz allgemein die Annahme aus, daß bipolare Zellen die receptorischen Neuronen für die Sinnesorgane sind, während die multipolaren Zellen als receptorische Neuronen des Haut-Muskel-Sackes anzusprechen seien. Während alle diese älteren Arbeiten aber vornehmlich vergleichend-anatomische Gesichtspunkte erörtern, tritt die funktionelle Bedeutung der sensiblen multipolaren Neuronen und damit ihre Rolle als Proprioceptoren erst später auch in das Gesichtsfeld der anatomischen Forschung, und zwar zunächst bei den Crustaceen.

a) Die sensible Innervation der Muskeln und Bindegewebe bei Krebsen.
Abgesehen von sehr wenigen multipolaren Ganglienzellen, die unmittelbar unter dem Epithel ein dichtes dendritisches Netzwerk ausbreiten (ALEXANDROWICZ 1957) und deren Funktion nicht bekannt ist, liegen Ganglienzellen dieses Typs in tieferen Körperschichten in enger Verbindung zu Bindegeweben und Muskeln. Meist sind es Zellen, die mehrere distale Fortsätze besitzen, welche bereits vom Zellkörper aus getrennt entspringen und in divergenten Richtungen weiterziehen. Gelegentlich finden sich hier aber auch Ganglienzellen, die nur einen einzigen dicken Distalfortsatz entsenden, der sich erst in einiger Entfernung vom Zellkörper verästelt. Diese „bipolaren" Zellen mit verzweigtem Dendrit sind als sensible Ganglienzellen z. B. in der Muskulatur der Paguriden gefunden worden (ALEXANDROWICZ 1952b); da hierbei offenbar nur morphologisch modifizierte multipolare Neuronen vorliegen, dürfen wir sie mit diesen gemeinsam betrachten.

Nach speziellen histologischen Merkmalen und nach ihrer Verteilung auf die verschiedenen Körperregionen ergeben sich innerhalb der proprioceptiven Sinnesorgane in der Muskulatur und den Bindegeweben der Krebse mehrere, gut gekennzeichnete natürliche Gruppen. Unter den Bezeichnungen, die jede dieser Gruppen erhalten hat, sind diese

Proprioceptoren hauptsächlich bekannt geworden. Um die ohnehin bestehende nomenklatorische Verwirrung nicht noch zu vermehren, sollen die von dem jeweiligen Entdecker der Organe gewählten Bezeichnungen hier beibehalten werden.

Im Abdomen von *Homarus* und *Palinurus* fand ALEXANDROWICZ (1951) bis 100 μ große Ganglienzellen, die mit ihren kurzen, vielfach aufgezweigten Dendriten in dünne, von der übrigen Muskulatur stark abweichende Muskelbündel eindringen. In der durch spätere physiologische Untersuchungen voll bestätigten Annahme, daß diese Ganglienzellen mechanische Reize rezipieren, die durch Muskelbewegungen erzeugt werden, wurden die aus der sensiblen Ganglienzelle, dem dünnen Muskelbündel und mehreren zentrifugalen Nervenfasern bestehenden Organe *Muskelreceptororgane* (abgekürzt MRO) genannt. Solche Muskelreceptororgane wurden später auch im Thorax einiger Dekapoden (ALEXANDROWICZ 1952a) und bei dem Stomatopoden *Squilla mantis* (ALEXANDROWICZ 1954) gefunden. In der Regel liegen diese Organe auf jeder Segmenthälfte paarweise zwischen den großen dorsalen Muskeln. Jedes Organ erstreckt sich auf insgesamt drei Körpersegmente. Die dünnen Muskelbündel, Receptormuskeln (abgekürzt RM) genannt, laufen von der vorderen Hälfte eines Segmentes bis zur Vorderkante des Tergites des nächsthinteren Segmentes. Der Axon der Ganglienzelle dieses Organes mündet durch den Ganglienknoten des nächstvorderen Segmentes in das Bauchmark ein (HUGHES und WIERSMA 1960). Die beispielsweise im 3. Abdominalsegment befindliche sensible Ganglienzelle sendet ihre Dendriten in den Receptormuskel, der zwischen dem 3. und 4. Abdominalsegment aufgespannt ist, ihren Axon hingegen in das 2. Abdominalganglion. Im Abdomen sind die Receptormuskeln so angeordnet, daß sie beim Abbiegen des Abdomens nach der Ventralseite passiv gestreckt werden; durch diese Streckung wird der Receptor gereizt. Für das angeführte Beispiel ist demgemäß Streckung des 4. gegen das 3. Abdominalsegment der natürliche Reiz.

Die beiden einzelnen Organe eines Paares von Muskelreceptororganen unterscheiden sich in mehreren Punkten morphologisch voneinander, Unterschiede, denen auch physiologische Differenzen zugeordnet sind. Der weiter lateral liegende Receptormuskel RM_1 ist bei *Homarus vulgaris* nur etwa halb so lang wie der mehr median verlaufende Receptormuskel RM_2. Außerdem zeigt RM_1 dickere Muskelfibrillen mit einem gröberen Querstreifungsmuster als RM_2. Die größere Länge von RM_2 kommt dadurch zustande, daß dieser Muskel weiter vorn als RM_1 entspringt und weiter hinten im nächsten Segment endigt. Gemeinsam ist dagegen beiden Receptormuskeln eine eigentümliche Bildung an der Stelle, an der die Dendriten der sensiblen Ganglienzelle in den Muskel eindringen. Hier, etwa in der Mitte des Receptormuskels, ist das Muskelgewebe durch bindegewebige Fasern ersetzt, so daß eine Art eingeschobener Muskelsehne (intercalated tendon) zustande kommt.

Unter den nervösen Anteilen des Muskelreceptororganes ist zu unterscheiden: a) die in Bindegewebsmembranen eingeschlossene sensible Ganglienzelle mit ihren Dendriten und ihrem Axon, b) mindestens ein motorischer Axon, der zahlreiche und über den Receptormuskel verteilte Endigungen bildet und c) ein oder zwei weitere zentrifugale Fasern, die am Zellkörper und an den Dendriten der sensiblen Ganglienzelle viele synaptische Endigungen besitzen und als akzessorische Fasern bekannt sind. Bei *Homarus* und *Palinurus* sind in der Regel eine dicke und eine dünne akzessorische Faser vorhanden, die auch in größerer Entfernung von der Ganglienzelle noch als individuell verschiedene Fasern erkennbar sind (ALEXANDROWICZ 1951). *Astacus fluviatilis* hat nur die dicke akzessorische Faser (FLOREY und FLOREY 1955). Da man aus elektrophysiologischen Untersuchungen weiß, daß bei Aktivität der akzessorischen Fasern das Erregungsniveau der sensiblen Ganglienzelle gesenkt wird, werden die akzessorischen Fasern auch als Hemmfasern bezeichnet.

Die bis hierher gegebene Beschreibung der Muskelreceptororgane sollte der allgemeinen Kennzeichnung dieser Organe dienen. Bei den verschiedenen systematischen Kategorien der höheren Krebse und ebenso in den verschiedenen Körperabschnitten eines Krebses ergeben sich aber die vielfältigsten Abwandlungen des Grundtypus der Muskelreceptororgane. Da die Muskelreceptororgane bei einer ansehnlichen Zahl von Krebsen aus mehreren systematischen Gruppen untersucht sind, läßt sich eine ziemlich geschlossene vergleichend-anatomische Übersicht dieser Organe gewinnen. Weniger um einer solchen Übersicht willen lohnt es sich jedoch, die verschiedenen Ausgestaltungsformen der Muskelreceptororgane der Krebse im einzelnen zu verfolgen, sondern deshalb, weil die Muskelreceptororgane sehr eindrucksvoll zeigen, wie bei Änderungen der Lokomotionsweise im Verlaufe der stammesgeschichtlichen Entwicklung einer Tiergruppe zugleich der proprioceptive Kontrollapparat für die Bewegungen mit umgestaltet wird. Diese Entwicklung ist am deutlichsten bei den thorakalen Muskelreceptororganen zu verfolgen.

Bei den höheren Krebsen besteht die Tendenz, mit steigender Organisationshöhe die freie Motilität der einzelnen Körpersegmente aufzugeben. Davon sind zunächst die Thoraxsegmente betroffen, bei den Krabben werden in diesen Prozeß auch die Abdominalsegmente einbezogen, indem das umgeschlagene Abdomen unter den Cephalothorax gepreßt und nicht mehr zur Fortbewegung benutzt wird. Die am unteren Ende des Stammbaumes der Malacostraken eingereihten Stomatopoden, die noch vier freibewegliche hintere Thoraxsegmente aufweisen, zeigen die vollständigste Ausstattung mit thorakalen Muskelreceptororganen unter allen untersuchten Krebsen. *Squilla mantis* hat in den Thoraxsegmenten 3—8 typische Muskelreceptororgane. Nur in den Thoraxsegmenten 3 und 4, die vom Carapax überdeckt sind, sind die Organe teilweise rückgebildet. So ist im dritten Thoraxsegment statt eines Paares jederseits nur ein Receptormuskel mit einer sensiblen Ganglienzelle vorhanden und im vierten Thoraxsegment, das noch beide Ganglienzellen aufweist, fehlt der eine der beiden Receptormuskeln (ALEXANDROWICZ 1954).

Bei den Dekapoden, deren sämtliche Thoraxsegmente dorsal mit dem Carapax verwachsen sind, kommen Muskelreceptororgane fast nur noch in den 7. und 8. Thorakalsegmenten[1] vor; lediglich bei einigen Natantia sind Reste der Organe des 5. und 6. Thorakalsegmentes nachweisbar. Den abdominalen Muskelreceptororganen vollkommen gleichwertig sind sogar nur die Organe des 8. Thorakalsegmentes, die Abbiegungen des bei vielen Krebsen (z. B. Astaciden) besonders beweglich gestalteten Thorax-Abdomen-Gelenkes anzeigen. Die Muskelreceptororgane des 7. Thorakalsegmentes zeigen häufig Rückbildungserscheinungen, die sich meist auf die Hemminnervation oder auf die Receptormuskeln erstrecken, bei manchen Astaciden aber auch bis zum völligen Verschwinden von einem der beiden sonst paarweise vorkommenden Organe reichen.

Unter den Natantia ist die Garnele *Leander serratus* eingehend auf das Vorkommen thorakaler Muskelreceptororgane untersucht worden. ALEXANDROWICZ (1956) konnte hier nur im letzten (8.) Thoraxsegment Muskelreceptororgane finden. Das laterale Organ bietet das übliche Bild mit Receptorzelle, Receptormuskel und Hemminnervation. Das mediane Organ ist dagegen aus einem Receptormuskel mit vier Receptorzellen zusammengesetzt. Von den vier sensiblen Ganglienzellen besitzt diejenige Zelle eine Hemminnervation, deren Axon am weitesten caudal ins Bauchmark einmündet. Die drei vorderen Zellen ohne Hemminnervation sind mit größter Wahrscheinlichkeit die sensiblen Ganglienzellen der Thoraxsegmente 5—7, die keine eigenen Receptormuskeln und Hemmfasern mehr besitzen.

Bei den Reptantia sind die Muskelreceptororgane des 7. Thorakalsegmentes noch ziemlich komplett bei den Vertretern der Palinura ausgebildet. *Palinurus vulgaris* hat in diesem Segment ein Paar von Muskelreceptororganen, die beide ihren speziellen Receptormuskel behalten

---

[1] Da sich, wie S. 6 erwähnt, die Muskelreceptororgane über mehrere Segmente erstrecken, muß angemerkt werden, daß hier stets dasjenige Segment gezählt ist, welches den Zellkörper der sensiblen Ganglienzelle trägt. Besondere Vorsicht ist auch beim Vergleich der Angaben verschiedener Autoren erforderlich, da die Bezeichnungen für dieselben oder homologe Organe unterschiedlich sind.

haben (ALEXANDROWICZ 1952a); das gleiche gilt für *Panulirus interruptus* (WIERSMA und PILGRIM 1961). Es ist allerdings nicht sicher, ob das mediane Organ von Hemmfasern versorgt wird. Einen Schritt weiter ist die Entwicklung bei den Astacura gegangen; hier weist der Hummer *(Homarus vulgaris)* ein Paar von Muskelreceptororganen auf, die beide unvollständig sind: Dem lateralen Organ fehlt der eigene Receptormuskel, dem medianen Organ sehr wahrscheinlich die Hemminnervation. Die Dendriten der lateralen Receptorzelle endigen in Bindegewebssträngen, die einen normalen Muskel begleiten (ALEXANDROWICZ 1952a). *Procambarus clarkii* schließlich hat das mediane Organ völlig eingebüßt. Die verbliebene laterale Receptorzelle antwortet auf seitliche Abbiegungen des Abdomens gegen den Thorax (WIERSMA und PILGRIM 1961), sie beteiligt sich also gemeinsam mit der homologen Zelle des 8. Thorakalsegmentes an der proprioceptiven Kontrolle der (durch das frei bewegliche letzte Thoraxsternit) bei Astaciden sehr beweglichen Gelenkverbindung zwischen Thorax und Abdomen.

Im Abdomen sind die Muskelreceptororgane bei den meisten Gruppen der höheren Krebse einheitlicher gestaltet als im Thorax. Alle 6 Abdominalsegmente (so bei *Homarus* und *Palinurus*) oder wenigstens die ersten fünf (bei *Leander*) besitzen Muskelreceptororgane, die dem eingangs beschriebenen allgemeinen Typus dieser Organe entsprechen. Eine nach den obigen Betrachtungen über Bewegungsweisen und ihre sensorische Kontrolle zu erwartende Ausnahme bilden hier nur die Brachyura (Krabben). Das für die Fortbewegung funktionslos gewordene Abdomen der Krabben besitzt keine Muskelreceptororgane, wie PILGRIM (1960) für *Cancer magister* zeigte und für alle anderen höheren Krabben ebenfalls annimmt. Etwas überraschend ist in dieser Hinsicht allerdings, daß die Einsiedlerkrebse in ihren weichhäutigen, in Schneckenschalen geborgenen Abdomina Muskelreceptororgane haben. Eine Erklärung, die durch die Verhältnisse bei den thorakalen Muskelreceptororganen der Krebse gestützt wird, wäre vielleicht darin zu suchen, daß evolutionistisch der Bewegungsapparat zuerst umgestaltet wird, während sich die Rückbildung seiner Proprioceptoren erst später vollzieht. Für die Muskelreceptororgane im 6. Abdominalsegment der Einsiedlerkrebse ist auch elektrophysiologisch der Nachweis ihrer Funktionsfähigkeit erbracht (PILGRIM 1960).

Obwohl die Muskelreceptororgane der Krebse in vieler Hinsicht als die am besten bekannte Gruppe von Proprioceptoren bei Arthropoden überhaupt gelten dürfen, wissen wir sehr wenig über den Feinbau dieser Organe. So bleiben hier viele Fragen offen; besonders umstritten ist dabei die Art und Weise der Verbindung zwischen der sensiblen Ganglienzelle und ihrem Receptormuskel, deren Kenntnis auch für das physiologische Problem der Reizübertragung auf den Receptor von Interesse wäre. FLOREY und FLOREY (1955) behaupteten, daß bei *Astacus* die Dendriten der sensiblen Ganglienzelle direkt an den Muskelfasern endigen. Diese Angabe wurde aber von ALEXANDROWICZ (1958) als falsch zurückgewiesen; seiner Meinung nach endigen die Dendriten der Muskelreceptororgane niemals an den Muskeln selbst, sondern an Bindegewebsfasern. Die einzige elektronenmikroskopische Untersuchung an Muskelreceptororganen (PETERSON und PEPE 1961) beschränkt sich auf die Verteilung und den Bau der synaptischen Endigungen der Hemmfasern. Bei den Streckreceptoren der Insekten, die den Muskelreceptororganen der Krebse in vielen Punkten ähneln, wird der Feinbau solcher Organe wenigstens an einem Beispiel dargestellt werden können.

Eine zweite, bei vielen Dekapoden vorkommende, den Stomatopoden aber offenbar fehlende Gruppe von proprioceptiven Sinnesorganen sind die von ihrem Entdecker (ALEXANDROWICZ 1952a) so genannten *N-Zellen*. Wie die sensiblen Ganglienzellen der Muskelreceptororgane sind auch die N-Zellen multipolare Neuronen mit nahe an Muskeln liegenden Zellkörpern. Über ihren allgemeinen Habitus unterrichtet die Abb. 1. Die wesentlichen Unterschiede gegenüber den sensiblen Ganglienzellen der Muskelreceptororgane liegen in folgenden Merkmalen: Die N-Zellen haben an einem kleinen Zellkörper (er ist bei *Homarus* knapp halb so groß wie der Zellkörper der Ganglienzelle der Muskelreceptororgane) sehr lange, verzweigte Dendriten, die in normale Muskeln eindringen. Die N-Zellen haben also keine speziellen Receptormuskeln. Die N-Zellen besitzen auch keine Hemminnervation; sie sind ferner niemals außerhalb der vorderen Thoraxregion gefunden worden. In dieser Region kommen sie regelmäßig zu fünft auf jeder Körperhälfte vor. Die Lage der homologen N-Zellen verschiedener Species und die Muskeln, mit denen ihre Dendriten verbunden sind, sind von Art zu Art verschieden. Aus dem Verlauf der Axone der 5 N-Zellen ist aber klar ersichtlich, daß die N-Zellen segmental (serial) angelegte Sinneszellen sind. Obwohl die Zellkörper von zwei N-Zellen oft eng benachbart am selben Muskel liegen (s. Abb. 1), laufen ihre Axone immer getrennt zu verschiedenen Thorakalganglien, und zwar sind es die Thorakalganglien 1—5, in die die Axone der N-Zellen einmünden. Deshalb wurde auch vermutet, die N-Zellen seien von den sensiblen Ganglienzellen der bei den Decapoda im vorderen Thoraxteil fehlenden Muskelreceptororgane abzuleiten. Da die N-Zellen physiologisch den lateralen Muskelreceptororganen mit tonischem Erregungstyp gleichen, sehen WIERSMA und PILGRIM (1961) in den N-Zellen die Abkömmlinge dieser Organe.

Die homologen N-Zellen verschiedener Krebsarten können von Art zu Art wechselnde Funktionen übernehmen, was sich aus der Labilität der Lagebeziehungen zu den einzelnen Muskelsystemen ergibt. Bei *Procambarus* spricht die hinterste N-Zelle auf seitliche Bewegungen des

Thorax-Abdomen-Gelenkes an, wobei die linke und die rechte N-Zelle reziprok arbeiten; bei *Panulirus* ist neben der 5. auch die 4. N-Zelle in gleicher Weise tätig (WIERSMA und PILGRIM 1961). Wenn zwei N-Zellen serial oder parallel an einem Muskel liegen, arbeiten sie synergistisch bei Streckung dieses Muskels; das ist namentlich bei den vorderen N-Zellen, über deren Funktion aber wenig bekannt ist, häufig der Fall.

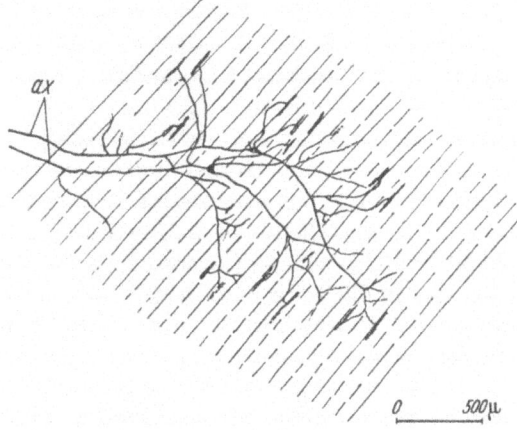

Abb. 1. Die beiden vordersten N-Zellen aus dem Thorax des Hummers *(Homarus vulgaris)*. Links die Axone (*ax*), in der Mitte die kleinen Zellkörper mit langen, in den Muskel (M. attractor epimeralis) eindringenden Dendriten (rechts). Einzelne Dendriten entspringen bereits von den Axonen aus [nach ALEXANDROWICZ (1952a)]

Mit dem Bewegungsapparat der Krebse eng verbunden sind noch zwei weitere Gruppen von Proprioceptoren, deren Kenntnis abermals ALEXANDROWICZ zu verdanken ist: Die eine Gruppe wurde als *"muscular receptors"*, die andere als *"innervated elastic strands"* bezeichnet (ALEXANDROWICZ und WHITEAR 1957, ALEXANDROWICZ 1958). Um Verwechslungen der "muscular receptors" mit den Muskelreceptororganen auszuschließen, soll für die ersteren die englische Bezeichnung beibehalten werden.

Die Geschichte der Entdeckung dieser Proprioceptoren — sie findet sich bei ALEXANDROWICZ und WHITEAR (1957) näher dargestellt — ist ein interessantes Beispiel für den Einfluß, den physiologische Untersuchungen auf die Entwicklung unserer anatomischen Kenntnisse über die Proprioceptoren der Arthropoden gehabt haben. In der Coxalregion der Krebse, in der die "muscular receptors" und die innervierten elastischen Stränge liegen, sind Proprioceptoren zielbewußt gesucht worden, weil aufgrund einer Arbeit über die kompensatorischen Augenstielbewegungen der Languste (DIJKGRAAF 1956) die Existenz von Proprioceptoren in der Coxalregion gefordert werden mußte.

Die "muscular receptors" sind Receptoren des Thorax-Coxa-Gelenkes, wo sie bei Vertretern mehrerer Dekapodengruppen, nämlich bei Palinuren *(Palinurus)*, Astacuren *(Homarus* und *Astacus)*, Anomuren *(Eupagurus)* und Brachyuren *(Carcinus, Cancer* und *Maja)* nachgewiesen sind. Den Muskelreceptororganen ähnlich bestehen sie aus einem dünnen Muskelbündel (von etwa 90 μ Durchmesser bei *Homarus*) mit mehrfacher Innervation. Eine dünnere Faser zieht an dem Muskelbündel entlang und verzweigt sich dabei nach dem gleichen Muster wie die motorischen Fasern der Muskelreceptororgane; offenbar handelt es sich ebenfalls um die motorische Innervation des Muskels. Eine andere Gruppe von Fasern, meist sind es zwei und bei *Maja* drei, ist von wesentlich anderer Beschaffenheit; diese Fasern sind dick und verzweigen sich unmittelbar vor dem proximalen Ende des dünnen Muskelbündels, dort wo der Muskel in seine Muskelsehne übergeht, zu einem dem Dendritenbäumchen der Muskelreceptororgane überraschend ähnlichen Gebilde. Überraschend ist diese Ähnlichkeit deshalb, weil im Gegensatz zu den Muskelreceptororganen kein Zellkörper in der Nähe des Muskels vorhanden ist und auch vor dem Eintritt dieser Fasern ins Bauchmark nicht auffindbar ist. Die Fasern lassen sich bis in die postero-ventralen Regionen der Ganglienknoten verfolgen. ALEXANDROWICZ und WHITEAR (1957) schreiben, daß über die sensorische Natur dieser dicken Fasern kein vernünftiger Zweifel bestehen könne und sie daher als die dendritischen Fortsätze von receptorischen Neuronen zu betrachten seien, deren Zellkörper in den Ganglien des Bauchmarks liegen. Neben diesen sensorischen und den oben genannten motorischen Fasern gibt es noch einige sehr dünne Fasern, die sich zwischen dem Dendritenbäumchen verzweigen; ihre Bedeutung ist unklar.

Die sensible Innervation der "muscular receptors", die für Arthropoden recht ungewöhnlich ist und eine gewisse Analogie zu der sensiblen Innervation der Wirbeltiermuskulatur durch die spinalen Ganglienzellen aufweist, ist das auffallendste Merkmal dieser Proprioceptoren. Zur Anatomie läßt sich ganz allgemein sagen, daß sie an den Gelenken zwischen dem Thorax und den Coxen sämtlicher Peraeopoden, bei den Dekapoden also im 4.—8. Thoraxsegment, gefunden wurden. Der dünne Receptormuskel ist zwischen einem Punkt des Endophragmalskeletes[1] nahe den Bauchganglien und dem ventro-cranialen Teil der Coxen aufgespannt. Bei manchen Arten ist in allen Peraeopoden tragenden Segmenten, bei anderen Arten wenigstens in einem dieser Segmente ein auffallender Chitinzapfen als proximaler Anheftungspunkt für den Receptormuskel ausgebildet. Nach dem Muster der sensiblen Innervation sind ein *Homarus*-Typ und ein *Carcinus*-Typ der "muscular receptors"

---

[1] Nach dem Körperinneren vorspringende Teile der Sternite.

unterschieden worden. Der *Homarus*-Typ, den die Abb. 2 darstellt, trägt die Endigungen der beiden dicken sensiblen Fasern an einem gemeinsamen Areal der proximalen Muskelsehne. Der komplizierter gestaltete *Carcinus*-Typ, der sich auch bei *Eupagurus* findet, zeichnet sich durch eine räumliche Trennung der Dendriten beider Fasern aus: Nur eine Faser endigt an der Muskelsehne, die zweite gabelt sich und

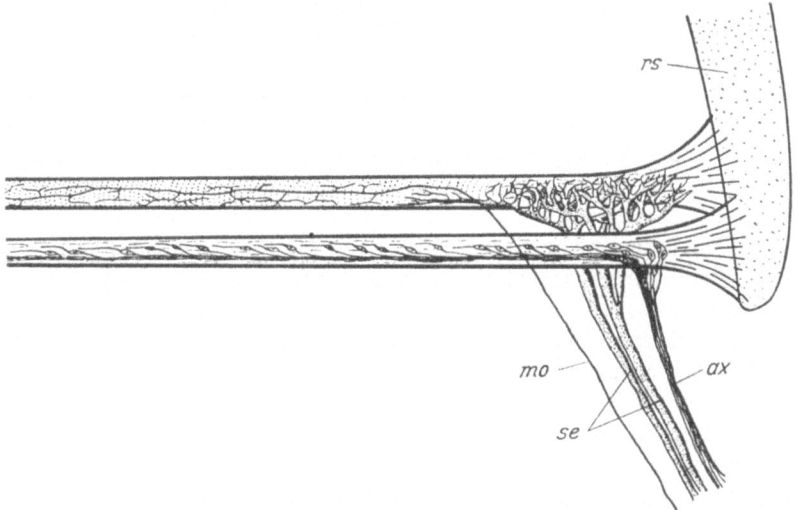

Abb. 2. Proximale Teile von einem "muscular receptor" (oben) und dem parallel dazu verlaufenden "elastic receptor" (unten) aus dem Thorax-Coxa-Gelenk des Hummers *(Homarus vulgaris)*. *mo* = Motorische Faser und *se* = sensible Fasern des "muscular receptor", *ax* = Axonbündel der bipolaren Zellen des "elastic receptor", *rs* = der Receptorstab, ein auffälliger Chitinvorsprung der Sternite, der beiden Receptoren als Anheftungspunkt im Thorax dient. Eine sehr dünne Faser (s. Text) der Übersicht halber weggelassen [nach ALEXANDROWICZ und WHITEAR (1957)]

sendet je einen Ast an zwei Bindegewebsstränge, die den Receptormuskel flankieren. Bei den Arten, die den *Homarus*-Typ der "muscular receptors" besitzen (neben *Homarus* auch *Astacus*), läuft parallel und unmittelbar neben dem "muscular receptor" ein zweiter Proprioceptor, der jedoch einer ganz anderen Kategorie, nämlich den chordotonalen Proprioceptoren, angehört.

Die "innervated elastic strands" sind ein System von sehr dicht innervierten elastischen Strängen, die mit dem Heber- und dem Senkermuskel des Basipoditen (Mm. levator et depressor basipoditis) der Peraeopoden verbunden sind. Proximal sind diese Stränge entweder an denselben Stellen wie die "muscular receptors" oder an einem etwa rechtwinklig zu den innervierten Strängen verlaufenden, nicht innervierten speziellen Trägerligament verankert. Wie die Receptormuskeln der "muscular receptors" so werden auch die "innervated elastic strands" von Neuronen sensibel innerviert, die mit ihren Zellkörpern in den Ganglien des Bauchmarks liegen. Die Dendriten dieser Neuronen bilden ein außergewöhnlich dichtes Netzwerk in den elastischen Strängen, so daß die Menge an Dendriten die des elastischen Materials an manchen Stellen zu übertreffen scheint. Der Eintritt der sensiblen Fasern ins Bauchmark erfolgt dicht neben den sensiblen Fasern der "muscular receptors". Die Zahl der sensiblen Fasern, die zu einem elastischen Strang führen, liegt zwischen eins und drei; der Receptor für den Levator- und der Receptor für den Depressormuskel verhalten sich in dieser Hinsicht etwas verschieden, außerdem bestehen hier Differenzen zwischen einzelnen Krebsarten. Neben den sensiblen, durch ihr dickes Kaliber ausgezeichneten Fasern sind noch sehr dünne Fasern in wechselnder Zahl gefunden worden, deren Bedeutung jedoch offen ist. Je nachdem, ob das System der innervierten elastischen Stränge nur aus dem Depressor- und dem Levatorreceptor besteht wie bei den Brachyuren, oder ob zusätzliche Stränge hinzutreten wie bei *Homarus*, ergeben sich anatomisch mehr oder minder komplizierte Anordnungen dieser proprioceptiven Organe.

Die "muscular receptors" und die innervierten elastischen Stränge bilden gemeinsam oder noch mit einem chordotonalen Sinnesorgan zusammen (s. oben) den proprioceptiven Kontrollmechanismus für die bei der Fortbewegung wichtigen Gelenke zwischen dem Thorax und den Schreitbeinen (Peraeopoden) der höheren Krebse. Die Rolle der einzelnen morphologischen Komponenten dieses Mechanismus und die Art und Weise ihres Zusammenwirkens sind jedoch nicht bekannt und aus anatomischen Befunden auch kaum zu erschließen. Physiologische Untersuchungen, die eine Antwort auf diese Fragen geben könnten, fehlen bisher völlig.

Richtet man statt wie bisher auf die anatomische Vielfalt den Blick mehr auf die gemeinsamen Merkmale aller vier Gruppen von Proprioceptoren mit multipolaren Neuronen im Bewegungsapparat der Krebse, so ergibt sich für Muskelreceptororgane, N-Zellen, "muscular receptors" und innervierte elastische Stränge folgendes Bild. Diese Proprioceptoren sind segmental wiederkehrende, der Kontrolle der Bewegungsmuskulatur des Rumpfes (bis an die Grenze der Extremitäten) dienende Organe. Die anatomischen Beziehungen zur Muskulatur sind jedoch indirekter Natur, da in allen Fällen bindegewebige Strukturen zwischen der Muskulatur und den receptorischen Fortsätzen der Ganglienzellen liegen. (Die einzige hierzu beschriebene Ausnahme sind die Muskelreceptororgane von *Astacus fluviatilis*, zu ihrer Kritik s. aber S. 10.) Die funktionellen Beziehungen zur Bewegungsmuskulatur sind dagegen so eng, daß Umgestaltungen des Bewegungsapparates im Verlaufe stammesgeschichtlicher Entwicklungsprozesse vielfach auch die Rückbildung der sensiblen Endorgane zur Kontrolle des Bewegungsapparates nach sich gezogen haben. Die enge Verbindung der in diesem Abschnitt behandelten Proprioceptoren zur Muskulatur wird am deutlichsten bei den Muskelreceptororganen und den "muscular receptors", wo histologisch in besonderer Weise gestaltete, getrennt von der übrigen Muskulatur verlaufende und motorisch innervierte Muskelbündel mit den sensiblen Strukturen zu organartigen Gebilden von kompliziertem Bau zusammengefügt sind, die in vieler Hinsicht an die Sinnesorgane der Skeletmuskulatur von Wirbeltieren erinnern. Von so vollkommenen Organen aus sind wahrscheinlich auch die N-Zellen im Laufe einer rückschreitenden Entwicklung entstanden, deren Merkmale demnach nicht als ursprünglich primitiv, sondern als Rudimentärerscheinungen zu gelten hätten. Der Punkt, in dem sich die vier Gruppen von Proprioceptoren wohl am augenfälligsten unterscheiden, ist die Lage der Zellkörper der Ganglienzellen im Bauchmark oder an der Peripherie. Vielleicht läßt sich aber auch dabei eine Gemeinsamkeit finden, wenn man nämlich mit PRINGLE (1961) annimmt, daß alle peripheren multipolaren Neuronen aus dem Bauchmark ausgewanderte Ganglienzellen sind, eine Annahme, für die es bis jetzt allerdings keine embryologischen oder sonstigen Hinweise gibt.

b) Die Streckreceptoren der Insekten. Bei den Insekten werden die multipolaren proprioceptiven Neuronen in den Bindegeweben und in der Muskulatur des Thorax und des Abdomens meist zusammenfassend als Streckreceptoren bezeichnet. Diese Bezeichnung wird in der Literatur auch oft für Proprioceptoren von Krebsen verwandt, hier jedoch in engerem Sinne nur für die Muskelreceptororgane.

FINLAYSON und LOWENSTEIN (1955) haben als erste mit der anatomischen Beschreibung solcher Organe bei Schmetterlingen gleichzeitig den physiologischen Nachweis geführt, daß die Organe bei Strekkung gereizt werden und daß sie höchstwahrscheinlich Proprioceptoren sind. Sicher ist jedoch auch, daß einige der von älteren Autoren beschriebenen multipolaren Ganglienzellen von Insekten (s. S. 5) zu den Streckreceptoren gehören, wie FINLAYSON und LOWENSTEIN (1958) später für einige der von ROGOSINA (1928) näher bezeichneten Zellen von *Aeschna*-Larven zeigen konnten.

Streckreceptoren sind unter den Insekten sehr weit, wenn auch allem Anschein nach nicht durchgängig verbreitet. Beschrieben wurden sie für Ephemeriden und Plecopteren (OSBORNE und FINLAYSON 1962), Odonaten (FINLAYSON und LOWENSTEIN 1958), Saltatorien und Phasmiden (SLIFER und FINLAYSON 1956), Dermapteren (OSBORNE und FINLAYSON 1962), Blattarien, Hymenopteren (FINLAYSON und LOWENSTEIN 1958), Coleopteren, Megalopteren, Trichopteren (OSBORNE und FINLAYSON 1962), Lepidopteren (FINLAYSON und LOWENSTEIN 1955, 1958) und Dipteren (OSBORNE 1963b). Vergeblich sind Streckreceptoren dagegen bei Hemipteren *(Rhodnius* und *Nepa)* gesucht worden; OSBORNE und FINLAYSON (1962) sehen darin einen Parallelfall zu dem Fehlen der Muskelreceptororgane im Abdomen von Krabben (s. S. 9), denn bei den Wanzen ist durch eine ziemlich starre Verbindung der einzelnen Abdominalsegmente und eine weitgehende Reduktion der abdominalen Muskulatur die Bewegungsmöglichkeit des Abdomens stark eingeschränkt und eine proprioceptive Kontrolle von Abdominalbewegungen somit überflüssig geworden.

Die Streckreceptororgane finden sich im Thorax und im Abdomen; die thorakalen Organe (z. B. bei Plecopteren- und Schmetterlingslarven sowie bei *Dixippus* nachgewiesen) sind jedoch nirgends näher untersucht, so daß alle folgenden Angaben nur den abdominalen Organen gelten können. Diese sind nach einem einheitlichen Grundschema angeordnet, das in den einzelnen Insektenordnungen mehr oder weniger stark, jedoch immer in überschaubarer Weise modifiziert wird. In der Dorsalregion des Abdomens liegt je Segment auf beiden Körperhälften ein Paar dieser Organe. Das einzelne Organ besteht aus einem Bindegewebsstrang, an dem eine multipolare Ganglienzelle angeheftet ist, die mit ihren Dendriten den Bindegewebsstrang durchzieht. Der eine Bindegewebsstrang eines Receptorpaares ist annähernd in der Längsachse, der andere in der Hochachse des Tieres aufgespannt. Der erstere, der Longitudinalreceptor, ist cranial an der Epidermis der Tergite und caudal an der nächsten Intersegmentalfalte befestigt. Der Vertikalreceptor erstreckt sich zwischen einem Anheftungspunkt an der Epidermis der Tergite und einem Ast des Tergalnervs oder einem der dorsalen Längsmuskelbündel. Bei manchen Ordnungen, wie bei den Plecopteren, Dermapteren und Hymenopteren, kann der Longitudinalreceptor auch verlängert sein und dann zwei aufeinander folgende Intersegmentalfalten miteinander verbinden.

Die wesentlichsten Abwandlungen dieses Grundschemas, das bei den meisten Hemimetabolen und bei Coleopteren verwirklicht ist, bestehen einmal im Wegfall des Vertikalreceptors und — damit oft gleichzeitig verbunden — zum zweiten in der Entwicklung des Longitudinalreceptors zu einem Sinnesorgan, das in nähere anatomische Beziehungen zur Muskulatur tritt. Bei Heuschrecken *(Locusta* und *Schistocerca)*, denen ein Vertikalreceptor fehlt, ist der Bindegewebsstrang mit dem Neuron an der medianen Kante eines dorsalen Längsmuskelbündels angeheftet, ohne daß bereits von einem Muskelsinnesorgan im engeren Sinne wie bei den Krebsen gesprochen werden kann. Solche, den bei Krebsen gefundenen Organen vergleichbare Bildungen haben sich offenbar nur bei den neuropteroiden Insektenordnungen entwickelt. Eine noch durch viele primitive Merkmale gekennzeichnete Ordnung aus diesem Verwandtschaftskreis sind die Megalopteren mit der einheimischen Gattung

Sialis. Bei der Larve dieses Tieres *(Sialis lutaria)* findet sich ein Longitudinalreceptor, bestehend aus einer multipolaren Ganglienzelle und einem dünnen isolierten Längsmuskelbündel, das von einer Intersegmentalfalte zur nächsten zieht. Die Dendriten der Ganglienzelle verzweigen sich zwischen den Myofibrillen dieses Muskelbündels, das auch eine motorische Innervation aufweist und damit den Receptormuskeln der Muskelsinnesorgane von Krebsen entspricht. Der Vertikalreceptor ist außerordentlich einfach gestaltet und möglicherweise eine rudimentäre Bildung; er besteht nur aus einer Ganglienzelle (ohne Bindegewebsstrang), die mit ihren Dendriten an einigen der großen dorsalen Längsmuskelbündel befestigt ist. Bei den Trichopteren und Lepidopteren fehlt der Vertikalreceptor, aber der Longitudinalreceptor ist zu einem Muskelsinnesorgan von sehr eigentümlichem Charakter ausgestaltet, das über den Muskelreceptor von *Sialis* an die sonstigen Streckreceptoren der Insekten Anschluß findet, von den Parallelbildungen der Krebse dagegen anatomisch recht verschieden ist.

Die Muskelreceptoren der Trichopteren und der Lepidopteren bestehen wiederum aus der multipolaren Ganglienzelle und einem Bindegewebsstrang, in dem die Dendriten in caudaler und cranialer Richtung verlaufen. Dieser Bindegewebsstrang, hier meist als Fasertrakt bezeichnet, liegt einem isolierten Muskelbündel mit eigener motorischer Innervation unmittelbar an. Das Muskelbündel besitzt etwa an der Stelle, an der die Dendriten in den Fasertrakt eindringen, eine deutliche Anschwellung, die einen riesigen Kern birgt. Für Larven und Imagines von *Samia cynthia*, einer Saturniide, geben FINLAYSON und MOWAT (1963) eine Kernlänge von 170—680 μ bei einer Breite von 10—60 μ an. Merkwürdigerweise besitzt dieser Riesenkern auch noch einen etwas kleineren Partner (60—180 μ Länge und 5—12 μ Breite), der dicht daneben in dem Fasertrakt liegt und vermutlich der Kern einer Glia- oder einer Schwannschen Zelle ist. Besonders in den ersten beiden Abdominalsegmenten sind diese zwei stets vorhandenen Kerne ziemlich häufig (etwa bei einem Viertel aller Receptoren) noch von einem bis mehreren überzähligen Riesenkernen begleitet und schließlich häufen sich die an sich nur spärlich vorhandenen normalen Muskelkerne geringer Größe in einer kappenförmigen Ansammlung über dem größeren der beiden Riesenkerne an. Eine solche Konzentration von Kernmaterial steht bei den Propriocептoren der Arthropoden zwar recht einzigartig da, doch verweisen FINLAYSON und LOWENSTEIN (1958) auf die Ansammlung von Kernen (sog. nuclear bag) in der Nähe der sensiblen Nervenendigungen innerhalb der Muskelspindeln von Wirbeltieren. Warum andere Arthropoden auch ohne solche Kernanhäufungen auskommen, vermag allerdings niemand zu sagen; außer bei den Schmetterlingen kommen vergleichbare Bildungen bei Arthropoden nur noch bei Trichopteren vor, deren „Riesen"kerne aber eine Größe von $20\,\mu \times 15\,\mu$ nicht übersteigen.

Als letzte Ordnung der neuropteroiden Insekten können auch die Dipteren mit einer Besonderheit aufwarten. Muskelreceptororgane nach Art der Schmetterlinge besitzen die Fliegen offenbar nicht, doch ist bei den Larven von *Phormia terrae-novae* neben den Longitudinal- und Vertikalreceptoren, die in ihrer Anordnung dem allgemeinen Schema entsprechen, ein System von längsorientierten, mit Muskeln verbundenen *ventralen* Streckreceptoren nachgewiesen worden (OSBORNE 1963b), das bei Arthropoden sonst bisher nirgends bekannt war. Diese ventralen Streckreceptoren haben ihren Bindegewebsstrang cranial an der ventralen Epidermis und an der Kante eines Schrägmuskels angeheftet, caudal hängt der Bindegewebsstrang an einem Schrägmuskel des folgenden Segments. Von den beiden Schrägmuskeln, dem vorderen und dem hinteren, spaltet sich an den Anheftungsstellen ein dünnes Muskelbündel vom Hauptmuskel ab und läuft ein Stück weit in den Bindegewebsstrang hinein. Ob diese Ventralreceptoren ausschließlich larvale Organe sind, läßt sich vorerst nicht sagen; soweit allerdings Streckreceptoren von Insekten überhaupt auf ihr Schicksal während der Postembryonalentwicklung untersucht wurden (für Schmetterlinge s. FINLAYSON und MOWAT 1963), ist eine beträchtliche Konstanz der Organe von den Larvenstadien bis zur geschlechtsreifen Imago festgestellt worden, während die normalen larvalen Längsmuskeln meist in den ersten Tagen des Imaginallebens degenerieren.

Der submikroskopische Feinbau eines Streckreceptors ist an einem einfach gestalteten Typ, und zwar an dem longitudinalen Receptor aus dem Abdomen von Schaben *(Blaberus)* untersucht worden (OSBORNE 1963a). Dies sind zugleich die einzigen Befunde dieser Art an Proprioceptoren mit multipolaren Neuronen. Bei dem Streckreceptor der Schabe sind Zellkörper, Axon und basale Dendritenabschnitte der sensiblen Ganglienzelle in Schwannsche Zellen gehüllt und liegen zusammen in dem Bindegewebsstrang des Receptors. Nicht von Schwannschen Zellen umhüllt sind dagegen die äußersten distalen Dendritenendigungen, die frei in der Matrix des Bindegewebes liegen. Bemerkenswert ist dabei, daß kollagenartige Bindegewebsfibrillen, die den Bindegewebsstrang durchziehen, niemals in Verbindung mit den nackten Dendritenendigungen beobachtet wurden. Die einzigen plasmatischen Strukturen in den Endigungen sind Mitochondrien. Da kollagenartige Fibrillen unelastisch sind, die Bindegewebsmatrix aber elastische Eigenschaften hat, darf man annehmen, daß die Übertragung von Streckreizen auf die sensiblen Endigungen nicht in Form einer starren Koppelung erfolgt, sondern eine Art von elastischer Quetschung oder Dehnung der Dendriten darstellt.

Außer den Streckreceptoren der Insekten wird vielfach ein zweites, gleichfalls durch multipolare Ganglienzellen gebildetes System von peripheren Nervenendigungen beschrieben, das bereits bei den Krebsen (s. S. 5) erwähnt wurde und das bei den Insekten teilweise so dicht und auffallend ausgebildet ist, daß es fast in keiner Darstellung der sensiblen Innervation eines Insekts fehlt. Dieses System ist der subepitheliale Nervenplexus verschiedener Autoren; ZAWARZIN (1912b) beschreibt es eingehend für die Larve von *Melolontha*, OSBORNE (1963b) für die Larven von Dipteren. Es ist möglich, daß es sich ebenfalls um proprioceptive Sinnesendigungen handelt, ALEXANDROWICZ (1957) diskutiert eine solche Rolle bei der Reception von Veränderungen im Integument während der Häutungen. Untersucht wurden die subepithelialen Nervenendigungen der Arthropoden bisher nicht, und da die Dendriten ihrer Lage nach ebenso gut äußere mechanische oder thermische Reize rezipieren könnten, gibt es vorerst keinen Grund, dem subepithelialen Nervenplexus in einer Übersicht der Proprioceptoren mehr als eine kurze Erwähnung zukommen zu lassen.

c) Die Gelenkreceptoren der Cheliceraten. Bei den Cheliceraten sind Proprioceptoren mit multipolaren Neuronen bisher nur in den Extremitäten gefunden worden. Obwohl sie möglicherweise auch in anderen Körperbezirken vorkommen, in denen sie der Aufmerksamkeit entgangen sind, bleibt die Tatsache bestehen, daß bei den Cheliceraten gerade dort auffallende Proprioceptoren dieses Typs vorkommen, wo sie bei den sehr genau erforschten Krebsen durch chordotonale Sinnesorgane vertreten sind. Nachgewiesen sind die multipolaren proprioceptiven Neuronen für die isoliert stehenden Xiphosuren und die echten Spinnen; physiologische Untersuchungen legten ihr Vorkommen auch bei den Skorpionen nahe.

Bei *Limulus polyphemus* liegen unter dem Epithel der weichhäutigen Gelenkmembranen in das Bindegewebe eingebettete multipolare Neuronen in größeren Gruppen beieinander. Beschrieben und als Proprioceptoren gedeutet wurden diese Zellen erstmals in einer unveröffentlichten Dissertation von STUART (1953), die bei PRINGLE (1956) zitiert ist. Nach BARBER (1960) und BARBER und SEGEL (1960), die den Bau der Receptorengruppen der verschiedenen Beingelenke verglichen, befinden sich die Neuronen an den beiden proximalen Gelenken (Coxa-Trochanter- und Trochanter-Femur-Gelenk) auf der medianen Seite der Gelenke, am Femur-Tibia-Gelenk dagegen auf der lateralen Gelenkseite. Das Tibia-Tarsus-Gelenk besitzt nur einige wenige Neuronen dieser Art. Die Dendriten der Neuronen lassen sich bis zwischen die Epithelzellen der Gelenkhäute verfolgen, scheinen aber die Cuticula nicht mehr zu erreichen. Die Axone laufen bei den beiden proximalen Gelenken zum Hauptnerv des Beines, bei den distalen Gelenken zu einem selbständigen

Nerv, der als kleiner Beinnerv bezeichnet wird und auch bei anderen Gruppen der Cheliceraten bekannt ist. Im Prinzip sind die Organe der verschiedenen Beingelenke sonst sehr ähnlich, eine Besonderheit bietet nur das Femur-Tibia-Gelenk, das außer der schon genannten Ganglienzellgruppe noch eine zweite in abweichender Lage besitzt. Diese zweite Gruppe sind Zellen, die mit ihren Zellkörpern in einem Nervenstrang liegen, der einen Zweig des gemeinsamen sensiblen Nervs für das Gelenk darstellt. Wahrscheinlich verlaufen die Dendriten innerhalb des Nervenastes, der weiter in Richtung auf die Cuticula zieht.

Der kleine Beinnerv der Xiphosuren kommt in ähnlicher Anordnung auch bei den echten Spinnen vor, wie PARRY (1960) bei *Tegenaria atrica* zeigte. Hier wie dort spielt er eine besondere Rolle für die sensible Innervation der Beine. Bei *Tegenaria* findet sich unter dem Femur-Patella-Gelenk eine Gruppe von 8 Zellen, die nach Art eines kleinen peripheren Ganglions dicht beieinander liegen. Die Zellen entsenden ihre Dendriten an die Stelle der Gelenkmembran, die bei Beinbewegungen der stärksten mechanischen Beanspruchung unterliegt. Die Funktion des Organes ist physiologisch nicht untersucht, doch spricht allein die topographische Lage in diesem Falle sehr stark für eine proprioceptive Kontrolle des Gelenkes.

Insgesamt fällt für die multipolaren Neuronen der Cheliceraten die Anhäufung zu Gruppen auf, die beim Coxa-Trochanter-Organ von *Limulus* bis zu 75 Einzelzellen umfassen. Da bei Krebsen und Insekten bisher nur proprioceptive Organe mit multipolaren Ganglienzellen beschrieben sind, an denen eine einzige solche Zelle beteiligt ist, darf man in der Häufung solcher Zellen in sehr eng begrenzten Bindegewebsbezirken bei den Cheliceraten vielleicht eine Besonderheit dieser Tierklasse sehen.

2. Die chordotonalen proprioceptiven Sinnesorgane

Was die Verbreitung bestimmter Typen von Proprioceptoren innerhalb der Arthropoden anlangt, stellen nach den Organen mit multipolaren Neuronen die chordotonalen Organe zweifellos die größte Gruppe dar. Chordotonale Organe finden sich bei Krebsen und Insekten; in beiden Klassen stimmen die Organe bis in anatomische Details überein. Für die hinsichtlich ihrer Proprioceptoren ohnehin etwas abweichenden Cheliceraten sind keine Chordotonalorgane bekannt; auffälliger ist ihr Fehlen bei den Myriapoden, für die EGGERS (1928) in seiner bekannten Monographie über die stiftführenden Sinnesorgane dies bereits als bemerkenswert hervorhob.

Unter Vorwegnahme der näheren Beschreibung ihres Baues sei hier kurz gesagt, daß die chordotonalen Sinnesorgane eine anatomisch scharf abgegrenzte Gruppe von Sinnesorganen bei Arthropoden sind, die in ihrer feineren Struktur ungleich differenzierter sind als alle voran und nachfolgend besprochenen Organe. Während für die Chordotonalorgane eine anatomische Unterscheidung von anderen Proprioceptoren also meist einfach und jedenfalls mit Sicherheit möglich ist, fällt die Entscheidung der Frage, ob ein bestimmtes Organ dieser Art proprioceptive Funktionen hat oder nicht, oftmals umso schwerer. Neben chordotonalen Organen, die eindeutig exteroceptive Bedeutung haben, wie die Tympanalorgane und die als Erschütterungssinnesorgane ausgewiesenen Subgenualorgane der Heuschrecken, gibt es ebenso klare Beispiele für proprioceptive Chordotonalorgane, etwa in den Beingelenken der Krebse. Was übrig bleibt, ist eine Vielzahl von anatomisch beschriebenen, physiologisch aber nicht ausreichend charakterisierten Organen, von deren Aufzählung im Rahmen dieser Übersicht abgesehen werden muß.

Umgekehrt bieten die Chordotonalorgane Beispiele für sehr weitgehende Konvergenzen zu anatomisch andersartigen Proprioceptoren, mit denen sie bis in Details der physiologischen Receptoreigenschaften übereinstimmen: Die Gelenkreceptoren in den Beinen von Krebsen sind Chordotonalorgane, an den entsprechenden Stellen findet man bei *Limulus* multipolare Ganglienzellen. Die ähnliche Funktion gibt aber nur um so mehr Anlaß, die anatomische Ungleichwertigkeit solcher Parallelbildungen hervorzuheben.

a) Die Chordotonalorgane der Krebse. Bei den Krebsen sind Chordotonalorgane die proprioceptiven Organe der Extremitätengelenke. Ihre anatomischen Beziehungen zu den an der Beugung und Streckung der Gelenke beteiligten Muskeln und Sehnen sind dabei so eng, daß auch älteren Autoren, denen hinreichende physiologische Methoden zur Prüfung ihrer Vermutungen noch nicht zu Gebote standen, die proprioceptive Funktion dieser Organe als einzig vernünftige Deutung erschien. Das gilt in besonderem Maße für die von BARTH (1934) im Meropoditen der Peraeopoden zahlreicher Dekapoden (darunter Astacuren, Anomuren und Brachyuren) entdeckten Myochordotonalorgane, die heute meist als Barthsche Organe bezeichnet werden. Ein Beispiel aus einer anderen, in allen Gelenken wiederkehrenden Serie von Chordotonalorganen wurde von BURKE (1954) beschrieben, der allerdings nicht wußte, daß es sich wirklich um Chordotonalorgane handelte und ihnen neben der proprioceptiven Funktion eine solche als Vibrationssinnesorgane zusprach.

Die von BURKE zunächst am Propodit-Dactylopodit-Gelenk von *Carcinus maenas* beobachteten Organe sind auch später meist an diesem Objekt studiert worden. Zumindest für das Gelenk zwischen Coxopodit und Basipodit sind sie aber von anderen Dekapoden gleichfalls bekannt; bei den Palinura *(Palinurus),* Astacura *(Homarus* und *Astacus)* und Anomura *(Eupagurus)* beschrieben homologe Organe ALEXANDROWICZ

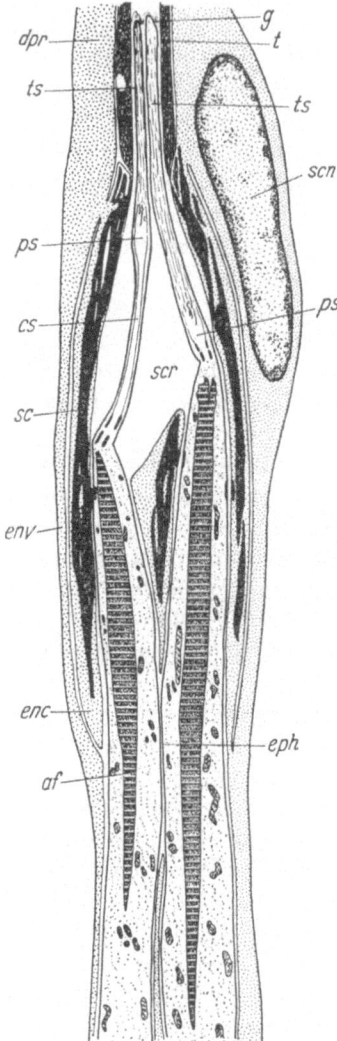

Abb. 3. Distaler Teil eines heterodynalen Skolopidiums aus dem PD-Organ von *Carcinus maenas*. *af* = Axialfilament, *cs* = Ciliarsegment, *dpr* = distale Verlängerung der Skolopalzelle, *enc* = enklavenartig abgesonderter innerer Teil der Skolopalzelle, *env* = umhüllender äußerer Teil der Skolopalzelle, *eph* = Kontaktstelle der beiden Sinneszellen, *g* = gelartige Substanz am distalen Ende der Dendriten, *ps* = Paraciliarsegment, *sc* = Skolopale (Stift), *scn* = Kern der Skolopalzelle, *scr* = Skolopalraum (wahrscheinlich mit Flüssigkeit gefüllt), *t* = Tubus, eine extracelluläre Struktur, die die Terminalsegmente (= *ts*) der Dendriten einschließt. Für weitere Angaben s. auch Text [nach WHITEAR (1962)]

und WHITEAR (1957) und ALEXANDROWICZ (1958). Um die einzelnen Organe zu kennzeichnen, hat sich eine abgekürzte Schreibweise eingebürgert, bei der jedes Organ nach den Anfangsbuchstaben der Beinsegmente genannt wird, an deren Gelenkverbindungen es liegt. In distaler Richtung fortfahrend, findet man CB- (Coxopodit-Basipodit),IM-(Ischiopodit-Meropodit), MC- (Meropodit-Carpopodit), CP- (Carpopodit-Propodit) und PD- (Propodit-Dactylopodit) Organe. Insgesamt ergeben sich 7 Organe, weil das MC- und das CP-Gelenk doppelt mit Organen ausgestattet sind, von denen eines am Gelenk endigt (MC_1 und CP_1), während das zweite das Gelenk überspannt (MC_2 und CP_2); an den anderen Gelenken finden sich nur Organe, die von einem Beinsegment zum nächsten reichen und bei Beugung der Gelenke gespannt bzw. bei der Streckung entspannt werden.

Alle Organe dieser Art bestehen aus Bindegewebssträngen, in welche die Zellkörper und die Dendriten einer größeren Zahl von bipolaren Sinneszellen eingehüllt sind. Die Insertion der Bindegewebsstränge und die Zahl der Sinneszellen ist von Organ zu Organ etwas verschieden, ohne daß hierauf näher eingegangen zu werden braucht. Bei diesen Organen (nicht bei den Barthschen Organen und nicht bei Insekten) hat erst die elektronenmikroskopische Untersuchung (WHITEAR 1960, 1962) Aufschluß über die wesentlichen Merkmale des Baues gebracht. Mit Ausnahme des nicht berücksichtigten IM-Organes ergab sich allgemein, daß jeweils zwei der zahlreichen bipolaren Neuronen eine Einheit bilden, indem ihre distalen receptorischen Fortsätze mit einer oder mehreren Hüllzellen und einer Skolopalzelle zu einem Skolopidium zusammengeschlossen sind. Das entspricht dem bei anderen Chordotonalorganen schon lichtmikroskopisch erkennbaren Aufbau. Der Grund, warum in diesem Falle die wahre Natur der Organe lange Zeit verborgen blieb, liegt in den hier schwieriger zu erkennenden Skolopalen (Stiftchen), welche die eigentlich kennzeichnenden Elemente der chordotonalen Organe sind. Grundsätzlich noch in lichtmikroskopischen Dimensionen liegend und in sehr günstigen Präparaten auch eben noch sichtbar, sind damit diese Organe als Bindegewebsstränge mit zahlreichen Skolopidien histologisch charakterisiert.

Alle weiteren Einzelheiten liegen im submikroskopischen Bereich. Sowohl der gröbere wie auch der feinere Bau des distalen Teils eines Skolopidiums aus dem PD-Organ von *Carcinus maenas* läßt sich aus Abb. 3 ersehen. Die Dendriten der beiden Sinneszellen verlaufen von proximal ausgehend getrennt innerhalb der Skolopalzelle mit Ausnahme des kurzen Abschnittes bei *eph*. Etwa vom Basalende der Skolopalzelle an (hier wenig außerhalb des unteren Bildrandes) sind in den Dendriten Axialfilamente (af) ausgebildet, die sich durch ihre Querstreifung auszeichnen. Distal von diesen entspringen zwei cilienartige Gebilde, die einen basalen Abschnitt besitzen, der auf Querschnitten (s. Abb. 4) die charakteristische Ciliarstruktur mit 9 peripheren Doppelfilamenten zeigt, und einen terminalen Abschnitt, der zahlreiche Mikrotubuli enthält. Die Dendriten endigen innerhalb des umhüllenden Körpers (Abb. 3,t), der als eine extracelluläre Bildung angesehen wird und dem Terminalfaden anderer Skolopidialorgane zu entsprechen scheint.

Der Vergleich der Skolopidialorgane verschiedener Gelenke hat gezeigt, daß das CB-Organ anders aufgebaut ist als die distalen Gelenkorgane. Das CB-Organ, für das die Abb. 4 gilt, besitzt ausschließlich isodynale Skolopidien, worunter Skolopidien zu verstehen sind, die gleichartige Sinneszellen enthalten. Die anderen Organe enthalten, ebenfalls ausschließlich, heterodynale Skolopidien, deren beide Sinneszellen unterschiedliche Feinstruktur zeigen. Das unterscheidende Merkmal ist das in Abb. 3 deutlich sichtbare Ciliarsegment (cs), das der zweiten Sinneszelle fehlt. Das dünne Ciliarsegment zeichnet sich durch die geometrisch besonders ebenmäßige Anordnung seiner Filamente aus. Im isodynalen Skolopidium des CB-Organes tragen beide Sinneszellen ein solches Ciliarsegment.

Die an allen funktionsfähigen Gelenken der Peraeopoden vorkommenden Organe haben bei manchen Krebsen wie *Homarus* und *Astacus*, aber nicht bei den Brachyuren, noch ein weiteres homologes am Thorax-Coxa-Gelenk. Dieses Organ, das ALEXANDROWICZ und WHITEAR (1957) fanden und "elastic receptor" zum Unterschied von dem Seite an Seite verlaufenden "muscular receptor" nannten, wurde schon einmal (S. 13) kurz erwähnt. Es besteht wie alle distalen Organe dieser Reihe aus einem Bindegewebsstrang mit zahlreichen eingebetteten bipolaren Neuronen. Dieser Receptor, obwohl elektronenmikroskopisch nicht untersucht, gehört bei der sonstigen Übereinstimmung des Baues

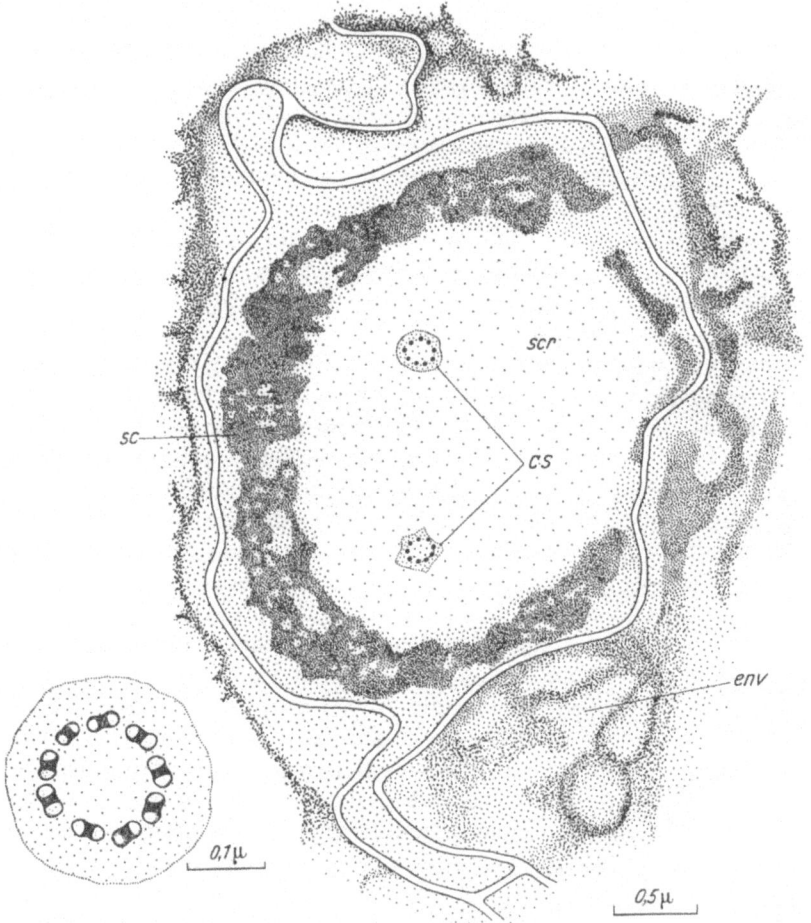

Abb. 4. Querschnitt in Höhe der beiden Ciliarsegmente der Sinneszellen eines isodynalen Skolopidiums aus dem CB-Organ von *Carcinus maenas*. *cs* = Ciliarsegmente, *env* = umhüllender äußerer Teil der Skolopalzelle, *sc* = Skolopale (Stift), *scr* = Skolopalraum. Die Einsatzfigur (unten links) zeigt den Querschnitt eines Ciliarsegmentes bei stärkerer Vergrößerung. Jedes der 9 peripheren Filamente ist ein durch das gemeinsame Trägerstück verbundenes Doppelfilament. Umzeichnungen elektronenmikroskopischer Aufnahmen von WHITEAR (1962)

wohl ohne Zweifel als äußerstes proximales Glied mit in die ganze Reihe der bisher genannten Gelenkreceptororgane. Er bildet ein interessantes Beispiel für proprioceptive Sinnesorgane, die bei gleicher Lage im Körper, gleicher Art der mechanischen Beanspruchung und vermutlich auch ähnlichen physiologischen Eigenschaften in ihrem feineren anatomischen Bau ihre ontogenetisch und phylogenetisch verschiedene Herkunft klar aufzeigen. Den "elastic receptor" zeigt Abb. 2 zusammen mit dem "muscular receptor".

Das beweglichste und bei normaler Bewegung am stärksten ausgelenkte Beingelenk der Krabben ist das MC-Gelenk. Damit mag vielleicht in Zusammenhang stehen, daß sich dieses eine Gelenk vor allen anderen durch nicht weniger als vier verschiedene Proprioceptororgane auszeichnet, von denen zwei (MC_1 und MC_2) in die oben beschriebene Serie gehören, während die beiden anderen Organe, BARTHs „Hauptorgan" und ein kleineres „proximales Organ" eigenständige Bildungen sind, die einen besonders raffinierten Kontrollmechanismus für die Gelenkbewegungen darstellen. In der Beschreibung des Hauptorganes sei der genauen anatomischen Darstellung für die Art *Cancer magister* gefolgt, die COHEN (1963) gegeben hat, der diese Organe auch elektrophysiologisch untersuchte.

Das Hauptorgan ist eng mit der Muskulatur des Meropoditen verbunden, und zwar mit einem akzessorischen Beugermuskel (BARTHs „kleiner Beuger"), der seinen Ursprung an der Ventralseite des Meropoditen knapp vor dem Ischiopodit-Meropodit-Gelenk hat. Aus dem kleinen spindelförmigen Muskelkopf entspringt eine lange, fadendünne Sehne, die durch den gesamten Meropoditen läuft und distal an der Sehne des Hauptbeugermuskels inseriert, unmittelbar bevor der letztere mit dem Carpopodit artikuliert. Über diese Verbindung steht das Sinnesorgan mit dem MC-Gelenk in Verbindung; die Sinneszellen selbst liegen indessen am entgegengesetzten Ende des Meropoditen an einem Bindegewebsstrang, der unmittelbar am Ischiopodit-Meropodit-Gelenk und parallel zu diesem verläuft. Dieser Bindegewebsstrang ist zwischen dem Muskelkopf des akzessorischen Beugers und dem Beinnerv, genauer gesagt in dem den Nerv umgebenden Bindegewebe, aufgespannt. Die Zellkörper der etwa 40 bipolaren Sinneszellen, deren Größe zwischen 70 und 5 μ liegt, schicken ihre Dendriten in zwei Bündeln durch lockeres Bindegewebe, das sich an den elastischen Strang anschließt, zur Ventralseite des Ischiopoditen an die Cuticula. Es ist nicht sicher, ob die letzten sichtbaren Ausläufer der Dendritenbündel im Ischiopoditen wirklich nervöser Natur sind, vielleicht endigen die Dendriten auch etwas vor der Verankerung an der Cuticula. Die Axone treten in den Beinnerv ein.

Die ganze, ungewöhnlich kompliziert anmutende Anordnung gewinnt einen Sinn, wenn man sie in funktionell-anatomischer Sicht sieht. Die Bewegungen des MC-Gelenkes werden auf die im Ischiopoditen liegenden sensiblen Endigungen auf dem Wege mehrfacher Übersetzungen übertragen. Dieser Weg besteht aus Gelenkbewegung durch die Hauptmuskulatur → Längenänderung des akzessorischen Beugermuskels → Längenänderung im elastischen Bindegewebsstrang → Längenänderung (oder sonstige mechanische Vorgänge) an den Dendriten. COHEN (1963) maß bei Gelenkbewegungen die Längenänderungen am akzessorischen Beugermuskel und verglich sie mit den Verschiebungen, die sich für die Zellkörper der Sinneszellen ergeben: Er errechnete daraus ein Übersetzungsverhältnis zwischen dem akzessorischen Muskel und den Dendriten von 22:1. Bei den großen Längenänderungen, die mit der Bewegung des MC-Gelenkes verbunden sind, bedeutet das eine Reduktion auf ein für Sinneszellen vernünftiges Maß.

Das Sinnesorgan erhält seine volle Perfektion aber erst dadurch, daß in den Mechanismus noch eine zentrale Kontrollinstanz eingeschaltet ist, die bei den Organen MC_1 und MC_2 fehlt. Der akzessorische Beugermuskel hat nämlich eine motorische Innervation durch eine dicke und eine dünne Faser, die nur diesen Muskel innervieren. Die zentrale Beeinflussung über die Muskelkomponente dieses ganzen proprioceptiven Systems hat sich auch wirklich als sehr weitreichend erwiesen, anatomisch besitzt das Organ damit alle Komponenten der proprioceptiven Muskelsinnesorgane der Wirbeltiere.

Über den akzessorischen Beugermuskel ist das besprochene Sinnesorgan schließlich mit dem vierten Sinnesorgan für das MC-Gelenk, dem „proximalen Organ", zusammengekoppelt. Dem voran besprochenen Organ im allgemeinen Aufbau ähnelnd, liegt es von diesem getrennt unmittelbar am Ursprung des akzessorischen Beugermuskels. Bei *Dotilla myctiroides* (Brachyura), an der BARTH (1934) das Organ untersuchte, ist es wesentlich kleiner als das Hauptorgan. Bei den Astacura *(Astacus)* und einigen Anomura *(Birgus latro* u. a.*)* fehlt jedoch das Hauptorgan, während ein Organ vorhanden ist, das dem „proximalen Organ" der Brachyuren offenkundig homolog ist.

Für die bisher genannten Chordotonalorgane der Krebse ist eine proprioceptive Funktion experimentell erwiesen. Bei einem noch kurz zu erwähnenden Sinnesorgan läßt sich nur sagen, daß es seiner Anheftung an einer Muskelsehne wegen wahrscheinlich ebenfalls durch Eigenbewegungen des Tieres gereizt wird. Im 2. Glied der 1. Antenne von *Caprella dentata*, einem marinen Amphipoden der Brandungszone, fand WETZEL (1934) das erste bei Krebsen überhaupt beobachtete Chordotonalorgan. Es besteht aus einem einzigen Skolopidium, das basal über eine Ligamentzelle fest mit der Sehne des Extensormuskels für das 3. Antennenglied verbunden ist. Mit seinem Terminalfaden ist es an der Hypodermis dieses Antennengliedes angeheftet. Die chordotonale Natur dieses Organes ist leichter zu erkennen als bei den Organen der Peraeopoden; seine topographische Lage entspricht genau der Lage der Johnstonschen Organe in der Insektenantenne.

Faßt man alles über Chordotonalorgane bei Krebsen bekannte zusammen, so darf zunächst auf das ausschließliche (?) Vorkommen in den Extremitäten hingewiesen werden. Proprioceptoren des multipolaren und des chordotonalen Typs sind bisher nur an den Gelenkverbindungen zwischen dem Thorax und dem Basalglied der Extremitäten nebeneinander beobachtet worden. Die Organisationshöhe der Chordotonalorgane und die funktionelle Leistungsfähigkeit für proprioceptive Aufgaben können durch die Eingliederung spezieller Muskeln in den proprioceptiven Mechanismus ein erstaunliches Maß erreichen, so daß sich unverkennbare Konvergenzen zu den Muskelspindeln der Vertebraten ergeben. In der Feinstruktur der Chordotonalorgane der Krebse liegen so große Ähnlichkeiten zu den gleichnamigen Organen der Insekten vor, daß die Vorstellung, es könne sich um polyphyletisch von beiden Arthropodenklassen erworbene Strukturen handeln, sehr unwahrscheinlich wird. Im Gegensatz zu den Insekten ist bei Krebsen in keinem Fall eine andere als eine proprioceptive Funktion der Chordotonalorgane nachgewiesen. Die einzige gegenteilige Feststellung in der Literatur betrifft das PD-Organ von *Carcinus*; aus physiologischen Gründen, die hier nicht diskutiert werden sollen, kommt dieser Angabe aber keine Beweiskraft zu. So darf man also in den Chordotonalorganen ursprüngliche Proprioceptoren sehen, deren biologische Bedeutung in der Kontrolle der Gelenkbewegungen liegt.

b) Die Chordotonalorgane der Insekten. Seit jeher haben bei Insekten diejenigen chordotonalen Sinnesorgane vorwiegend die Aufmerksamkeit der Anatomen wie der Physiologen auf sich gezogen, welche erwiesenermaßen keine Proprioceptoren sind. Das sind also alle als Gehör-, Erschütterungs- und Strömungssinnesorgane bekannten Tympanal-, Subgenual- und Johnstonschen Organe. Wohl nur aus diesem äußeren Grund und nicht, weil proprioceptive Chordotonalorgane bei Insekten selten vorkämen, sind Angaben über solche Organe nicht allzu häufig.

Am glaubwürdigsten ist eine proprioceptive Funktion bei den Chordotonalorganen, die wie bei Krebsen an den Gelenkmembranen der Extremitäten vorkommen. Beispiele hierfür sind das kleine Chordotonalorgan, das NIJENHUIS und DRESDEN (1952) am Coxa-Trochanter-Gelenk der Mittelbeine von *Periplaneta americana* fanden oder ein von LUKOSCHUS (1962) am Tibia-Tarsus-Gelenk von *Apis mellifica* untersuchtes Organ. Bei dem letzteren hängen die Skolopidien, von denen etwa 50 zu einem Chordotonalorgan zusammengeschlossen sind, mit den Terminalfortsätzen an der Gelenkmembran, während sie basal durch Ligamente an Tracheenwänden und der Epidermis der Tibia angeheftet sind. Wenn in diesen Fällen auch die Aufnahme von mechanischen Schwingungen der Unterlage des Beines nicht auszuschließen ist, so läßt doch andererseits die bei Eigenbewegungen wechselnde Spannung der Gelenkmembran eine Anzeige der Gelenkstellungen und Gelenkbewegungen zu. Auch im Körperstamm sind durch den Kontraktionszustand der Muskulatur beeinflußbare Chordotonalorgane bekannt, für die sinngemäß das gleiche gelten dürfte wie für die Organe der Gliedmaßen. Eine vollständige Darstellung der truncalen Chordotonalorgane der Drosophila-Larve enthält eine Arbeit von HERTWECK (1931).

Die topographische Anordnung der Chordotonalorgane bei Insekten zeigt Unterschiede, die einmal einer proprioceptiven Rolle und zum anderen der Aufnahme von Reizen aus der Umgebung mehr entsprechen. Es ist jedoch nicht bekannt, ob nur solche oder auch die feinere Anatomie der Organe betreffende Unterschiede zwischen den verschiedenen Aufgaben dienenden Chordotonalorganen der Insekten vorkommen. Elektronenmikroskopisch sind zwar die Gehörorgane der Heuschrecken untersucht (GRAY 1960), aber keine proprioceptiven Chordotonalorgane. Solange keine weiteren Befunde vorliegen, darf man mit einem Blick auf die Chordotonalorgane der Krebse die Meinung vertreten, daß alle Chordotonalorgane primär Proprioceptoren waren und die Insekten durch geeignete Hilfsstrukturen, z. B. ein Tympanum, sekundär Organe der äußeren Sinne daraus entwickelt haben. Für diese Anschauung spricht besonders das sporadische Vorkommen hochentwickelter, zum Hören dienender Organe bei verschiedenen, systematisch weit entfernten Insektengruppen (Orthopteren, Homopteren, einige Lepidopteren) im Vergleich zu dem eher im allgemeinen Bauplan dieser Klasse gegebenen Vorkommen einfacherer und proprioceptiven Funktionen dienender Chordotonalorgane.

Bei den pterygoten Insekten treten zu den Proprioceptoren der Extremitäten noch solche der Flügel. Die proprioceptive Kontrolle des Insektenfluges ist in größerem Zusammenhang von PRINGLE (1957) in seinem Buch über den Insektenflug eingehend behandelt, und es mag daher nur der Vollständigkeit halber hier gesagt werden, daß an den Flügelbasen chordotonale Organe mit Regelmäßigkeit gefunden wurden, die offenbar zusammen mit multipolaren Neuronen Proprioceptoren für die Flügelstellung oder die Flügelbewegung darstellen (GETTRUP 1962).

3. Die proprioceptiven Cuticularsensillen der Arthropoden

Als letzte Gruppe von Proprioceptoren, die mit den Fortbewegungsorganen wie Beinen und Flügeln oder mit der zur Fortbewegung dienenden Stammuskulatur in Beziehung stehen, sind die Cuticularsensillen anzuführen. Rein anatomisch hätten Cuticularsensillen und skolopidiale Sinnesorgane auch zusammen behandelt werden können; denn beide Gruppen von Proprioceptoren besitzen Sinneszellen mit unverzweigtem Distalfortsatz und beide sind entwicklungsgeschichtlich Abkömmlinge der Epidermis, aus der auch die Chordotonalorgane durch eine Folge komplizierter Teilungsvorgänge hervorgehen. Andererseits sind die Cuticularsensillen, oder wenigstens die wichtigste Gruppe der Proprioceptoren unter ihnen, auch durch genügend eigene Merkmale abgehoben. Daß sie die Körperoberfläche als vorspringende Haare überragen, ist nicht so selbstverständlich; denn immerhin gibt es im Tierreich sonst keine Proprioceptoren, bei denen das der Fall ist. Allerdings läßt auch nur bei den Arthropoden die Bildung eines starren Exoskeletes eine solche Möglichkeit zu. Im Feinbau der Sinneszellen ist das Fehlen echter Ciliarstrukturen als unterscheidendes Moment gegenüber den Chordotonalorganen später noch näher zu diskutieren. Mit PRINGLE (1963) ist sicherlich darin übereinzustimmen, daß mindestens die sog. Borstenfeldsensillen keine phylogenetisch ursprünglichen Proprioceptoren wie alle voran besprochenen sind, sondern Neuerwerbungen speziell der Insekten darstellen. Dem Umstand, daß ein anatomisch scharf charakterisierter Typ von Sinnesorganen als äußeres *oder* als proprioceptives Sinnesorgan im Organismus eingesetzt wird, begegnet man bei den Cuticularsensillen wiederum. Bei den Chordotonalorganen der Insekten waren es die morphologisch einfacher gestalteten Ausführungen des Bautypes, bei denen die proprioceptive Funktion wahrscheinlich ist. Bei den Cuticularsensillen ist es das Gegenteil: Die kompliziertesten Typen (entweder in bezug auf das einzelne Sensillum oder deren Gruppierung zu größeren Sinnesfeldern) sind Proprioceptoren, morphologisch einfachere Typen sind z. B. die gewöhnlichen Tast- oder Schmeckhaare der Insekten.

Es ist möglich und sogar wahrscheinlich, daß proprioceptive Cuticularsensillen in allen Arthropodenklassen anzutreffen sind. Da hier grundsätzlich nur Sinnesorgane besprochen werden sollen, deren proprioceptive Funktion nachgewiesen oder zumindest aus anatomischen Gründen wahrscheinlich ist, lassen sich aber nur für die Insekten und die Cheliceraten solche Cuticularsensillen im einzelnen anführen.

a) Proprioceptive Cuticularsensillen der Insekten. Bei den Insekten sind zwei Typen von Cuticularsensillen als proprioceptive Organe nachgewiesen: Die campaniformen Sensillen und eine spezielle Gruppe von Haarsensillen, die Borstenfeldsensillen.

Die campaniformen Sensillen stehen zu Gruppen vereinigt an solchen Stellen der Körperoberfläche, die Druck- und Zugkräften besonders ausgesetzt sind; das sind z. B. bestimmte Stellen in der Nähe der Beingelenke (vgl. PRINGLE 1938a, b), die Flügel- und Halterenbasen (vgl. PRINGLE 1957) und die Stachel der Hymenopteren (für *Philanthus* s. RATHMAYER 1962).

Ein campaniformes Sensillum besteht aus einer mit dem verjüngten Ende zur Körperoberfläche gerichteten kuppel- oder glockenförmigen

Aussparung in der Cuticula, die hier von außen betrachtet als ovales Fensterchen erscheint, weil sie nur einen Bruchteil ihrer sonstigen Mächtigkeit hat. In diese Aussparung ragt der dendritische Fortsatz einer bipolaren Sinneszelle hinein; terminal ist er mit der Cuticula verhaftet. Nach dem Bau der terminalen Verankerung unterscheidet man mehrere Typen von campaniformen Sensillen, die man in den Lehr- und Handbüchern beschrieben und abgebildet findet (s. SNODGRASS 1935 und WEBER 1933). Die mechanische Konstruktion der campaniformen Sensillen ist allgemein so beschaffen, daß tangential zur Körperoberfläche wirkende mechanische Kräfte (Scherkräfte) zu einer Abbiegung und damit zur Erregung der sensiblen Endstrukturen führen.

Es wird angenommen (PRINGLE 1938b), daß die campaniformen Sensillen Organe sind, die der Wahrnehmung des Spannungszustandes der Cuticula dienen, und für die Organe in den Beinen ist ihre Funktion als Sinnesorgane des Kontaktdruckes, d. h. des Druckes, den das Tier auf seine Unterlage ausübt, diskutiert worden. Jedenfalls hat PRINGLE (1940) eine Reflexbeziehung zwischen der Erregung der campaniformen Organe und dem Muskeltonus der Beinmuskeln gefunden.

Ob alle campaniformen Sensillen der Insekten Proprioceptoren sind, möchte man bezweifeln, da der Spannungszustand der Cuticula natürlich auch durch mechanische Kräfte beeinflußt werden kann, die von außen am Körper des Tieres angreifen. In der Begegnung mit Artgenossen und Beutetieren oder Raubfeinden kann man sich solche Möglichkeiten in beliebiger Weise verwirklicht denken.

Bei dem zweiten Typ von proprioceptiven Cuticularsensillen der Insekten ist es überhaupt nicht der Bau des einzelnen Sensillums, sondern die charakteristische Gruppierung zahlreicher Einzelsensillen zu größeren Organen in sehr spezieller Anordnung auf der Körperoberfläche, wodurch sich eine morphologische Spezialisierung für proprioceptive Funktionen ergibt. Haarsensillen (Sensilla trichodea oder S. chaetica) sind nahezu an allen Stellen des Insektenkörpers vorhanden, und vielfach zeigt schon ihre Lage, daß sie der (mechanischen oder chemischen) Prüfung der Nahrung, des Untergrundes, des Substrates für die Eiablage und ähnlichem dienstbar sein müssen. Eine Gruppe von Haarsensillen ist aber andererseits so auffallend regelmäßig an Stellen zu finden, an denen die Sensillen durch Eigenbewegungen des Tieres abgebogen und damit gereizt werden, daß schon sehr früh der Verdacht aufkam, sie müßten zur Wahrnehmung eben dieser Eigenbewegungen da sein. Die Entdeckung von Haarsensillen der letztgenannten Art, die heute allgemein als Borstenfeldsensillen bezeichnet werden, wird (nach PRINGLE 1938c) LOWNE (1890) zugeschrieben, der eine zutreffende Deutung ihrer Funktion gab, die er im gleichen Satz aber bereits wieder in Zweifel zog. Auch sonst findet man in der älteren Literatur solche, immer in größeren Gruppen vorkommenden Haarsensillen hin und wieder erwähnt; hingewiesen sei auf BÖHM (1911), der am proximalen Teil des Scapus und des Pedicellus der Schmetterlingsantenne Borstengruppen fand, die in ihren Lagebeziehungen dem Lowneschen Prosternalorgan am Kopf-Prothorax-Gelenk von *Calliphora* entsprechen.

Erst mit dem einsetzenden physiologischen Interesse an proprioceptiven Organen bei Arthropoden hat jedoch die Kenntnis der Borstenfeldsensillen größeres Ausmaß erlangt. Diese nunmehr unter funktionellen Aspekten vorgenommene Erforschung ihres Vorkommens und Baues beginnt mit PRINGLE (1938c), der Haarplatten an den Beingelenken von *Periplaneta* als Objekt für elektrophysiologische Studien benutzte. Es genügt hier zu sagen, daß bei allen größeren Insektenordnungen mit Ausnahme von Heteropteren und Homopteren Borstenfelder an der Kopf-Thorax-Verbindung beschrieben sind und daß andere Gelenke, wie Extremitätengelenke an den Beinen und Mundgliedmaßen, das Thorax-Abdomen-Gelenk und, soweit vorhanden, die Gelenke zwischen 1. und 2. Abdominalsegment (alle aculeaten Hymenopteren) bzw. 2. und 3. Abdominalsegment (Formiciden) Borstenfelder mit großer Regelmäßigkeit des Baues wie der Verbreitung bei verschiedenen Insektenordnungen besitzen. Das Vorkommen der Borstenfelder in der Halsregion, der sog. Nackenorgane, ist mit genaueren Angaben versehen schon an anderer Stelle zusammenfassend dargestellt worden (HOFFMANN 1963).

Bei der allgemeinen Verbreitung der Borstenfelder von Insekten ist vergleichend-anatomisch am aufschlußreichsten, in welcher Weise die prinzipiell übereinstimmende Lage an den Hauptgelenken innerhalb bestimmter Verwandtschaftsgruppen abgeändert wird. Alle orthopteroiden Insekten besitzen Borstenfelder in der Halsregion. POPHAM (1960) untersuchte vergleichend bei je einem Vertreter der Heuschrecken, Grillen, Schaben und Ohrwürmer diese Organe und fand eine in der gemachten Reihenfolge zunehmende Kompliziertheit ihrer Anordnung. *Locusta* hat nur eine Haarplatte am 1. Cervicalsklerit und eine Haarreihe am Vorderrand des Prothorax, *Gryllus* und *Periplaneta* besitzen innerhalb dieser Region 5 Haarplatten, und *Forficula* verfügt gar über 8 Haarplatten in diesem Bereich. Dabei konnte ein Zusammenhang mit den Kopfbewegungen beim Freßakt festgestellt werden: Die einfachsten Kopfbewegungen, und zwar nur in der Sagittalebene, führt *Locusta* aus; *Gryllus* bewegt seinen Kopf lateral, in der Sagittalebene wie *Locusta* und dreht ihn drittens noch um die Körperlängsachse, ähnlich verhält sich *Periplaneta*. *Forficula*, die nach POPHAM (1959) nur mit erhobenem Kopf fressen kann, benötigt zur proprioceptiven Kontrolle der aufwendigen Bewegungen bei diesen Tafelsitten nicht weniger als 8 getrennte Sinnesorgane. In beliebiger Zahl sind die Borstenfelder allerdings nicht vorhanden, denn unter den Ameisen gibt es solche, die neben dem 1. Abdominalsegment, das bei allen Aculeaten dem Thorax starr angegliedert ist, nur das 2. Abdominalsegment als schuppenartiges Gebilde vom Gaster („Hinterleib") abgetrennt haben (Formiciden), und eine Familie, die Myrmiciden, welche zusätzlich noch das 3. Abdominalsegment als sog. Postpetiolus gelenkig vom Restabdomen abgesetzt haben. Die Gelenke zwischen 1. und 2. und 2. und 3. Abdominalsegment tragen bei allen Ameisen Borstenfelder, am Gelenk zwischen 3. und 4. Abdominalsegment bei den Myrmiciden steht kein Borstenfeld (MARKL 1962).

Die umfangreichste Bearbeitung haben bisher die Borstenfelder bei den Hymenopteren erfahren (REHM 1951, LINDAUER und NEDEL 1959), insbesondere die der Ameisen durch MARKL (1962). Insgesamt ergaben sich dabei rund 50 Borstenfelder eines Tieres oder 25 Paar, da es sich mit ganz geringen Ausnahmen um paarige Organe handelt. Die Zahl der einzelnen Haarsensillen, die ein Borstenfeld bilden, schwankt individuell nur wenig, aber stark von Borstenfeld zu Borstenfeld; die kleinsten Borstenfelder umfassen 5, die größten bis zu 100 Haarsensillen bei der Art *Formica polyctena*. Ein Individuum dieser Art besitzt damit rund 1200 solcher in Borstenfeldern zusammengefaßter Haarsensillen.

Die feinere topographische Anordnung der Borstenfelder zeigt bei aller Verschiedenheit in den Einzelheiten entscheidende gemeinsame Züge: Die Haare werden bei bestimmten Gelenkstellungen mehr oder minder stark abgebogen, wobei in manchen Fällen auffallende, vorspringende Chitinzapfen, sonst aber die Ränder der Gelenke das Widerlager darstellen. Die Borsten eines Sinnesfeldes stehen dicht beisammen und werden durch einen gemeinsamen sensorischen Nerv innerviert.

Das einzelne Borstenfeldsensillum ist vielfach auf seinen histologischen Bau untersucht worden. Übereinstimmend läßt sich sagen, daß das einzelne Sinneshaar gelenkig gebaut ist; die Haarbasen stellen helle kreisförmige Ringe in der Cuticula dar, die wenig sklerotisiert sind und über die das Haar seitlich abgebogen werden kann. Die Haare werden durch den Dendriten einer Sinneszelle innerviert, multiple Innervation, wie sie z. B. bei Schmeckhaaren bekannt ist, ist für Borstenfeldsensillen nirgends gefunden worden. Aufgrund lichtmikroskopischer Befunde sind jedoch Borstenfeldsensillen zweierlei Typs beschrieben: Der eine Typ besitzt bilateralen Bau, indem der Dendrit der Sinneszelle seitlich am Haarsockel endigt und die Gelenkgrube nach der einen Seite weit geöffnet ist, während auf der anderen Seite ein Chitinvorsprung der die Gelenkgrube umgebenden Cuticula das Haar an einer Abbiegung in dieser Richtung hindert. Den bilateralen Typ fanden PETERS (1962) am Lowneschen Prosternalorgan von *Calliphora* (s. auch S. 2, 30) und THURM (1963) am Nackenorgan von *Apis*. Einen anderen Typ, bei dem der Dendrit zentral an der Haarbasis endigt, beschrieb FULDNER (1955) für die Haare des Nackenpolsters von *Libellula* und HASKELL (1959) für die Sensillen am Vorderrand des Prothorax von *Locusta* und *Schistocerca*.

Völlig gesichert ist der bilaterale Bau der Haarsensillen im Nackenorgan von *Apis* durch elektronenmikroskopische Untersuchungen. Von den noch nicht publizierten weiteren Ergebnissen dieser Untersuchung sei hier nur noch der zum Vergleich der Haarsensillen mit den Chordotonalorganen wichtige Befund herausgestellt, daß die Haarsensillen Dendriten ohne Ciliarstruktur besitzen (THURM, persönl. Mitteilung).

Obwohl in die vorliegende Darstellung der Haarsensillen bei den Insekten von vornherein nur die Borstenfeldsensillen aufgenommen wurden, bleibt hier noch die Frage zu stellen, ob diese Einschränkung ausreicht und damit alle Borstenfeldsensillen proprioceptive Organe sind. LINDAUER und NEDEL (1959) und MARKL (1962) haben nämlich für die Borstenfelder der Hymenopteren eine Funktion als Schweresinnesorgane nachgewiesen, und eine solche Funktion würde nach den im zweiten Teil dieser Arbeit gemachten Ausführungen die generelle Einreihung der Borstenfelder unter die proprioceptiven Sinnesorgane der Arthropoden als unzulässig erscheinen lassen. Diese Schwierigkeit ist auch dadurch nicht abgetan, daß der Definition, was ein Proprioceptor sei, ohnehin eine gewisse Spitzfindigkeit zukommt. Das Problem hat hier einen sehr realen Charakter; denn wenn ein Insekt mit Hilfe seiner Borstenfelder die Richtung der Schwerkraft wahrnimmt, so ist das etwas grundsätzlich anderes als eine ständige sensorische Kontrolle über die rasch wechselnden Stellungen und Bewegungen seiner Gelenke. Im ersten Fall ist das Tier passiv einer äußeren Kraft ausgesetzt, die bewirken kann, daß sein Kopf oder ein anderer quasi als Statolith wirkender Körperteil einmal ventral nach links und zum anderen dorsal nach rechts in bezug auf die Körperachsen abgebogen wird. Im zweiten Fall handelt es sich um die Wahrnehmung aktiv vom Tier herbeigeführter Änderungen in der Lage einzelner Teile seines Körpers zueinander. Anatomisch sind die Borstenfelder tatsächlich so angeordnet, daß sie als Schweresinnesorgane *und* als proprioceptive Organe wirken könnten. Das müßte zur Folge haben, daß die Einflüsse der Schwerkraft und der aktiv vom Tier vorgenommenen Stellungen seiner Körperteile zu einer Resultierenden zusammenkommen, die den Reiz für die Stellungsreceptoren abgibt, welche die Sensillen ihren receptorphysiologischen Eigenschaften nach sind. MARKL (1962) sieht daher nicht in dem einzelnen Borstenfeld, sondern in der Gesamtheit aller Borstenfelder das Schweresinnesorgan, das nur deshalb diese Aufgabe erfüllen kann, weil die Richtung der Schwerkraft jederzeit konstant ist, während die vom Tier selbst beigesteuerte Richtungskomponente zu jedem bestimmten Zeitpunkt von Borstenfeld zu Borstenfeld verschieden sein wird. Das einzelne Borstenfeld ist danach durchaus ein proprioceptives Organ, nach entsprechender zentralnervöser Verarbeitung der von allen Borstenfeldern kommenden Meldungen geben aber alle Borstenfelder zusammen die periphere sensorische Grundlage für die Schwereorientierung der Insekten, an deren Existenz zumindest bei manchen Insekten nicht der geringste Zweifel bestehen kann. Zu dieser Diskussion sei aber abschließend noch daran erinnert, daß die Insekten neben den Borstenfeldsensillen in den campaniformen Sensillen und den Chordotonalorganen Gelenkreceptoren besitzen, die infolge ihrer die Körperoberfläche nicht überragenden Lage weniger leicht einer proprioceptiven Funktion „entfremdet" werden können, weil hier nicht eine relativ große Masse (Insektenkopf) der winzigen Fläche eines Sinnesfeldes durch vorspringende Chitinzapfen aufliegen kann. Mit den Meldungen der campaniformen Sensillen und der chordotonalen Organe zusammen müssen schließlich die der Borstenfeldsensillen verrechnet werden, was sicher einen sehr brauchbaren, aber auch erstaunlich komplizierten peripheren und zentralnervösen Mechanismus für die proprioceptive Kontrolle der Körperstellung bei den Insekten ergibt.

b) Die lyriformen Organe der Cheliceraten. Als letzte Gruppe proprioceptiver Cuticularsensillen bei Arthropoden sind hier noch die erstmals von BERTKAU (1878) erwähnten Spaltsinnesorgane der Spinnen und anderer Cheliceraten zu nennen. Die Spaltsinnesorgane haben manches mit den campaniformen Sinnesorganen der Insekten gemeinsam, und bei einigen Cheliceraten sind beide Sensillentypen auch nebeneinander gefunden worden; am Metatarsus von Weberknechten (*Phalangium opilio* u. a. Arten) liegen regelmäßig 3 Spaltsinnesorgane und 3—7 campaniforme Sensillen in der Nähe des Gelenkes mit der Tibia (EDGAR 1963). Wie bei den campaniformen Sensillen ist auch für die Spaltsinnesorgane eine ausschließlich proprioceptive Funktion kaum wahrscheinlich.

Die Spaltsinnesorgane können einzeln oder zu Sensillengruppen vereinigt angetroffen werden. Im letzteren Falle spricht man von lyriformen Organen, wenn die einzelnen, von außen wie dünne Schlitze in der Cuticula erscheinenden Sensillen parallel nebeneinander liegen, so daß sich das Bild einer Lyra abzeichnet. Die lyriformen Organe an den Beinen von Spinnen sind von PRINGLE (1955) untersucht worden, der ihnen eine proprioceptive Funktion zuschreibt, da die Organe gut geeignet scheinen, bei Bewegungen erzeugte Veränderungen in der Spannung der Cuticula anzuzeigen. Doch sind speziell unter den lyriformen Organen auch Vibrationssinnesorgane nachgewiesen.

Eine eingehende anatomische Bearbeitung der lyriformen Organe hat KASTON (1935) gegeben, der diese Organe (sicherlich zu Unrecht) für Chemoreceptoren hielt, was die Bedeutung seiner morphologischen Aussagen aber nicht berührt. Die lyriformen Organe bestehen aus den schon genannten Schlitzen, die sich im mikroskopischen Bild als langgestreckte Unterbrechungen der normalen dicken Cuticulabedeckung erweisen. Die Cuticula ist auf eine dünne Epicuticulalamelle reduziert, an die von innen der Dendrit einer bipolaren Sinneszelle herantritt. Die Breite eines einzelnen solchen Spaltes beträgt zumindest bei den proprioceptiven lyriformen Organen kaum mehr als 1—2 μ; etwa die gleiche Breite haben die Chitinleisten, die die einzelnen Spalten voneinander trennen. Die dünnen Cuticulalamellen der Spalte sind nach innen gewölbt; die ganze Anordnung hat eine gewisse Ähnlichkeit mit dem ausziehbaren Mittelstück einer Ziehharmonika, wobei die Spalten den nach innen gerichteten Abschnitten des Instrumentes entsprechen. Man kann sich vorstellen, daß Zugkräfte, die an einem lyriformen Organ ansetzen, zur Streckung des Dendriten und damit zur Reizung der Sinneszelle führen.

Der Feinbau von lyriformen Organen ist von SALPETER und WALCOTT (1960) an dem metatarsalen Organ der Spinne *Achaeranea tepidariorum* untersucht worden. Dieses Organ ist aber höchstwahrscheinlich ein Vibrationssinnesorgan, es ist auch gegenüber anderen lyriformen Organen dieser Spinne ziemlich abweichend gebaut. Ein beiläufig erwähnter Befund an dem tibialen Organ hat das gezeigt. Allgemein gilt aber für die lyriformen Organe, daß ihr Dendrit keine Ciliarstruktur besitzt; insofern besteht Übereinstimmung mit den Borstenfeldsensillen der Insekten. Da Borstenfeldsensillen nicht bei Cheliceraten und lyriforme Organe nicht bei Insekten vorkommen, erscheint es möglich, daß in diesen terrestrisch lebenden Arthropodenklassen beide Typen von Sinnesorganen stellvertretend füreinander als Receptoren für die proprioceptive Kontrolle der Gelenkbewegungen entwickelt wurden und teilweise gleiche Funktionen übernehmen.

Literatur

ALEXANDROWICZ, J. S.: Muscle receptor organs in the abdomen of *Homarus vulgaris* and *Palinurus vulgaris*. Quart. J. micr. Sci. 92, 163—199 (1951).
— Receptor elements in the thoracic muscles of *Homarus vulgaris* and *Palinurus vulgaris*. Quart. J. micr. Sci. 93, 315—346 (1952a).
— Muscle receptor organs in the Paguridae. J. mar. biol. Ass. U. K. 31, 277—286 (1952b).
— Notes on the nervous system in the Stomatopoda. IV. Muscle receptor organs. Pubbl. Staz. zool. Napoli 25, 94—111 (1954).
— Receptor elements in the muscles of *Leander serratus*. J. mar. biol. Ass. U. K. 35, 129—144 (1956).
— Notes on the nervous system in the Stomatopoda. V. The various types of sensory nerve cells. Pubbl. Staz. zool. Napoli 29, 213—225 (1957).
— Further observations on proprioceptors in Crustacea and a hypothesis about their function. J. mar. biol. Ass. U. K. 37, 379—396 (1958).
—, and M. WHITEAR: Receptor elements in the coxal region of Decapoda Crustacea. J. mar. biol. Ass. U. K. 36, 603—628 (1957).

BARBER, S. B.: Structure and properties of *Limulus* articular proprioceptors. J. exp. Zool. **143**, 283—322 (1960).
—, and M. H. SEGEL: Structure of *Limulus* articular proprioceptors. Anat. Rec. **137**, 336—337 (1960).
BARTH, G.: Untersuchungen über Myochordotonalorgane bei dekapoden Crustaceen. Z. wiss. Zool. **145**, 576—624 (1934).
BERTKAU, P.: Versuch einer natürlichen Anordnung der Spinnen nebst Bemerkungen zu einzelnen Gattungen. Arch. Naturgesch. **44**, 351—410 (1878).
BETHE, A.: Ein Beitrag zur Kenntnis des peripheren Nervensystems von *Astacus fluviatilis*. Anat. Anz. **12**, 31—34 (1896).
BÖHM, K.: Die antennalen Sinnesorgane der Lepidopteren. Arb. zool. Inst. Wien **19**, 219—246 (1911).
BULLOCK, T. H., M. J. COHEN and D. M. MAYNARD: Integration and central synaptic properties of some receptors. Fed. Proc. **13**, 20 (1954).
BURKE, W.: An organ for proprioception and vibration sense in *Carcinus maenas*. J. exp. Biol. **31**, 127—138 (1954).
COHEN, M. J.: The crustacean myochordotonal organ as a proprioceptive system. Comp. Biochem. Physiol. **8**, 223—243 (1963).
DIJKGRAAF, S.: Kompensatorische Augenstieldrehungen und ihre Auslösung bei der Languste *(Palinurus vulgaris)*. Z. vergl. Physiol. **38**, 491—520 (1956).
EDGAR, A. L.: Proprioception in the legs of phalangids. Biol. Bull. **124**, 262—267 (1963).
EGGERS, F.: Die stiftführenden Sinnesorgane. Morphologie und Physiologie der chordotonalen und der tympanalen Sinnesapparate der Insekten. Berlin: Gebr. Borntraeger 1928.
FINLAYSON, L. H., and O. LOWENSTEIN: A proprioceptor in the body musculature of Lepidoptera. Nature (Lond.) **176**, 1031 (1955).
— — The structure and function of abdominal stretch receptors in insects. Proc. Roy. Soc. B (Lond.) **148**, 433—449 (1958).
—, and D. J. MOWAT: Variations in histology of abdominal stretch receptors of saturniid moths during development. Quart. J. micr. Sci. **104**, 243—251 (1963).
FLOREY, E., and E. FLOREY: Microanatomy of the abdominal stretch receptors of the crayfish *(Astacus fluviatilis L.)*. J. gen. Physiol. **39**, 69—85 (1955).
FULDNER, D.: Morphologie und Histologie der Halshaut und ihrer Bildungen bei einheimischen Odonaten. Wiss. Z. Ernst-Moritz-Arndt-Univ. Greifswald, math.-naturw. Reihe **4**, 609—623 (1955).
GETTRUP, E.: Thoracic proprioceptors in the flight system of locusts. Nature (Lond.) **193**, 498—499 (1962).
GOODMAN, L. J.: Hair plates on the first cervical sclerites of the Orthoptera. Nature (Lond.) **183**, 1106 (1959).
GRAY, E. G.: The fine structure of the insect ear. Phil. Trans. B **243**, 75—94 (1960).
HASKELL, P. T.: Function of certain prothoracic hair receptors in the desert locust. Nature (Lond.) **183**, 1107 (1959).
HERTWECK, H.: Anatomie und Variabilität des Nervensystems und der Sinnesorgane von *Drosophila melanogaster* (Meigen). Z. wiss. Zool. **139**, 559—663 (1931).
HOFFMANN, C.: Vergleichende Physiologie der mechanischen Sinne. Fortschr. Zool. **16**, 268—332 (1963).
HOLMGREN, E.: Zum Aufsatze W. SCHREIBERs „Noch ein Wort über das peripherische sensible Nervensystem bei den Crustaceen" (Anatom. Anzeiger, Bd. 14, No. 10). Anat. Anz. **14**, 409—418 (1898).
HUGHES, G., and C. A. G. WIERSMA: Neuronal pathways and synaptic connexions in the abdominal cord of the crayfish. J. exp. Biol. **37**, 291—307 (1960).

Kaston, B. J.: The slit sense organs of spiders. J. Morph. 58, 189—209 (1935).
Koella, W.: Stumme Leistungen der Propriozeptivität. Experientia (Basel) 7, 208—214 (1951).
Lindauer, M., u. J. O. Nedel: Ein Schweresinnesorgan der Honigbiene. Z. vergl. Physiol. 42, 334—364 (1959).
Lowne, B. T.: The anatomy, physiology, morphology and development of the blowfly, vol. 2. London: R. H. Porter 1890—1895.
Lukoschus, F.: Über Bau und Entwicklung des Chordotonalorgans am Tibia-Tarsus-Gelenk der Honigbiene. Z. Bienenforsch. 6, 48—52 (1962).
Markl, H.: Borstenfelder an den Gelenken als Schweresinnesorgane bei Ameisen und anderen Hymenopteren. Z. vergl. Physiol. 45, 475—569 (1962).
Nijenhuis, E. D., and D. Dresden: A micro-morphological study on the sensory supply of the mesothoracic leg of the american cockroach, *Periplaneta americana*. Proc. Kon. Ned. Akad., Ser. C 55, 300—310 (1952).
Nusbaum, J., u. W. Schreiber: Beitrag zur Kenntnis des peripherischen Nervensystems bei den Crustaceen. Biol. Zbl. 17, 625 —640 (1897).
Osborne, M. P.: An electron microscope study of an abdominal stretch receptor of the cockroach. J. Ins. Physiol. 9, 237—245 (1963a).
— The sensory neurones and sensilla in the abdomen and thorax of the blowfly larva. Quart. J. micr. Sci. 104, 227—241 (1963b).
—, and L. H. Finlayson: The structure and topography of stretch receptors in representatives of seven orders of insects. Quart. J. micr. Sci. 103, 227—242 (1962).
Parry, D. A.: The small leg-nerve of spiders and a probable mechanoreceptor. Quart. J. micr. Sci. 101, 1—8 (1960).
Peters, W.: Die propriorezeptiven Organe am Prosternum und an den Labellen von *Calliphora erythrocephala* Mg. (Diptera). Z. Morph. Ökol. Tiere 51, 211—226 (1962).
Peterson, R. P., and F. A. Pepe: The fine structure of inhibitory synapses in the crayfish. J. biophys. biochem. Cytol. 11, 157—169 (1961).
Pilgrim, R. L. C.: Muscle receptor organs in some decapod Crustacea. Comp. Biochem. Physiol. 1, 248—257 (1960).
Popham, E. J.: The anatomy relating to the feeding habits of *Forficula auricularia* L. and other Dermaptera. Proc. zool. Soc. Lond. 133, 251—300 (1959).
— Proprioceptive setae in the neck of the common earwig *(Forficula auricularia L.)*. Proc. Roy. ent. Soc. Lond. (A) 35, 163—167 (1960).
Pringle, J. W. S.: Proprioception in insects. I. A new type of mechanical receptor from the palps of the cockroach. J. exp. Biol. 15, 101—113 (1938a).
— Proprioception in insects. II. The action of the campaniform sensilla on the legs. J. exp. Biol. 15, 114—131 (1938b).
— Proprioception in insects. III. The function of the hair sensilla at the joints. J. exp. Biol. 15, 467—473 (1938c).
— The reflex mechanism of the insect leg. J. exp. Biol. 17, 8—17 (1940).
— The function of the lyriform organs of arachnids. J. exp. Biol. 32, 270—278 (1955).
— Proprioception in *Limulus*. J. exp. Biol. 33, 658—667 (1956).
— Insect flight. Cambridge: Cambridge Univ. Press 1957.
— Proprioception in arthropods. In: The cell and the organism. Cambridge: Cambridge Univ. Press 1961.
— The proprioceptive background to mechanisms of orientation. Ergebn. Biol. 26, 1—11 (1963).
Rathmayer, W.: Das Paralysierungsproblem beim Bienenwolf, *Philanthus triangulum* F. (Hym. Sphec.). Z. vergl. Physiol. 45, 413—462 (1962).

Rehm, E.: Über ein bisher unbekanntes Sinnesorgan der Honigbiene. Verh. dtsch. Zool. Ges. Marburg 1950, Zool. Anz. Suppl. **15**, 112—116 (1951).

Rogosina, M.: Über das periphere Nervensystem der *Aeschna*-Larve. Z. Zellforsch. **6**, 732—758 (1928).

Salpeter, M. M., and C. Walcott: An electron microscopical study of a vibration receptor in the spider. Exp. Neurology (N. Y.) **2**, 232—250 (1960).

Slifer, E. H., and L. H. Finlayson: Muscle receptor organs in grasshoppers and locusts (Orthoptera, Acrididae). Quart. J. micr. Sci. **97**, 617—620 (1956).

Snodgrass, R. E.: Principles of insect morphology. New York und London: McGraw-Hill Books 1935.

Thurm, U.: Die Beziehungen zwischen mechanischen Reizgrößen und stationären Erregungszuständen bei Borstenfeld-Sensillen von Bienen. Z. vergl. Physiol. **46**, 351—382 (1963).

Tonner, F.: Ein Beitrag zur Anatomie und Physiologie des peripheren Nervensystems von *Astacus fluviatilis*. Zool. Jbr. (Abt. Physiol.) **53**, 101—152 (1933).

— Das Hautnervensystem der Arthropoden. Zool. Anz. **113**, 125—136 (1936).

Weber, H.: Lehrbuch der Entomologie. Jena: Fischer 1933.

Wetzel, A.: Chordotonalorgane bei Krebstieren *(Caprella dentata)*. Zool. Anz. **105**, 125—152 (1934).

Whitear, M.: Chordotonal organs in Crustacea. Nature (Lond.) **187**, 522—523 (1960).

— The fine structure of crustacean proprioceptors. I. The chordotonal organs in the legs of the shore crab, *Carcinus maenas*. Phil. Trans. B **245**, 291—325 (1962).

Wiersma, C. A. G., and R. L. C. Pilgrim: Thoracic stretch receptors in crayfish and rocklobster. Comp. Biochem. Physiol. **2**, 51—64 (1961).

Zawarzin, A.: Histologische Studien über Insekten. II. Das sensible Nervensystem der *Aeschna*larven. Z. wiss. Zool. **100**, 245—286 (1912a).

— Histologische Studien über Insekten. III. Über das sensible Nervensystem der Larven von *Melolontha vulgaris*. Z. wiss. Zool. **100**, 447—458 (1912b).

Die Schwimmechanik der Wasserinsekten*

Von Werner Nachtigall

Zoologisches Institut der Universität München

Mit 9 Abbildungen

Inhaltsverzeichnis

I. Einleitung und Definitionen 40
   1. Die Wasserkäfer als Modell 40
   2. Die Reynoldsche Zahl 41
   3. Der Widerstandsbeiwert 42
   4. Der Wirkungsgrad 42
II. Der Rumpf der Wasserkäfer 43
   1. Körperform und Widerstand 43
   2. Umströmung 44
   3. Stabilität 45
III. Der Bewegungsapparat der Wasserkäfer 46
   1. Form und Funktion 46
   2. Insertion und relative Länge der Beinglieder 47
   3. Abplattung der Beinglieder 47
   4. Schwimmhaare 49
   5. Schwimmblättchen 49
   6. Vergleich Schwimmhaartyp-Schwimmblättchentyp 50
   7. Der Tarsus als selbsttätiges Hauptruderorgan 50
IV. Kinematik 51
   1. Schlagbewegung 51
   2. Schlagstellung und Geschwindigkeitsverteilung 53
   3. Vergleich der Kinematik von Acilius und Gyrinus 54
   4. Einstellbewegungen des Tarsus 55
   5. Geschwindigkeiten und Frequenzen 55
   6. Koordination 57
V. Dynamik 57
   1. Vortriebsprinzip 57
   2. Auftretende Kräfte 58
   3. Zusammenspiel der Einzelfaktoren zur Vortriebserzeugung . . 59
   4. Konstruktion der Wirkungsgrade 59
   5. Größen der Wirkungsgrade 60
   6. Steuerung 61
   7. Kurvenschwimmen 62
   8. Bremsen 63

---

* Die im Literaturverzeichnis angeführten Arbeiten Nachtigall 1960 bis 1964 sind mit Unterstützung der Deutschen Forschungsgemeinschaft durchgeführt worden.

- VI. Energetik 63
  - 1. Allgemeine Energetik schwimmender Insekten 63
  - 2. Energiebilanz von Acilius 63
  - 3. Kraft- und Energiehaushalt verschieden großer Dytisciden 64
- VII. Die Dipterenlarven und -puppen 64
  - 1. Morphologie; Kinematik der Lokomotionsbewegungen bei Larven . 64
  - 2. Morphologie; Kinematik der Lokomotionsbewegungen bei Puppen . 66
  - 3. Sprungbewegungen 67
  - 4. Dynamik 68
  - 5. Energetik 69
  - 6. Steuerung 69
- VIII. Die übrigen Wasserinsekten 69
  - 1. Ruderschwimmer 69
  - 2. Schlängelschwimmer 72
  - 3. Flügelschwimmer 72
  - 4. Rückstoßschwimmer 73
  - 5. Expansionsschwimmer 73
  - 6. Oberflächenläufer 73
- IX. Diskussion der Begriffe ,,Anpassung'' und ,,Gütegrad'' 75
- Literatur 76

I. Einleitung und Definitionen

1. Die Wasserkäfer als Modell. Die Bewegung eines Tieres ist das Endglied einer Funktionskette, die sich von der Nahrungsaufnahme und -verwertung zur nervös gesteuerten Muskelbewegung zieht. Analog dazu ist die Fortbewegung eines Fahrzeugs das Endglied einer Funktionskette, in der die chemische Energie des Treibstoffs schließlich in Vortriebsarbeit umgewandelt wird. Der Techniker widmet dem Endglied die größte Aufmerksamkeit, da in ihm letztlich die Güte von Ausbildung und Zusammenspiel aller Einzelglieder zu Tage tritt. Ganz anders der Biologe, der die Bedeutung der Bewegungsphysiologie im Rahmen einer allgemeinen Physiologie noch unterbewertet. Der Mangel an ausführlichen bewegungsphysiologischen Arbeiten liegt aber wohl auch an der entmutigenden Kompliziertheit und ,,Inkonstanz'' der meisten Lokomotionsapparate und Bewegungsweisen: vermutlich instationäre Strömungen beim schnell schwingenden Insektenflügel, undurchsichtige Schwerpunktsverhältnisse beim Vierfüßlergang, deformierbare Oberflächen beim schwimmenden Fisch und so fort. Eine allgemeine bewegungsphysiologische Fragestellung wäre: Wie und wie gut sind die im allgemeinen Bauplan eines Tieres vorhandenen morphologischen Mittel zum Zwecke der Ortsbewegung ausgebildet und umgebildet; wie und wie gut wird eine Bewegung schließlich realisiert? Die Untersuchungen sollten folgenden Gang haben: Morphologie → Kinematik → Dynamik → Energetik. Sie sollten — wo möglich und sinnvoll — quantitativ sein.

Als günstiges Objekt für einen Anfang systematischer bewegungsphysiologischer und „biotechnischer" Untersuchungen in diesem Sinn haben sich die Wasserkäfer erwiesen. Sie erscheinen nach Körperform und Bewegungsweise für das Leben im flüssigen Medium geeignet. Infolge des festen Exoskelets ihres Rumpfes und der durchschaubaren Kinematik ihres Bewegungsapparats sind Einzelabläufe meßtechnisch erfaßbar und schließlich quantitative Aussagen über den „Grad" dieser Eignung möglich. Deshalb können die Wasserkäfer (Beispiel: große Dytisciden) als Modell dafür dienen, wie morphologische Strukturen an ihre bewegungsphysiologische Funktion „angepaßt" sind.

2. Die Reynoldsche Zahl. Wenn sich ein Körper in einer Flüssigkeit bewegt, so wirken zwischen ihm und dem umgebenden Medium verschiedene Kräfte, nämlich Trägheitskräfte und Zähigkeitskräfte. Auf einen großen Körper, der sich in einem sehr dünnflüssigen Medium schnell bewegt, wirken praktisch nur Trägheitskräfte. Das ist beispielsweise der Fall bei einer Kegelkugel, die man hinter einem Boot unter Wasser nachzieht. Diese Trägheitskräfte T gehorchen folgender Beziehung: $T = v^2 \cdot l^2 \cdot \varrho$ [v = Relativgeschwindigkeit zwischen Körper und Medium (cm/sec), l = eine willkürlich wählbare Vergleichslänge, zum Beispiel Durchmesser oder Rumpflänge (cm), ϱ = Dichte des Mediums (g/cm³)]. Auf einen sehr kleinen Körper, der sich in einem dickflüssigen Medium langsam bewegt, wirken praktisch nur Zähigkeitskräfte. Das ist etwa der Fall bei einem Stecknadelkopf, der in einer Schale mit Honig untersinkt. Für die Zähigkeitskräfte Z gilt die Beziehung $Z = v \cdot l \cdot \mu$ (μ = Viscosität des Mediums (g/cm · sec)). Will man – z. B. für ein schwimmendes Tier – wissen, in welchem Verhältnis Trägheitskräfte T zu Zähigkeitskräften Z stehen, muß man T durch Z dividieren: $\frac{T}{Z} = \frac{v^2 \cdot l^2 \cdot \varrho}{v \cdot l \cdot \mu} = \frac{v \cdot l \cdot \varrho}{\mu} = \frac{v \cdot l}{\frac{\mu}{\varrho}}$. Es ist üblich, den Ausdruck $\frac{\mu}{\varrho}$ als „kinematische Zähigkeit ν" zu bezeichnen. Man kann ihn für jede Flüssigkeit aus technischen Tabellen entnehmen. Dann ist $\frac{T}{Z} = \frac{v \cdot l}{\nu}$. Dieser Quotient aus Trägheits- und Zähigkeitskräften heißt Reynoldsche Zahl $\mathrm{Re} = \frac{v \cdot l}{\nu}$. Sie kennzeichnet auf einfache Weise das Verhalten eines Körpers in einer Strömung. Bei Reynoldschen Zahlen größer als 1000 (Vögel, Fische, Wassersäuger, schnellfliegende große Insekten, große Wasserinsekten) überwiegt die Trägheitskraft mehr als 1000mal, so daß die Zähigkeitskraft keine Rolle mehr spielt: v und l sind groß, ν ist klein; der Widerstand ist nahezu vollständig abhängig von $T = v^2 \cdot l^2 \cdot \varrho$, also proportional dem Quadrat der Geschwindigkeit (v^2). Das Newtonsche quadratische Widerstandsgesetz (s. nächster Abschnitt) gilt recht genau. Zwischen Re = 1000 und Re = 1 gibt es Übergänge (langsam fliegende kleine Insekten, kleine Wasserinsekten). Bei Re-Werten kleiner als 1 überwiegen die Zähigkeitskräfte so weit, daß die Trägheitskräfte an Bedeutung verlieren: v und l sind klein, ν ist groß; der Widerstand ist nahezu vollständig abhängig von $Z = v \cdot l \cdot \mu$, also nurmehr linear proportional der Geschwindigkeit (v). Nun gilt das Stokesche lineare Widerstandsgesetz (LUDWIG 1931). Re kann natürlich nicht nur durch Vergrößerung von ν, sondern bei konstantem ν allein durch starke Verkleinerung der Körperlänge l und der Geschwindigkeit v sehr klein werden. Für die kleinsten fliegenden Insekten und für schwimmende Mikroorganismen ist Luft bzw. Wasser eine Art zäher Honig. Da sich die Abhängigkeit des Widerstands von der Geschwindigkeit mit kleineren Re-Werten stark verändern kann (das Newtonsche Gesetz geht in das Stokesche Gesetz über), muß man jeder Widerstandsmessung die zugehörige Re-Zahl beifügen.

3. Der Widerstandsbeiwert. Für ein schwimmendes oder fliegendes Tier, oder für ein entsprechendes technisches Gebilde ist es von großem Vorteil, wenn sein Strömungswiderstand möglichst klein wird. Es braucht dann weniger Antriebsleistung. Wenn man verschieden große und verschieden gestaltete Tiere diesbezüglich vergleichen will, so läßt sich das durch einfache Angabe des gemessenen Widerstands nicht durchführen. Der Widerstand hängt von einer Reihe von Parametern ab; ein schnell bewegtes kleines Tier kann beispielsweise den gleichen Widerstand wie ein langsam bewegtes großes Tier haben. Am günstigsten wäre eine einfache, dimensionslose Zahl, sozusagen ein „Gütegrad" für den bewegten Körper, der seine „Strömungsanpassung" widerspiegelt. Diese Zahl ergibt sich als Proportionalitätsfaktor aus der Newtonschen Widerstandsgleichung und heißt Widerstandsbeiwert. Nach NEWTON gilt: $W = c_w \cdot F \cdot \frac{\varrho}{2} \cdot v^2$ [Quadratisches Widerstandsgesetz; $W =$ Widerstand eines von der Strömung umflossenen Körpers (dyn), $c_w =$ Widerstandsbeiwert (dimensionslos), $F =$ Stirnfläche (cm²) = größte Querschnittsfläche in Ansicht von vorne, $\varrho =$ Dichte des Mediums (g · cm⁻³), $v =$ Relativgeschwindigkeit zwischen Körper und Medium (cm · sec⁻¹)]. Das Produkt $\frac{\varrho}{2} \cdot v^2$ (dyn · cm⁻²) heißt Staudruck. Der Widerstandsbeiwert ist der dimensionslose Proportionalitätsfaktor dieser Gleichung: $c_w = 2 \cdot W \cdot (F \cdot \varrho \cdot v^2)^{-1}$. Er ist eine Funktion der Reynoldschen Kennzahl; $c_w = f(\text{Re})$ (PRANDTL 1957). Für die Re-Zahlen größerer Wasserinsekten hat der Körper mit dem größten erzeugbaren Widerstand, die nach vorne offene Halbkugel (Fallschirm), ein c_w von 1,35. Der Körper mit dem geringsten Widerstand (rotationssymmetrische Spindelform, Tropfenkörper) hat ein c_w von 0,06÷0,08. In diese Reihe können die

Werte für die biologischen Objekte eingestuft und mit den möglichen Extremwerten verglichen werden.

4. Der Wirkungsgrad. Ein Elektromotor verwandelt die zugeführte Energie des elektrischen Stroms, eine Wasserturbine die zugeführte kinetische Energie des Wasserstroms in mechanische Energie der Abtriebswelle um. Diese Umwandlung geschieht aber nie vollständig, da ein Teil der zugeführten Energie durch Lagerreibung, Wärmebildung in der Maschine usw. verloren geht. Die in der Zeiteinheit abgegebene Energie, also die abgegebene Leistung N_a, ist stets kleiner als die zugeführte Leistung N_z. Der Wirkungsgrad η ist definiert als dimensionslose Größe $\eta = \dfrac{N_a}{N_z}$ und ist stets kleiner als 1. Bei mechanischen Geräten (nicht-thermodynamische Prozesse) ist der ideale Grenzwert gleich 1. Größere Motore und Turbinen können diesem Grenzwert sehr nahe kommen ($\eta > 0{,}95$). Bei $\eta = 1$ wäre also eine Struktur (Turbine-Ruderbein) vollendet auf ihre Funktion (Erzeugung kinetischer Energie der Welle-Vortriebserzeugung) abgestimmt. Bei zusammengesetzten Prozessen ist der Gesamtwirkungsgrad das Produkt der Teilwirkungsgrade; $\eta_{ges} = \eta_1, \eta_2, \ldots, \eta_n$. Mit der Bestimmung des η-Wertes wäre die Möglichkeit gegeben, die vielen „Anpassungs"-Erscheinungen, die z. B. in dem System „Ruderbein" stecken, in eine einzige Zahl — einen „Gütegrad" — prägnant zusammenzufassen. Ähnlich stecken im Widerstandsbeiwert die vielen „Anpassungs"-Erscheinungen des umströmten Rumpfes.

II. Der Rumpf der Wasserkäfer

1. Körperform und Widerstand. Die Rümpfe der größten Dytisciden [*Dytiscus* (35 mm lang), *Cybister* (32), *Acilius* (17), *Graphoderes* (15)] sind dorsoventral abgeplattet. Die größte Höhe liegt vor, die größte Breite kurz hinter der Körpermitte, nur bei *Cybister* ist sie bis zum letzten Körperdrittel caudad verschoben. Die Prothorakalseiten und Elytren sind in scharfe, dünne Kanten ausgezogen, die von den Augen ab in gleicher Höhe beidseitig um den Rumpf ziehen und sich caudal in einer scharfen, halbrunden Schneide treffen. Diese Kanten sind bei *Cybister* (32) und besonders bei *Dytiscus latissimus* (40) zu flügelartigen Säumen extrem verbreitert. Bei kleineren Arten verschwinden die Säume; der Rumpf wird gedrungener. Das Extrem bildet der „Kugelschwimmer" *Hyphydrus ferrugineus* (4,3). Das Verhältnis von Stirnfläche F — das ist die Fläche, in der der Käfer in der Ansicht von vorne erscheint — zum Quadrat der Körperlänge l^2 als Kriterium der morphologischen Ähnlichkeit für schwimmende Tiere nimmt im allgemeinen mit sinkender Körpergröße zu (deutliche Ausnahme: *Hyphydrus*): *Dytiscus* (35 mm lang) $p = F \cdot l^{-2} = 9{,}6 \cdot 10^{-2}$; *Cybister* (32) 9,8; *Acilius* (16,5) 11,4; *Agabus* (8,3) 12,8;

Laccophilus (4,6) 15,1; *Hyphydrus* (4,3) 23,5; *Bidessus* (2) 18,8. Die Rümpfe der großen (35—15 mm), mittleren (15—4,5) und kleinen (< 4,5) Dytisciden sind mit angenähert gleichem p jeweils geometrisch ähnlich. Hydrophiliden sind in jedem Fall gedrungener.

Bei Anströmung von vorne ($\alpha = \beta = 0$); normale Schwimmrichtung) erzeugt der flachgedrückte, glatte Rumpf nur geringen Widerstand. Der Widerstandsbeiwert für *Acilius sulcatus* bei mittlerer Schwimmgeschwindigkeit ist $c_w = 0{,}23$. Für *Dytiscus marginalis* liegt er um 0,25 (noch unveröffentlicht). Damit erzeugt der *Acilius*-rumpf nur dreimal soviel Widerstand wie ein stirnflächengleicher, gleichschnell bewegter idealer Stromlinienkörper, und nur ein Sechstel des Widerstandes eines idealen Bremskörpers (Fallschirmform); sein Gütegrad ist hoch. Die Verhältnisse sind in Abb. 1 dargestellt. Vergleichbare c_w-Werte haben schnelle Rennwagen und Flugzeugrümpfe bei ihren mittleren Fahrgeschwindigkeiten. Der Widerstand steigt mit der Schwimmgeschwindigkeit nahezu streng quadratisch. Die Absolutwerte betragen z. B. für ein *Dytiscus*männchen ($l = 3{,}05$ cm; $F = 1{,}10$ cm²; $v = 10 \div 40$ cm/sec; Re $= 3 \cdot 10^3 \div 1{,}2 \cdot 10^4$) $35 \div 320$ Millipond. Bei kleineren Dytisciden und bei den Hydrophiliden dürfte c_w bis auf 0,35 ansteigen.

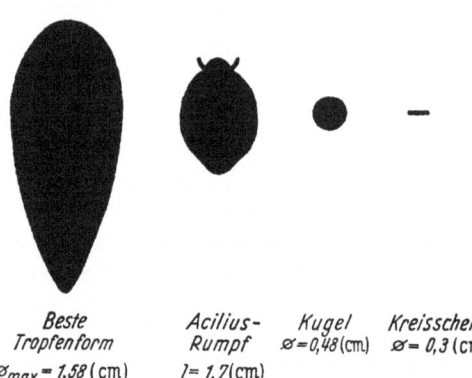

Beste Tropfenform $\varnothing_{max} = 1{,}58$ (cm)   *Acilius*-Rumpf $l = 1{,}7$ (cm)   Kugel $\varnothing = 0{,}48$ (cm)   Kreisscheibe $\varnothing = 0{,}3$ (cm)

Abb. 1. Die verschiedenen, im *gleichen* Maßstab aufgetragenen Körper haben *gleichen* Widerstand. Die sehr gute Strömungsanpassung des *Acilius*rumpfes wird im Vergleich deutlich

Bei Vergrößerung des Anstellwinkels α der Längsachse von *Dytiscus* gegen die Anströmrichtung (Drehung um die Querachse, Kopf nach oben) bis auf $\alpha = 90°$ steigt der Widerstand W bis auf das 9fache. Bei Vergrößerung des Scherungswinkels β (Drehung um die Hochachse) bis auf $\beta = 90°$ steigt der Widerstand W bis auf das 4fache. Durch Schrägstellen kann *Dytiscus* also seinen Widerstand bis um eine Zehnerpotenz vergrößern, was für das Kurvenschwimmen wesentlich ist (vgl. V, 7, S. 62). Bei Winkelabweichungen von $\pm 10°$ gegen die Bewegungsrichtung, wie sie beim normalen Schwimmen vorkommen, vergrößert sich W höchstens auf den 1,25fachen Wert. Eine genaue „Spurtreue" ist somit für günstige Schwimmdynamik nicht nötig.

2. Umströmung. Die Umströmung ist laminar und reißt an den breitesten Stellen (Seitenansicht: erstes Viertel der Elytren; Aufsicht:

letztes Drittel der Elytren) wirbelig ab. Der Staupunkt — der Punkt in dem sich die Stromlinien teilen — liegt in Augenhöhe. Mit zunehmendem Anstellwinkel α wandert der Staupunkt ventral nach hinten, der Ablösungspunkt dorsal nach vorne. Gleichzeitig vergrößert sich der Abreißquerschnitt, damit das verwirbelte Totwassergebiet und damit der Widerstand. Bei $\alpha = 0$ ist der Abreißquerschnitt gleich der Stirnfläche F und hat — ebenso wie der Widerstand — sein Minimum (vgl. Widerstandsformel I, 3, S. 42). Mit steigendem α schiebt sich eine zunehmend größere, gegenläufige Wirbelschleppe auf der Dorsalseite keilförmig bis zum Ablösungspunkt nach vorne. Bei $\alpha = 45°$ ist die Widerstandszunahme $\frac{dW}{d\alpha}$ am größten. Das wird von *Dytiscus* beim Bremsen (vgl. V, 8, S. 63) ausgenutzt. Im gleichen Punkt hat folglich die Kurve $W = f(\alpha)$ ihren Wendepunkt, und die Zunahme der widerstandsinduzierenden Wirbelschleppe ist am größten.

Turbulente Grenzschichten sind energiereicher als laminare und können unter Umständen länger anliegen; die Abreißstelle kann nach rückwärts verschoben sein. Da der Rumpf nach hinten spitz zuläuft, würde so der Abreißquerschnitt und damit der Widerstand abnehmen. Es ist denkbar, daß die Fühler oder die behaarten Längsriefen der Weibchen von *Dytiscus* und *Acilius* als Grenzschichtturbulatoren wirken (in Bearbeitung). Die verschiedenen Umströmungsformen bilden verschiedene Mikrobiotope für symphorionte Peritrichen. Sie bilden an vollturbulent umströmten Stellen längere, dünnere Stiele und weniger flachgedrückte, dreidimensionale Kolonien aus (LUST 1950); auch siedeln sich verschiedene Arten an verschieden umströmten Rumpfteilen an.

3. Stabilität. Die großen Dytisciden schwimmen im stabilen Gleichgewicht; der Schwerpunkt liegt normalerweise unter dem Angriffspunkt der Auftriebsresultierenden; vgl. CZWALINA 1956. Sie können ihren subelytralen Luftvorrat so regulieren, daß sie mit horizontaler Mediane am Ort schweben. Bei Auslenkung um die Querachse (α) oder Längsachse (γ) schwingen sie nahezu aperiodisch in die Normallage zurück. Diese sehr gute Schwingungsdämpfung wird durch die breit ausgezogene Elytralkante bewirkt, längs der sich Wirbelreihen ablösen, die die kinetische Energie der Schwingung aufzehren. Wenn beim schnellen Schwimmen der Anstellwinkel α vergrößert wird, werden nur positive Rückstellkräfte erzeugt, die den Rumpf in die Normallage zurückdrehen. Diese Selbststabilisierung erklärt sich aus der Lage der großen Stabilisierungsflächen *hinter* dem Drehungsmittelpunkt, die analog dem Höhenleitwerk eines Flugzeugs wirken. Entsprechendes gilt in geringerem Maße für den Scherungswinkel β. Das dynamische Einschwingen verläuft bei langsamen Schwimmgeschwindigkeiten mit leichtem Überschwingen, bei schnellen nahezu aperiodisch. Die starken

Rückstellkräfte bedingen eine starre Kurvenführung und vermindern damit die Wendigkeit. Im Gegensatz zum *Dytiscus*rumpf bewegen sich ideale technische Tropfenkörper instabil. Schon bei Schwankungen der Mediane um wenige Grad werden Stellkräfte erzeugt, die den Körper aus der Bewegungsrichtung herausdrehen und senkrecht zur Strömung stellen (HÜTTE 1954, p. 799). Stabilität und Wendigkeit, Stabilität und Widerstandsverminderung sind Antagonisten. Der Rumpf der großen Dytisciden bildet einen guten Kompromiß: geringer Widerstand + mäßig gute Wendigkeit + sehr gute Stabilität. Dauernde Lagekorrekturen durch den Bewegungsapparat sind nicht nötig. Im Gegensatz dazu schwimmt *Gyrinus* auf der Wasseroberfläche und besonders unter Wasser äußerst wendig, aber unstabil. Dazu sind dauernde, sehr rasch aufeinanderfolgende Lagekorrekturen des Bewegungsapparats nötig (vgl. V, 7, S. 62).

III. Der Bewegungsapparat der Wasserkäfer

1. Form und Funktion. Die drei Beinpaare haben verschiedene Funktion. Bei den großen und mittelgroßen Dytisciden sind die Propodien (I) drehrunde, schwimmhaarfreie Beutefangorgane, die Mesopodien (II) Steuer- und Vortriebsorgane, die Metapodien (III) abgeflachte, schwimmhaarbesetzte Vortriebsorgane. Die kleinen Dytisciden benutzen alle drei Beinpaare als Vortriebsorgane, ebenso die Hydrophilidenimagines, Dytiscidenlarven und Hydrophilidenlarven. Bei *Gyrinus* sind I Beutefangorgan, II + III Vortriebs- und Steuerorgan zugleich. Die *Acilius*larve kann kurzfristig mit raschen Vertikalschlägen des Abdomens schwimmen („Schnicksen"). Als Hauptvortriebsorgane fungieren jedoch überall die Metapodien, die im folgenden allein besprochen sind. Die Mesopodien der Dytisciden haben trotz geringerer Vortriebsbedeutung eine weitaus kompliziertere Kinematik (vgl. NACHTIGALL 1960).

Bei den Hydrophiliden ist das Drehgelenk für die Ruderbewegung ein Kugelgelenk. Es liegt zwischen Thorax und Coxa. Bei sämtlichen Dytisciden und sämtlichen Gyriniden sind die Metapodien für die Erzeugung eines großen, aber immer gleichgerichteten Schubes eingerichtet. Thorax und Coxa sind verwachsen. Das Drehgelenk für die Ruderbewegung ist ein Scharniergelenk und liegt zwischen Coxa und Trochanter. Es gibt nur 2 funktionelle Muskelgruppen, zu denen sich die verschiedenen Metapodienmuskeln vereinigt haben; auch die Coxa-Rotatoren verschieben ihre Insertion auf den Trochanter (KORSCHELT 1923, BAUER 1910). Die beiden Muskelgruppen inserieren als sehr kräftiger Beuger und schwächerer Strecker an 2 Trochanterköpfen. Im Trochanter sitzt der Rotator femoris, im Femur der Extensor und Flexor tibiae, in der Tibia der Flexor tarsalis, der mit seiner Sehne bis ins Krallenglied zieht (vgl. Abb. 2). Coxaverwachsung und Scharniergelenk, zusammen mit ventralen Gleitflächen fixieren die Bahn von Trochanter und anhängendem Ruderbein. Die Bahnfixierung ermöglicht eine Muskelkonzentration auf nur 2 Funktionsgruppen für die Schlagbewegungen. Somit können diese eine außerordentlich große, aber immer gleichgerichtet bleibende Ruderschlagskraft liefern. Das ist wiederum Voraussetzung für einen selbsttätig sich steuernden Ruderapparat, wie es der Tarsus ist. Er stellt seine Gliedbreitseiten, Ruderhaare bzw. Schwimmblättchen und indirekt auch das ganze Ruderbein ohne Muskelzug, allein durch die Antagonisten Wasserwiderstand-Gelenkhautspannung „vollautomatisch" in die strömungsmechanisch jeweils günstigste Lage. Scharniergelenke mit definierten Anschlägen unterstützen ihn dabei (BAYER 1924). Bei dieser Art Vortriebserzeugung geht die Steuerfähigkeit eines Beins mit freibeweglicher Coxa verloren. Dafür wird die Steuerung von den Mesopodien übernommen.

2. Insertion und relative Länge der Beinglieder. Die Insertionsstelle der Metapodien von aquatilen Coleopteren und Hemipteren ist gegenüber landbewohnenden Verwandten caudad verschoben (ROTH 1909). Die Ruderbeine sind im Verhältnis zur Körperlänge bei wasserbewohnenden Coleopteren und Hemipteren kürzer als bei verwandten Landformen und fossilen Wasserbewohnern; gleichzeitig ist der Tarsus auf Kosten der Tibia entsprechend den folgenden Reihen zunehmend verlängert (ROTH 1909): Carabiden — *Dytiscus* — *Eretes*; *Eretes* — *Paläogyrinus* — rezente Gyriniden; Landwanzen — *Sigara* — *Corixa* und *Naucoris*; tertiäre *Corixa fasciolata* — rezente Corixiden. Nichtschwimmende Hydrophiliden haben schon relativ kurze Metapodien. Diese sind bei schwimmenden Hydrophiliden nicht meßbar weiterverkürzt; dagegen ist der Tarsus wiederum auf Kosten der Tibia verlängert. Wasserinsekten tendieren also zu möglichst kurzen Ruderbeinen, an denen der Tarsus den Hauptanteil hat. Kürzere Beine können mit höheren Schlagfrequenzen arbeiten, die muskelphysiologische Vorteile bringen; bei Konzentration der Schuberzeugung auf den Tarsus (vgl. III, 7) kann seine vollkommen selbsttätige Einstellbewegung am besten ausgenutzt werden.

3. Abplattung der Beinglieder. Das Ruderbein muß beim Ruderschlag R einen möglichst großen, beim Vorzug V einen möglichst geringen Widerstand erzeugen. Es könnte schon bei *gleichschnellem* Vor- und Rückschlag mit *gestreckt bleibendem* Bein ein Vortrieb erzeugt werden, wenn c_{wR} größer ist als c_{wV} (vgl. I, 3). Der Widerstandsbeiwert eines Kreiszylinders vom Verhältnis Länge : Breite $= l : b = 10$ (rundes Bein) ist $c_w = 0{,}82$. Bei einem entsprechenden Rechteck $l : b = 10$ und Breite : Dicke $= 40$ (stark abgeflachtes Bein) ist $c_w = 1{,}29$ bei Anströmung

von der Breitseite (Ruderschlag) und nur etwa $c_w = 0{,}03$ bei Anströmung von der Schmalkante (Vorzug) (Re $< 10^5$; vgl. HÜTTE 1954). Es ist also $c_{wR} \approx 40 \cdot c_{wV}$. Für das Ruderbein werden die Differenzen gegenüber den technischen Körpern kleiner, aber von gleicher Größenordnung sein. Die Werte zeigen augenscheinlich den Vorteil der Beinabplattung gegenüber dem runden Bein und den Vorteil einer Einstellmöglichkeit der Breitseite zur Anströmrichtung. Die Abplattungsgrade — definiert als das Verhältnis Breite : Dicke eines Beinglieds — sind (Reihenfolge: Mesopodium Femur — Tibia — Tarsus; Metapodium Femur — Tibia — Tarsus): a) Hemiptera (ROTH 1909): *Ranatra* 1,8—
—1,5—1,3; 1,8—1,5—1,3. *Sigara* 2—1,2—1,3; 3—1,2—1,5. *Notonecta* 2—1—1; 2,5—2—1,5. *Nepa* 2—2—2; 2—2,5—2. *Naucoris* 3,6—1,6—1,5; 3,6—2—1,7. *Belostomum* 2—3,5—3,5; 2—3,5—3,5. b) Coleoptera (NACHTIGALL 1962a, ROTH 1909): *Acilius*- und *Hydrophilus*larve — alle Glieder angenähert 1. *Acilius* 2,2—1,6—1; 4,2—1,7—1,4. *Hydrous* 2—1,9—2; 2,3—2—2,2. *Hydrophilus* 2,2—2,1—2,2; 2,3—2,1—2,5. *Dytiscus* 3,5—2,5—2; 5—3—2,5. *Gyrinus* 6,5—10—25; 7—15—35. *Gyrinus*, Schwimmblättchen mit eingerechnet 6,5—20—45; 7—30—65. Alle Imagines haben abgeplattete Beinglieder. Die besten Schwimmer, *Belostomum—Gyrinus* (vgl. Abb. 2), haben die stärksten Abplattungsgrade. Ausnahmen sind *Acilius* und die Hydrophiliden. *Acilius* ist ein ausgezeichneter Schwimmer mit geringer Beinabplattung, der seinen Vortrieb hauptsächlich mit Schwimmhaaren erzeugt. Die Hydrophiliden sind schlechte Schwimmer mit geringem Schwimmhaarbesatz, die zur Vortriebserzeugung in stärkerem Maße abgeplattete Festflächen benutzen. Die Ruderbeine sind bei rezenten Wasserbewohnern wesentlich stärker abgeplattet als bei verwandten Landformen oder fossilen Wasserbewohnern (ROTH 1909); es gelten die gleichen Reihen wie in Abschnitt III, 2.

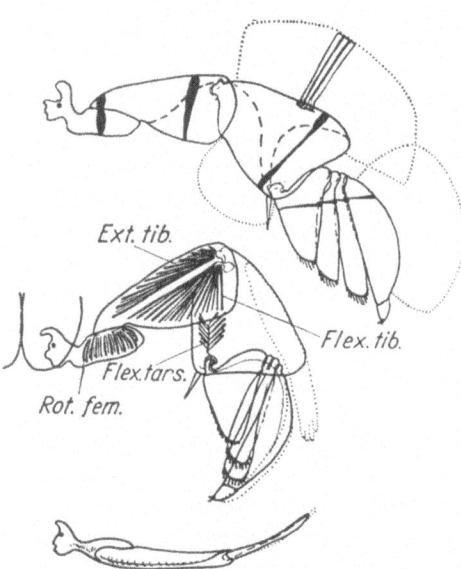

Abb. 2. Oben: Rechtes Metapodium von *Gyrinus* während des Ruderschlags. Umrisse der Festglieder ausgezogen, Eindellungen für Gliedereinklappung gestrichelt, Schwimmblattflächen punktiert. Drei Schwimmblättchen im richtigen Größenverhältnis eingezeichnet. Abplattungsgrad an vier Profilquerschnitten verdeutlicht. Mitte: Linkes Metapodium beim Vorziehen. Bein- und Tarsusglieder eingeklappt, Schwimmblättchen angelegt. Muskelabkürzungen nach den Textbezeichnungen. Unten: Linkes Metapodium beim Vorziehen. Von vorne gesehen (Stirnfläche dargestellt). Alle Skizzen im gleichen Maßstab

4. Schwimmhaare. Dichtstehende, drehbar eingelenkte Schwimmhaare sitzen bei den Dytiscidenimagines an den Rändern der abgeflachten Tibien und Tarsen von Meso- und Metapodien (WESENBERG-LUND 1913). Sie spreizen sich beim Ruderschlag und werden durch einen gemeinsamen Anschlag in einer Ebene parallel zur Gliedbreitseite fixiert. Beim Vorzug und an Land legen sie sich vollständig in Längsrichtung dem Bein an. Beim Mesopodium von *Acilius sulcatus* nehmen sie 75% der gesamten Tibiafläche und 50% der gesamten Tarsenfläche ein, beim Metapodium 69% und 83%. Der Anteil der Schwimmhaare an der gesamten Schubkraft, die das Metapodium erzeugen kann, beträgt 68%. Davon entfallen drei Viertel allein auf die Schwimmhaare des Tarsus. Das ist ein erstaunlich hoher Wert; der Schubanteil der Tarsenfestfläche beträgt dagegen nur 22%. Die immerhin locker verteilten Schwimmhaare können bereits 54% des Schubs einer gleichgroßen festen Fläche erzeugen. Trotz lockerer Verteilung erzeugen sie also beim Ruderschlag eine große Schubkraft. Beim Vorzug legen sie sich selbsttätig und nahezu verzögerungsfrei vollständig zusammen und erzeugen äußerst geringen Gegenschub. Die Ruderfläche wird bei jedem Schlag *neu* gebildet, und es gibt keine widerstandserzeugenden Übergänge und Einstellungen. Somit ist der effektive Schub sehr groß und mit einer Festfläche nicht zu erreichen. Da die Schwimmhaare weiterhin durch ihre ungleichmäßige Verteilung die Tarsenbreitseite automatisch in die jeweils günstigste Stellung zum Wasserwiderstand drehen (s. S. 50—51), sind sie bei *Acilius* der eigentliche Vortriebsfaktor; sie steigern den Schub des festen Beins um 210%. Der Tarsus erscheint nur als Schwimmhaarträger, Femur und Tibia nur als Gestänge für den Tarsus.

5. Schwimmblättchen. Bei *Gyrinus* sitzen etwa $1\,\mu$ dicke, $30-40\,\mu$ breite und bis $400\,\mu$ lange Schwimmblättchen (Seitenverhältnis 1:15) an den gleichen Stellen wie bei *Acilius* die Schwimmhaare (BOTT 1928, HATCH 1925, vgl. auch Abb. 2). Sie sind beim Ruderschlag ebenfalls durch einen Anschlag in einer gemeinsamen Ebene fixiert und überlappen sich, so daß sie eine zusätzliche *feste* Fläche bilden. Die Einstellbewegungen erfolgen völlig selbsttätig durch den Strömungsdruck: Die Blättchen enden proximal in einem asymmetrisch zur Längsachse gelegenen Hohlzapfen, der in einer Chitinkammer steckt. Beim Anströmen drehen sie sich deshalb jalousieartig schräg, wie die Lüftungsklappen bei einem Ventilator. Dabei entsteht eine seitwärts gerichtete Komponente der Schubkraft, die die Blättchen so weit verschiebt, bis jedes mit seinem konvex gebogenen Zapfen an die genau entsprechend konkav gebogene Wand seiner Kammer anstößt. Die Kammerung ist so angeordnet, daß sich alle Blättchen bis auf die Enden spaltlos, spielkartenartig überlappen. Sie erzeugen etwa 90% des Schubs einer gleichgroßen festen Fläche. Weiterhin erzeugen sie beim Mesopodium 59% der Schubkraft des gesamten Beins, beim Metapodium 52%; davon fällt genau die Hälfte auf die Schwimmblättchen der Tibia. Der Schubanteil der Tarsenfestfläche beträgt 24%. Trotz wesentlich besserer hydromechanischer Wirksamkeit im Vergleich zu den Schwimmhaaren sind die Schwimmblättchen bei *Gyrinus* nicht der wesentliche Vortriebsfaktor, sondern haben recht genau gleichen Schubanteil wie die hochwirksamen Festflächen. Sie steigern den Schub des Festbeins nur um 107%.

6. Vergleich zwischen Schwimmhaartyp (Dytiscidae) und Schwimmblättchentyp (Gyrinidae).
Beispiel: *Acilius sulcatus* bzw. *Gyrinus natator*.

	Dytiscidae	Gyrinidae
a)	Metatarsus Hauptruder (82% Schubbeitrag)	Tibia + Tarsus zusammen Hauptruder (44 + 50 = 94%)
b)	Schuberzeugung distal verlagert (Schubbeitrag Femur 1,3%, Tibia 16%)	Schuberzeugung auch proximal (Femur 6,3%, Tibia 44%)
c)	Schub stark auf Haare konzentriert (68%)	Schub weniger stark auf Blättchen konzentriert (52%)
d)	Festbein vortriebstechnisch schlecht; Schuberhöhung durch Schwimmhaare um 210%, dafür Flächenvergrößerung um 400% nötig	Festbein vortriebstechnisch gut; Schuberhöhung durch Schwimmblättchen um 107% bei Flächenvergrößerung um nur 122%

Haare arbeiten nur halb so effektiv wie Blättchen, werden aber relativ stärker zur Ruderfunktion eingesetzt (Haare zu $^2/_3$, Blättchen zu $^1/_2$) und sind bei Wasserinsekten weit verbreitet. Sie haben statische Vorteile (größere Biegefestigkeit, größeres Seitenverhältnis möglich) und können als überwiegender Vortriebsfaktor wirken. Für den Vortrieb sind Schwimmhaare Hauptorgane, Schwimmblättchen Hilfsorgane.

7. Der Tarsus als selbsttätiges Hauptruderorgan. Der bei den Winkelbewegungen der Ruderbeine auftretende vortriebserzeugende Wasserwiderstand ist unter anderem proportional dem Quadrat des Drehpunktabstandes r (IV, 1) der Schlagfläche. Damit ist der Tarsus als distalste Schlagfläche mit dem größten r zum Hauptruderorgan prädestiniert. Tatsächlich erzeugt er den größten Vortriebsanteil, und zwar bei *Acilius* 83%, bei *Gyrinus* 50%. Die Schubbeiträge der einzelnen Tarsenglieder 1 bis 5 am gesamten Tarsenschub sind bei *Acilius* 27, 27, 21, 17, 8%. Der Schub nimmt also nach außen ab, da die distalen Flächen sehr viel kleiner werden. Die morphologischen Voraussetzungen für das Hauptruder sind Abplattung, Schwimmhaare und Drehabstand. Die bewegungstechnischen Voraussetzungen sind Bahnfixierung, Selbststeuerung und automatische Versteifung. Infolge der konstanten Schlagbahn (Coxaverwachsung, III, 1) greifen die Widerstandskräfte bei jedem Schlag in gleicher Weise an. Das ist für eine selbsttätige Einstellung zu fordern.

Zu Beginn des Ruderschlags spreizen sich die Schwimmhaare in einigen Millisekunden, die Blättchen in etwa 1 msec (!) vollständig. Da ihre oberen Säume stärker ausgebildet sind als die unteren, dreht der einseitig größere Widerstand den Tarsus um die Längsachse bis zu einem Anschlag im Tibia-Tarsus-Gelenk. Gleichzeitig werden bei *Acilius* alle Tarsenglieder bis zu ihren Anschlägen in den Intertarsalgelenken gegeneinander verwunden, bei *Gyrinus* werden die Tarsenglieder spielkartenartig auseinandergeklappt. So werden die Flächen ohne Muskelzug entfaltet und versteift; die Intertarsalhäute werden gedehnt. Am Ende des Ruderschlags sinkt der Widerstand ab; die Gelenkhautspannung zieht die Glieder wieder zusammen. Weitere Einzelheiten s. Abschnitt IV, 4, S. 55.

IV. Kinematik

1. Schlagbewegung. Die Schlagphasen von *Acilius* sind in Abb. 3 dargestellt, die Stellungen des *Gyrinus*beins können an Abb. 2 verglichen werden. Ein Wasserkäfer schwimmt vorwärts, wenn der beim Ruderschlag R erzeugte Vortrieb W_R größer ist als der beim Vorzug V des Beines erzeugte Rücktrieb W_V. Vor- und Rücktrieb sind Widerstände W, also dem Wasser mitgeteilte Kräfte (s. V, 2). Der Widerstand eines Beinelements ist nach $W_{R,V} = p \cdot F \cdot v^2$ proportional seiner Fläche F und dem Quadrat der Geschwindigkeit v. Die Schlagfläche F ist die Fläche, in der das Bein erscheint, wenn es in Richtung der jeweiligen Anströmung betrachtet wird. Da die Geschwindigkeit v gleich ist dem Produkt aus Winkelgeschwindigkeit ω (für alle Beinpunkte gleich) und dem Drehabstand r des Flächenelements, $v = r \cdot \omega$, gilt $W_{R,V} = p \cdot F \cdot r^2 \cdot \omega^2 = N \cdot \omega^2$. Es sei zunächst angenommen, daß das Bein mit konstanter Winkelgeschwindigkeit ω schwingt. Dann schwimmt das Tier vorwärts, wenn der Faktor $N = p \cdot F \cdot r^2$ beim Ruderschlag größer ist als beim Vorzug. Das Bein muß also beim Ruderschlag mit großer Schlagfläche F über großem Drehabstand r arbeiten, beim Vorzug mit kleiner Schlagfläche über kleinem Drehabstand. Dabei ist die Veränderung im Drehabstand r wegen der quadratischen Abhängigkeit besonders wichtig.

Diese Bedingung wird folgendermaßen realisiert:

1. Ruderschlag. a) Große Schlagflächen F werden gebildet durch große, dünne Festflächen der abgeplatteten Glieder. Bei *Gyrinus* ist die Breitfläche des abgeplatteten Metapodiums gegenüber runden Beinen bis auf das 5fache vergrößert, der Schub infolge des größeren c_w bis auf das 8fache. Zudem ist der Tarsus fächerförmig auf das 1,6fache spreizbar. Durch Schwimmhaare und -blättchen wird die Schlagfläche weiter stark vergrößert, bei *Gyrinus* zum Beispiel um 226% (Tibia) und 132% (Tarsus) der Festflächen. b) Große Drehabstände r werden dadurch erreicht, daß die Hauptruderfläche distal verlagert ist. Bei *Acilius* nimmt

die Umrißfläche des Tarsus 78% der gesamten Beinfläche ein, ihr mittlerer Drehabstand liegt bei 78% der gesamten Beinlänge. Bei *Gyrinus* sind die entsprechenden Werte 37% und 80% für den Tarsus, 49% und 60% für die Tibia.

2. Vorzug. a) Kleine Schlagflächen F werden dadurch gebildet, daß sich die Beinglieder soweit verdrehen, bis sie von der Schmalkante

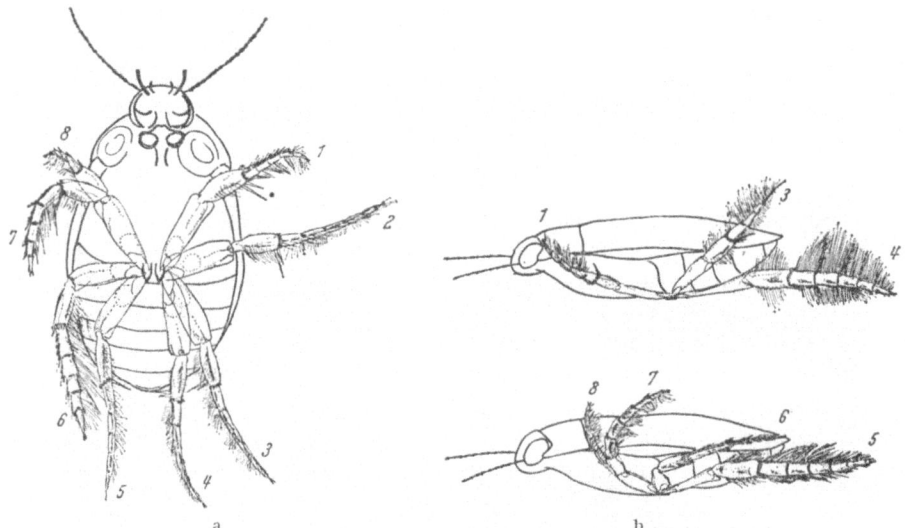

a b

Abb. 3a. Ventralansicht von *Acilius sulcatus* mit den charakteristischen Beinstellungen des Ruderschlags *(1—4)* und des Vorziehens *(5—8)*. Zu beachten ist die Stellung der Breitseiten der Tarsenglieder sowie der Schwimmhaare. *1* Beginn der Streckphase. Tarsus noch nach Spitze zunehmend verwunden und aufgekippt. *2* Beginn der Schlagphase. Bein ausgesteift. *3* und *4* Schlagphase mit vollgespreizten Schwimmhaaren und leichter Tarsenabbiegung. Schlagrichtung zunehmend nach hinten-*unten*. *5* Beginn des angeschmiegten Vorziehens. Tarsenbreitseite noch senkrecht, Bein noch unter den Epipleuren, Schwimmhaare angelegt. *6* Ende des angeschmiegten Vorziehens. Tarsenbreitseite waagrecht, Bein zum Teil über den Epipleuren, Schwimmhaare in Bewegungsrichtung nachgezogen. *7* Beginn des Tarsenaufkippens. *8* Ende des Tarsenaufkippens. Das waagrecht halbkreisförmig abgebogene Bein *(7)* wird senkrecht-halbkreisförmig aufgekippt *(8)*, wobei die Schwimmhaare in Bewegungsrichtung nachgezogen werden

Abb. 3b. Lateralansicht von *Acilius sulcatus*. Die Nummern der Beinstellungen entsprechen ebenso wie die Legende der Abb. 3a. Der Vergleich der einzelnen Beinstellungen auf den beiden Abbildungen ergibt ein räumliches Bild des Schlagablaufs

angeströmt werden. Schwimmhaare und -blättchen legen sich nahtlos an die Glieder an; ihre Zusatzflächen verschwinden vollständig. Schließlich werden Tarsus und mehr oder minder auch die Tibia während der ersten Hälfte des Vorziehens parallel zur Medianen nachgezogen (vgl. Abb. 3, Stellung 5 und 6; Abb. 2, untere Hälfte). So wird auch die Fläche in Ansicht aus der Strömungsrichtung sehr klein; die Tarsenfläche verschwindet ganz. Dadurch verringert sich die Stirnfläche (Druckwiderstand) gegenüber der Ruderschlagsstellung bei *Gyrinus* z. B. auf $1/13$ (Mesopodien) bzw. $1/16$ (Metapodien). Der Tarsus von *Gyrinus* wird spielkartenartig zusammengeschoben und teilweise in eine Tibia-aussparung, die Tibia teilweise in eine Femuraussparung eingeklappt. Dadurch verringert sich die Oberfläche des Metapodiums und Mesopodiums (Reibungswiderstand) auf 71 und 72% der maximalen Festfläche bzw. auf 35 und 28% der maximalen Gesamtfläche. b) Kleine Drehabstände r ergeben sich aus dem „angeschmiegten Vorziehen" der Beine (Abb. 2 und 3). Dabei wird durch Abknickung im Femur-Tibia und Tibia-Tarsus-Gelenk die Hauptwiderstandsfläche proximal verlagert. Bei *Gyrinus* verringert sich der Drehabstand des Flächenmittelpunkts im Vergleich zum Ruderschlag von 80 auf 48% (Tarsus) und von 60 auf 36% (Tibia) der gesamten Beinlänge.

2. **Schlagstellung und Geschwindigkeitsverteilung.** Bisher wurde konstante Winkelgeschwindigkeit ω angenommen. Die Ruderbeine könnten allein mit den beschriebenen morphologischen Veränderungen wirkungsvoll arbeiten. Die Winkelgeschwindigkeit ω als kinematischer Faktor ist jedoch inkonstant, damit auch der Widerstand $W_{R,V} = N \cdot \omega^2$ (s. IV, 1). Da W_R größer sein muß als W_V, sollte auch die durchschnittliche Winkelgeschwindigkeit $\bar\omega_R$ größer sein als $\bar\omega_V$. Wegen der quadratischen Abhängigkeit machen sich schon kleine Unterschiede stark bemerkbar. Bei der *Acilius*larve ist $\bar\omega_R \approx \bar\omega_V$; sie bedient sich zur Vortriebserzeugung fast ausschließlich morphologischer Veränderungen (Schwimmhaarprinzip und Veränderungen im Drehabstand). Bei der Imago von *Acilius* kann $\bar\omega_R$ 1,4 bis 1,6 mal größer sein als $\bar\omega_V$; *Acilius* kann sich zur Vortriebserzeugung weitgehend der Geschwindigkeitsveränderung bedienen. Bei *Gyrinus* dagegen ist $\bar\omega_V$ durchschnittlich 1,5 mal größer als $\bar\omega_R$; mit dieser Geschwindigkeitsverteilung wird also insgesamt nur Rücktrieb erzeugt. Gleichzeitig ist aber N_R sehr viel größer als N_V, so daß insgesamt auch W_R viel größer ist als W_V. *Gyrinus* erzeugt also seinen Vortrieb allein mit morphologischen Veränderungen, die darüber hinaus noch den Rücktrieb der Geschwindigkeitsverteilung abfangen müssen.

Der Vortrieb V nimmt mit dem Sinus der Ruderschlagskraft K zu; $V = K \cdot \sin\beta$ (vgl. V, 2). Bei einem Auslenkwinkel $\beta = 90°$ steht das Bein senkrecht zur Medianen abgespreizt, der Sinus ist $= 1$, und der Vortrieb ist gleich der eingesetzten Kraft ($V = K$). Bei jeder anderen Winkelstellung werden Teile der Ruderschlagskraft als vortriebstechnisch bedeutungsloser Seitentrieb verschluckt. Die Ruderschlagskraft ihrerseits nimmt quadratisch mit der Winkelgeschwindigkeit ω zu; $K = \text{prop}\,\omega^2$. Es ist deshalb sehr wichtig, daß das Maximum der Winkelgeschwindigkeit mit dem Auslenkwinkel $\beta = 90°$ gekoppelt ist. Dann wird die Ruderschlagskraft dort vollständig und verlustfrei in Vortrieb umgewandelt ($K = V$), wo sie am größten ist, wo also die Schwimmuskeln ihre größte Leistung entfalten müssen ($V_{\max} = K_{\max} \cdot \sin 90° = p \cdot \omega^2 \cdot \sin 90° = p \cdot \omega^2$). Die *Acilius*larve folgt dem Prinzip sehr genau; ω hat ein breites

Maximum um $\beta = 90°$. Bei der Imago von *Acilius* liegt ein scharfes Maximum von ω bei $\beta = 110°$. Dort werden noch 90% von K in V umgewandelt. Die kurze Beschleunigungsstrecke bis $\beta = 90°$ reicht zum Erzielen der Maximalgeschwindigkeit nicht ganz aus. Bei *Gyrinus* wird ω um $\beta = 90°$ maximal und bleibt bis etwa 135° unverändert. Danach sinkt es sehr rasch auf Null (vgl. Abb. 4 und 6).

3. **Vergleich der Kinematik von Acilius und Gyrinus.** a) *Acilius* arbeitet mit großem Drehabstand r (10 mm), kleiner Maximalfrequenz f (7 Hz) und kürzerer Ruderschlagszeit; $r \cdot f = 70$. *Gyrinus* arbeitet mit kleinem Drehabstand (1,5 mm) großer Frequenz (50 Hz) und kurzer Vorzugszeit; $r \cdot f = 75$. Die Produkte sind etwa gleich groß. Beim Insekten- und Vogelflug gibt es Parallelen. b) Bei *Acilius* geschieht das Ausstrecken, Eindrehen und Aufklappen der Schlagfläche in Ruderstellung (s. IV, 4) überwiegend passiv durch den Strömungswiderstand, bei *Gyrinus* überwiegend aktiv durch den Extensor tibiae bzw. Rotator femoris. c) Bei *Acilius* ist die Eindrehzeit der Schlagfläche kurz; sie

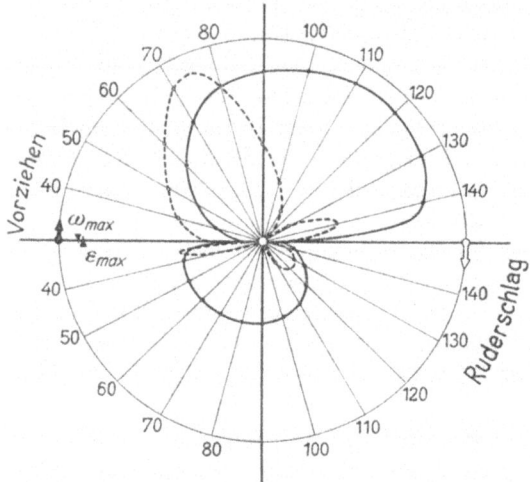

Abb. 4. Geschwindigkeits-Weg-Diagramm (ω—β) und Beschleunigungs-Weg-Diagramm der Metapodien von *Gyrinus* (ε—β) in Polardarstellung. $\omega_{max} = 35$ (°/msec); $\varepsilon_{max} = 10$ (°/msec^2). Randzahlen: Auslenkwinkel β. Ausgezogen: Winkelgeschwindigkeit ω; gestrichelt Winkelbeschleunigung ε.

richtet sich aber erst während des ersten Schlagdrittels durch den Strömungsdruck in Arbeitsstellung auf. Bei *Gyrinus* ist die Eindrehzeit relativ sehr lang; die Fläche wird durch 2 Muskeln eingestellt und steht dafür schon ganz zu Beginn des Beinschlags in Arbeitsstellung. d) Das *Acilius*bein ist somit bei einfacherer Kinematik ein überwiegend passiv sich einstellendes Ruderorgan geringerer Wirksamkeit, das *Gyrinus*bein bei komplizierterer Kinematik ein überwiegend aktiv einzustellendes Ruderorgan großer Wirksamkeit.

4. Einstellbewegungen des Tarsus (vgl. Abb. 3). Der Tarsus von *Acilius* wird nur an seinem proximalen Ende aktiv geführt und stellt sich ansonsten selbsttätig ein. In Ruhe, wenn die Gelenkhautspannung ausgeglichen ist, ist er halbkreisförmig nach oben gebogen. Beim Vorzug ist er durch den Wasserwiderstand nach hinten abgebogen. Zu Ende des Vorzugs wird die Winkelgeschwindigkeit des Beins gleich Null, zudem hat die Körpergeschwindigkeit ein Minimum. Der Widerstand sinkt infolgedessen ab. Die Gelenkhautspannungen ziehen den Tarsus zuerst halbkreisförmig nach vorne und kippen ihn dann halbkreisförmig nach oben in Richtung zur Ruhestellung auf („Aufkippen"). Die Schwimmhaare stellen sich selbsttätig in die jeweilige Anströmrichtung ein, die in komplizierter Weise räumlich wechselt. Ebenso folgt die Schmalkante stets selbsttätig der Anströmrichtung. Noch mitten während des Aufkippens beginnt der Ruderschlag, dessen Kraft am proximalen Tarsenende angreift und den Tarsus wedelnd „abrollt" wie eine Peitsche beim Knallen. Die Glieder erreichen von proximal beginnend nacheinander die gestreckte Lage, die Schwimmhaare spreizen sich bis zu ihrem gemeinsamen Anschlag selbsttätig. Der asymmetrischen Verteilung entspricht eine exzentrisch angreifende Resultierende der Widerstandskraft, die über ihren Abstand zur Tarsenlängsachse ein Drehmoment erzeugt. Die Tarsenglieder werden so um ihre Längsachse gedreht, bis sie sich nacheinander in ihren Anschlägen versteifen. Inzwischen hat der Tarsus 25 bis 30% seiner Winkelbewegung vollendet und 50% seiner Maximalgeschwindigkeit erreicht. Die Schlagfläche ist damit fertig ausgebildet und bleibt bis zum Ende des Ruderschlags konstant, nur die äußeren Tarsenglieder biegen sich weiter leicht durch. Das Schema von AMANS (1888) über die Anstellwinkel der Gliedbreitseiten entspricht nicht den Tatsachen.

5. Geschwindigkeiten und Frequenzen. *Acilius* kann mit 3 bis 10 ohne Pause aufeinanderfolgenden Beinschwingungen pro Sekunde (Hz) Schwimmgeschwindigkeiten von 6—35 cm/sec erreichen. Bei kleinen Geschwindigkeiten (normales Schwimmen) schaltet er zwischen den in höchstens etwa 250 msec ablaufenden Schlägen Pausen ein; die Beine sind dabei vorgezogen und bleiben in Ruhestellung mit aufgebogenem Tarsus stehen. Bei der Flucht kann er mit Einzelschlägen von 125 msec Dauer, die jeweils etwa 10 cm fördern, kurzfristig Geschwindigkeiten über 50 cm/sec erreichen. Die Beine bleiben nach jedem Fluchtschlag eine Zeit lang aneinandergelegt nach hinten gestreckt. Beim zügigen Schwimmen schwankt die Rumpfgeschwindigkeit im Rhythmus des Beinschlags etwa im Verhältnis 2,5 : 1. Die Amplituden (Schlagwinkel α, vgl. Abb. 5) vergrößern sich von 75° (ganz langsames Schwimmen) bis 155° (heftiger Schlag bei der Flucht). Bei einem schnellen Schlagablauf von 7,5 Hz dauert der Ruderschlag 67 msec, der Vorzug 86 msec; die

Phasen überlappen sich 20 msec lang. Nur während etwa 25% der Schwingungszeit wird wesentlicher Vortrieb geleistet.

Bei *Gyrinus* können sich die Metapodien mit 50—60 Schwingungen pro Sekunde (!) bewegen; die Mesopodien schlagen stets mit der halben Frequenz mit. Ein Einzelschlag dauert damit nur 10—11 msec; bis zum nächsten Schlag schließt sich eine Pause von etwa der gleichen Länge an, die zum Teil dazu benutzt wird, das Bein aktiv in die neue Ruderstellung einzustellen. Die Schwimmgeschwindigkeit kann kurzfristig bis auf 100 cm pro Sekunde ansteigen; unter Wasser übersteigt sie kaum 10 cm pro Sekunde. Die Rumpfgeschwindigkeit schwankt stark im Rhythmus der Beinschläge. Amplituden und Schwingungszeit bleiben ziemlich konstant; bei geringen Geschwindigkeiten legt *Gyrinus* zwischen den Einzelschlägen längere Pausen ein. Die Beine sind dabei flach am Rumpf angelegt. Die Metapodien entwickeln beim Ruderschlag Winkelgeschwindigkeiten bis 16 Winkelgrade pro Millisekunde, beim Vorzug bis 24 (!) Winkelgrade pro Millisekunde. Der Ruderschlag dauert 6—7 msec; bei einem Schlagwinkel $\alpha = 120°$ legt der Schlagflächenmittelpunkt 6,3 mm zurück, was einer mittleren Geschwindigkeit von über 1000 mm/sec entspricht. Der Vorzug dauert nur 4 msec; die maximale Winkelgeschwindigkeit ω (vgl. Abb. 4) übertrifft die des Ruderschlags um mehr als 100%, die maximale Winkelbeschleunigung β um mehr als 300%. Nach seinem Bau ist das *Gyrinus*bein ein Extremfall, nach seiner Kinematik und Dynamik ein geradezu abenteuerliches Gebilde.

Die mittleren Geschwindigkeiten beim Fluchtschwimmen sind für die kleineren Dytisciden: *Ilybius ater* (Körperlänge 13 mm) 20 cm/sec, *Agabus bipustulatus* (10) 20, *Ilybius fuliginosus* (9,5) 20, *Agabus chalconatus* (8) 16,8, *Laccophilus obscurus* (4,6) 11, *Hyphydrus ferrugineus* (4,3) 12, *Hygrotus inaequalis* (3), 7, *Bidessus geminus* (2) 4,5. Die Relativgeschwindigkeiten (Zahl der zurückgelegten Körperlängen pro Sekunde = Körperlängenzeit^{-1}) sind für alle Dytisciden 20,7, ohne *Dytiscus* 21,5, Dytiscini 16,9, Colymbetini 19,8, Hydroporini + Laccophilini 23,9. Sie verhalten sich im Durchschnitt bei Größenunterschieden von 1:8 wie 1:1,3, bei Größenunterschieden von 1:17 *(Dytiscus-Bidessus)* immerhin noch wie 1:2, verändern sich also nur wenig. Innerhalb eines Tribus sind sie praktisch konstant. Nach LAMBERT und TEISSIER (1927) verhalten sich bei verschieden großen Vertretern einer systematischen Gruppe die homologen Zeiten wie die homologen Längen eines Tiers. v. BUDDENBROCK (1934) fand bei laufenden Carabiden analoge Ergebnisse. Verglichen mit den naheverwandten landbewohnenden Carabiden können die Dytisciden kurzfristig sehr schnell schwimmen; der schnellste Carabide (*Carabus auratus*, $l = 23,5$ mm) erreicht mit 23,3 cm/sec nur eine Relativgeschwindigkeit von 10 (HEMPEL 1954).

Die Schlagfrequenzen schwanken zwischen folgenden Werten (in Klammer Extremwerte bei einzelnen Fluchtschlägen): *Dytiscus marginalis* (Länge 35 mm) 2—5 (5,5) Schwingungen pro Sekunde; *Acilius sulcatus* (17) 4—10 (16); *Ilybius ater* (13,5) 6—11 (20); *Ilybius fuliginosus* (17) 7—13 (20); *Hydroporus spec.* (4,7) 10—16 (20); *Hydroporus palustris* (2,7) 16—20 (27). Kleinere Käfer haben eine größere Normalfrequenz und einen geringeren Frequenzumfang. Die kleinsten Käfer (< 4,5 mm) schwimmen fast immer mit maximaler Frequenz, Amplitude und Geschwindigkeit und bewegen die Propodien mit. Je kleiner die Käfer sind, desto gleichmäßiger sind Schlagabstände und Schwimmbahn, desto gleichförmiger ist die Schwimmgeschwindigkeit, desto weniger können Frequenz und Geschwindigkeit — vor allem nach unten — variiert werden. Die *Acilius*larve erreicht mit 4—5 Beinschwingungen pro Sekunde mit allen 6 Beinen Absolutgeschwindigkeiten von 2—6 cm/sec und Relativgeschwindigkeiten von nur 1—2. Sie ist kein „Raub- und Suchschwimmer", sondern ein „Lauerschwimmer". Bei der Flucht erreicht sie mit Abdomenschlägen kurzfristig 10 fache Werte.

6. Koordination. Die *Acilius-* und *Dytiscus*larve bewegt alle drei Beinpaare in der Koordination des normalen Insektengangs (z. B. I_{links}, III_{links}, II_{rechts} synchron nach vorne, gleichzeitig I_{rechts}, III_{rechts}, II_{links} synchron nach hinten). Die *Hydrophilus*-Larve bewegt ganz analog zur Koordination bei *Cyclops* (STORCH 1929) die Beine eines Segments paarweise synchron in der Reihenfolge III—II—I nach hinten und ± gemeinsam wieder nach vorne. Die Imagines der Hydrophiliden schwimmen mit den Mittel- und Hinterbeinen. Die Beine eines Segments bewegen sich mit gleicher Geschwindigkeit gegenläufig (z. B. III_{links} vor, III_{rechts} zurück), so daß der Winkel, den sie einschließen, einigermaßen gleich bleibt (Bethesche Schwimmgabeln; HUGHES 1958). Die beiden Beinpaare bewegen sich zueinander wieder gegenläufig (z. B. III_{links} vor, III_{rechts} zurück, und gleichzeitig II_{links} zurück und II_{rechts} vor). Die Imagines der großen Dytisciden bewegen beim schnellen Schwimmen nur das III. Beinpaar synchron gegeneinander. Beim langsamen Schwimmen bewegen sie zudem das II. Beinpaar synchron, aber mit Phasenverschiebung von 180°. Die kleinen Dytisciden bewegen alle drei Beinpaare mit gleicher Frequenz und gegenseitiger Phasenverschiebung synchron. *Gyrinus* schwimmt mit Synchronschlägen der Beinpaare III und II, und zwar bewegt sich das II. Beinpaar stets mit der halben Frequenz des ersten. Der Ruderschlag geschieht nacheinander, der Vorzug angenähert gemeinsam; die genaue Koordination ist noch nicht vollständig untersucht.

V. Dynamik

1. Vortriebsprinzip. Beim Ruderschlag übt die Schlagfläche die nach hinten gerichtete Ruderschlagskraft K auf das Wasser aus. Dieses induziert an der Schlagfläche eine nach vorne gerichtete gleichgroße Gegenkraft K' (vgl. Abb. 5), die als Widerstand des Ruderbeins erscheint. Würde die periphere Schlagfläche an einem raumfesten Körper angreifen, z. B. an einem Steinchen, dann wäre das Bein ein Hebel mit ganz außen liegendem Drehpunkt; der Rumpf würde sich gegen ein raumfestes Bezugssystem um den gleichen Betrag nach vorne bewegen, wie das Ruderbein gegen ein käferfestes Bezugssystem nach hinten. Infolge der Verschiebbarkeit der Wassermoleküle verschiebt sich der Drehpunkt („Fixpunkt", da er gegen ein unbewegtes Bezugssystem in Ruhe bleibt) auf der Beinlängsachse nach innen. Bei *Acilius* sitzt er bei etwa 50% der Beinlänge. Der Rumpf bewegt sich deshalb mit etwa der halben Geschwindigkeit des Beinendes nach vorne. Bei *Gyrinus* ist das Verhältnis besser. Alle Wasserkäfer schwimmen nach dem Widerstandsprinzip; die Kräfte wirken *parallel* zur Bewegungsrichtung des Vortriebsapparats (vgl. Schaufelraddampfer; die Schaufeln schlagen in einer vertikalen Ebene, die parallel zur horizontalen Bewegungsrichtung steht). Hydrodynamische Profileffekte, die stets Kräfte *senkrecht* zur Bewegungsrichtung des Vortriebsapparats erzeugen, treten nicht auf (vgl. Schiffsschraube und Vogelflügel; diese schlagen in einer vertikalen Ebene, die senkrecht zur horizontalen Bewegungsrichtung steht). Das Widerstandsprinzip ist ungünstiger, da nur Druckkräfte wirken, und die Strömung stark verwirbelt. Das Profilprinzip (Drehflügel) ist günstiger, da sehr starke Saugkräfte auftreten und die Strömung anliegt (s. II, 2). Am Flugzeugflügel (Schraubenblatt) sind zum Beispiel die Saugkräfte auf der Oberseite (Vorderseite) mindestens 4mal größer als die Druckkräfte auf der Unterseite (Rückseite). Schaufelräder und Ruderbeine *drücken* den anhängenden Rumpf nach vorne; Schiffsschrauben, Vogelflügel und wohl auch die Schlagflügel der Robben, Pinguine und Seeschildkröten *saugen* ihn in erster Linie nach vorne.

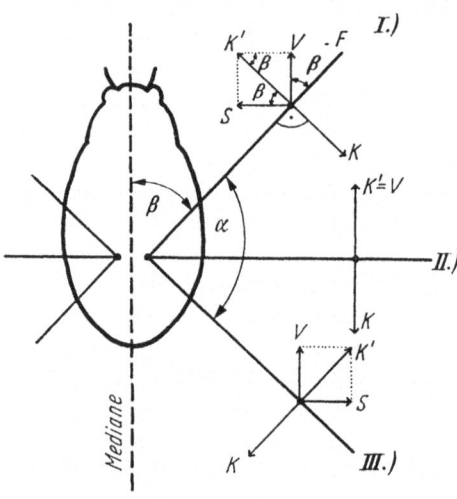

Abb. 5. Die typischen Stellungen beim Ruderschlag und die Zerlegung der auftretenden Kräfte. Erklärung im Text

2. Auftretende Kräfte (vgl. Abb. 5). Die Gegenkraft des Wassers (Widerstandskraft K') zerlegt sich in eine in Schwimmrichtung gerichtete Komponente, den Vortrieb oder Schub V, und eine senkrecht dazu gerichtete Komponente, den Seitentrieb S. Der Winkel zwischen der Beinlängsachse und der Medianen in Projektion auf die Frontalebene ist der Auslenkwinkel β. Dann ist $V = K' \cdot \sin \beta$ und $S = K' \cdot \cos \beta$. Die Schübe der beiden Beine sind beim Geradeausschwimmen gleichgroß und addieren sich. Die Seitentriebe sind entgegengesetzt gleichgroß und heben sich gegenseitig auf. Sie verschlucken Ruderkraft ohne Vortriebseffekt. Bei zunehmendem β wird V größer und S kleiner. Bei $\beta = 90°$ ist $\sin \beta = 1$ und $V = V_{max} = K'$, weiterhin $\cos \beta = 0$ und $S = 0$. Bei weiterer Vergrößerung bleibt V gleichgerichtet und nimmt ab, S springt in Gegenrichtung um und nimmt zu. Bei $\beta = 180°$ ist $\sin 180° = 0$ und $V = 0$, weiterhin $\cos 180° = 1$ und $S = S_{max} = K'$. Daraus folgen die Überlegungen von Abschnitt IV, 2.

3. **Zusammenspiel der Einzelfaktoren zur Vortriebserzeugung.** Unter Verwendung der bereits definierten Symbole läßt sich zusammenfassen: Vorwärtsbewegung erfolgt bei $W_R > W_V$; $W = p \cdot F \cdot v^2 = p \cdot F \cdot \omega^2 \cdot r^2$; $F_R \gg F_V$; $\omega_R > \omega_V$ (Ausnahme: *Gyrinus*); $r_R > r_V$. Die Bewegung ist optimal, wenn $K' = V$. Bei $\beta = 90°$ ist $V = K' \sin 90° = K'$ und $S = K' \times \cos 90° = 0$. Da $W = \text{prop}\, \omega^2$ und $L = \text{prop}\, \omega^3$ ist die Bewegung weiterhin optimal, wenn ω_{max} bei $K' = V$ ($\beta = 90°$) liegt; dann ist Verlust durch Seitentrieb $= 0$ (*Gyrinus*, *Acilius*larve; bei *Acilius* durch Rückverschiebung von ω_{max} auf $\beta = 110°$ Vortriebsverlust von 10%). Bei $\beta \to 0°$ und $\beta \to 180°$ wird $V \to 0$ auch bei großem ω. Deshalb können schon zwischen $\beta = 0 - 20°$ und $\beta = 160 - 180°$ die Richtungen von ω wechseln, ohne daß ein merklicher Schubverlust eintritt; Überschwingen auf die andere Körperhälfte kommt nur bei Steuerschlägen vor. Da $\omega = \dfrac{\alpha}{T}$ und $T = \dfrac{1}{f}$ (α = Schlagwinkel, T = Schwingungszeit, F = Frequenz) folgt $L = \text{prop}\, \omega^3 = \text{prop}\, \alpha^3 \cdot f^3$. Die Muskelleistung nimmt proportional dem Kubus von Schlagwinkel und Frequenz zu. Daher finden sich Extremwerte von α und f nur selten und kurzfristig (Flucht, Beutefang). Durch die Tarsenabbiegung bei schnellen Schlägen um den Winkel δ gegen die Längsachse (vgl. Abb. 3) nimmt der Schub jedes Tarsenglieds nurmehr nach $\sin(\beta - \delta)$ ab. Der Gesamtschub wird so um den Faktor 1,15 verbessert, der Schub zwischen $\beta = 160 - 180°$ sogar um den Faktor 2,16. Deshalb steigen die Wirkungsgrade.

4. **Konstruktion der Wirkungsgrade** (vgl. Abb. 6 und Abschnitt I, 4). Die Widerstände der verschiedenen Schlagstellungen von Vorzug und Ruderschlag wurden einzeln im Strömungsapparat gemessen (NACHTIGALL 1962a) und im Vergleich mit Filmaufnahmen als Zeitfunktion aufgetragen („Widerstandsverteilungskurve" $W = f(t)$ in Abb. 6, geltend für *Gyrinus*). Die zugehörige, aus der Filmanalyse gewonnene Kurve $\omega = f(t)$ wird quadriert zu $\omega^2 = f(t)$, und diese wird mit $W = f(t)$

punktweise multipliziert zu $K_{R,V} = f(t)$. Die Flächen sind zeitliche Kraftintegrale und bedeuten also den Vorzugsimpuls I_V und Ruderschlagsimpuls I_R. Dann ist der Wirkungsgrad definiert als $\eta_3 = -\dfrac{I_R}{I_R + I_V}$. Da der Schub $S = \sin K$, wird $K_R = f(t)$ punktweise mit der Kurve $\sin \alpha = f(t)$ multipliziert zu $S_R = f(t)$. Dann ist der Wirkungsgrad $\eta_4 = \dfrac{I_S}{I_S + I_R}$. Der Gesamtwirkungsgrad des im Stand schlagenden Ruderapparats ist damit $\eta_R = \eta_3 \cdot \eta_4$. Zur Konstruktion der Wirkungsgrade beim freien Schwimmen wird die Relativgeschwindigkeit Rumpf-Wasser graphisch noch mit verrechnet.

5. Größen der Wirkungsgrade. Abb. 6 (*Gyrinus*) zeigt deutlich, wie groß der Ruderwiderstand W_R gegen den Vorzugswiderstand W_V ist. W_V erreicht über weite Winkel nur 2,4% (!), beim Eindrehen in die Ruderstellung 5,6% von W_R. Dieses bleibt lange Zeit 100% und fällt erst im letzten Viertel auf 65% ab. Die Widerstandswerte bei den größten Geschwindigkeiten (Vorziehen: msec 2–5; Ruderschlag: 11–16) verhalten sich wie 2,5 zu 100%; das Vorziehen erzeugt also nur etwa $^1/_{40}$ soviel Widerstand wie der Ruderschlag. Ähnlich verhalten sich die Impulse (linierte Flächen) I_V gegen I_R und I_V gegen I_S. Die Wirkungsgrade sind $\eta_3 = 0,96$ (!), $\eta_4 = 0,87$; $\eta_R = \eta_3 \cdot \eta_4 = 0,84$. Das *Gyrinus*bein ist der beste nach dem Widerstandsprinzip arbeitende Vortriebsapparat im Tierreich, der bisher bekannt geworden ist. Es übertrifft die η-Werte von nach dem gleichen Prinzip arbeitenden Schaufelrädern ($\eta = 0,55$) weitaus und erreicht die der besten Verstellpropeller

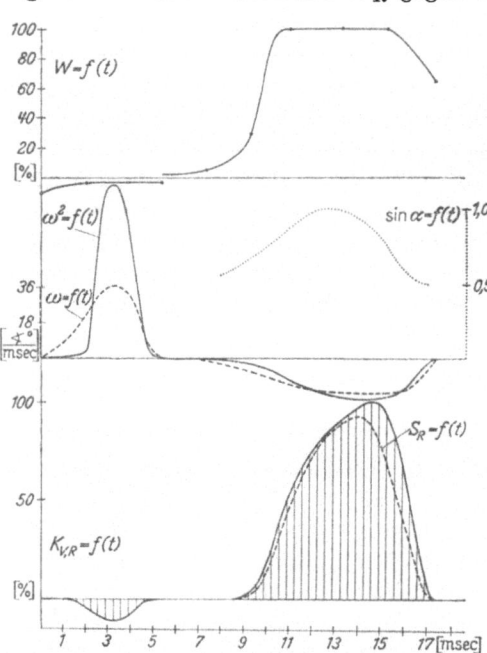

Abb. 6. Graphische Konstruktion der Wirkungsgrade η_3 und η_4. Vgl. den Text. Oben: „Widerstandsverteilungskurve" $W = m = f(t)$. Meßpunkte eingezeichnet. Mitte: Kurve der Winkelgeschwindigkeit $\omega = f(t)$ (gestrichelt) und Kurve der quadrierten Winkelgeschwindigkeit $\omega^2 = f(t)$ (willkürlicher Maßstab) (ausgezogen) sowie Kurve des Auslenkwinkelsinus $\sin \beta = f(t)$ (punktiert) (in der Zeichnung versehentlich mit $\sin \alpha$ bezeichnet). Unten: Zeitliche Veränderung der Vorzugs- und Ruderschlagskraft $K_{V,R} = f(t)$ (ausgezogen) und der Schubkraft $S_R = f(t)$ (gestrichelt). Impulsflächen liniert. Zeitachse: Millisekunden

($\eta = 0,84$). Bei *Acilius* ist $\eta_3 = 0,87$, $\eta_4 = 0,77$, $\eta_R = 0,67$. *Acilius* erreicht 80% des Gesamtwirkungsgrades von *Gyrinus*. Die η-Werte für langsame, mittlere, schnellste Bewegung sind bei *Acilius* 0,84—0,87—0,92 für den im Stand schlagenden Vortriebsapparat und 0,73—0,79—0,81 für den freischwimmenden Käfer. Die Werte steigen jeweils mit steigender Geschwindigkeit: größere eingesetzte Kraft wird besser ausgenutzt. Beim freien Schwimmen sinken sie erwartungsgemäß ab.

6. Steuerung. *Acilius* steuert horizontal durch einseitig größere Amplituden der Metapodien, die bis zur Gegenseite überschlagen können (STRAUSS-DÜRKHEIM 1828), seltener durch größere Frequenz. In sehr engen Kurven steht zudem das Innenbein angespannt zur Medianen ab. Die Mesopodien schlagen schräg nach außen und werden bei ganz engen Kurven eingelenkt. Zur Vertikalsteuerung besitzt *Acilius* mehrere Koordinationen: a) Tauchen mit Bremsschlag (s. V, 8). Die schräg nach vorne-unten stehenden Mesopodienflächen wirken als Tiefensteuer. b) Tauchen mit Tarsenabbiegung. Durch Kontraktion des Tarsenmuskels in der Tibia werden die Tarsenspitzen nach unten gebeugt. c) Tauchen mit Femuraufkippen. Das Bein wird im Trochanter-Femur-Gelenk stark abgebeugt; die Schlagfläche stellt sich dadurch bis 45° schräg nach hinten-unten. Bei b) und c) entsteht ein Drehmoment, das das Abdomenende anhebt. d) Tauchdrehen. Ein einseitig starker Metapodienschlag bis zur Gegenseite zusammen mit einer Beinabbiegung nach c) dreht den Käfer steil nach schräg-unten. Diese Tauchart wird meist beim Abtauchen von der Oberfläche bei Störung verwendet. e) Tauchen mit Abdominalauftrieb. Der durch den einseitigen Auftrieb schräggestellte Käfer schwimmt auf geradliniger Bahn mit normalen Schlägen schräg nach unten. f) Langsames passives Abtauchen durch Überkompensation. g) Auftauchen mit Mesopodienschlägen. Die Mesopodien schlagen nach schräg-unten, der Käfer kippt vorne auf. Ein kräftiger Metapodienschlag lenkt in die neue Richtung ein. Das Spiel wiederholt sich mehrmals. h) Auftauchen mit Mesopodienruder. Die Mesopodien verharren in halber Vorzugsstellung schräg nach hinten-unten; ihre Flächen wirken wie ein Höhensteuer. Die Metapodien schlagen normal. i) Auftauchen mit Tarsenaufkippen. Nach sehr kräftigen Schlägen verharren die Metapodientarsen schräg nach hinten-oben abgestreckt. Das entstehende Drehmoment drückt das Abdomenende herunter, folglich das Kopfende aufwärts. Hierbei wird die kinetische Energie des Rumpfes während der Auslaufstrecke zum Aufrichten benutzt. k) Auftauchen mit Gegenschlägen. Der Käfer steht knapp unter der Wasseroberfläche auf dem Kopf. Die starr gestreckt bleibenden Beine schlagen schnell frontad und langsam caudad. l) Langsames, passives Aufsteigen durch Unterkompensation (JACOBS 1954, HEUMANN 1949).

Gyrinus steuert über Wasser horizontal ähnlich wie *Acilius*. Unter Wasser ist er stets stark unterkompensiert und steht durch einseitigen Abdomenauftrieb sehr schräg. Mit heftigen Schlägen muß er laufend eine abwärtsgerichtete Komponente der Widerstandskraft erzeugen, die bei einer bestimmten Horizontalgeschwindigkeit gleich dem Auftrieb ist; er schwimmt dann horizontal geradeaus. Verringert er die Horizontalgeschwindigkeit durch kleinere Amplituden und Frequenzen, so steigt er automatisch, vergrößert er sie, so taucht er ab. Horizontal- und Vertikalbewegung sind also auf eigenartige Weise kombiniert. Es laufen im Prinzip die gleichen Vorgänge ab wie beim „Bogenschwimmen" von *Notonecta* (s. VIII, 1), nur wesentlich schneller. Einen gewissen Ausgleich erreicht *Gyrinus* durch Veränderung der Schräglage. Im freien Wasser kann er nicht stillstehen.

Die *Acilius*larve biegt Kopf und Prothorax zeigerartig in die neue Richtung und zieht mit Meso- und Metathorax nach. Beim Geradeausschwimmen sind die Coxen, die sich niemals an der Schlagbewegung beteiligen, nahezu nach hinten gedreht; das Bein schlägt in einer Horizontalebene und erzeugt nur Vortrieb. Beim Auftauchen werden die Coxen nach unten gedreht. Das unverändert sich bewegende Bein schlägt nun in einer Vertikaleben und erzeugt nur Auftrieb.

7. Kurvenschwimmen. Ein Landlebewesen kann die Zentrifugalkraft jeweils mit einer entgegengesetzt gleichgroßen Reibungskraft $R = \mu \cdot N$, durch seine Normalkraft (Gewicht) N und einen hohen Reibungskoeffizienten μ zwischen Fußsohle und Boden ausgleichen. Beim Wassertier ist $N \approx 0$ und $\mu \to 0$. Es muß dafür beim Kurvenschwimmen eine entgegengesetzt gleichgroße Widerstandskraft $W = -Z$ induzieren. *Dytiscus* und *Acilius* stellen sich unter Wasser in engen Horizontalkurven mit der Breitseite senkrecht zur Kurvenebene und parallel zur Kurventangente. Der Widerstand in Richtung der Kurvennormalen (Z) springt etwa auf den 10fachen Wert gegen den Widerstand in Richtung der Kurventangente (Schwimmrichtung) an, wie in Abschnitt II, 1 dargelegt wurde. Damit können große Zentrifugalkräfte ausgeglichen werden, so daß enge Kurven mit sehr großen Geschwindigkeiten geschwommen werden („Hakenschlagen" bei Beutefang, Verfolgen des Weibchens und Flucht). *Gyrinus* kann sich über Wasser infolge der Oberflächenspannung nicht in gleicher Weise schrägstellen. Er schert dafür mit dem Abdomen aus und dreht sich so, daß seine Mediane angenähert in Richtung der Kurvennormalen steht (BANGERT 1962). Dann arbeitet sein Bewegungsapparat der Zentrifugalkraft entgegen. Kurven mit Radien von der Größenordnung der Körperlänge werden so blitzschnell durchschwommen.

Das Kreiseziehen von *Gyrinus* auf der Wasseroberfläche (HATCH 1925) folgt nicht zwangsläufig aus dem Fehlen eines Seitensteuers (SCHIØDTE 1841). *Gyrinus* kann auch über längere Strecken schnell geradeaus schwimmen. Er schwimmt zwar instabil in bezug auf Drehungen um die Dorsoventralachse, hat dafür aber durch seine außerordentlich hohe Schlagfrequenz von maximal 60 Hz in der Sekunde bis zu 180 Impulse zur fortlaufenden Bahnkorrektur zur Verfügung. Durch das Kreisen soll die Chance des Beutefindens vergrößert werden (ABOTT 1941, 1942), eine Ansicht, die von WORTH (1941) bestritten wird. *Orectochilus* (Gyrinidae) schwimmt mäanderförmige Bahnen stromaufwärts. Die Laterallappen der äußeren Genitalien sollen dabei als Steuer fungieren.

8. Bremsen. *Acilius* verändert das komplizierte zeitliche Zusammenspiel von Coxa- und Trochanterbewegung der Mesopodien (NACHTIGALL 1960) nur um 17% der Schwingungszeit. Bei sonst gleicher Koordination und Bewegungsrichtung wird starker Rücktrieb statt Vortrieb erzeugt. *Gyrinus* spreizt die Beine senkrecht nach unten ab. Die *Acilius*-Larve dreht die Coxen ganz nach vorne. Die Beine schwingen in einer Horizontalebene und erzeugen nur Rücktrieb. Die *Hydrophilus*-larve kehrt als einziges Wasserinsekt die Schlagrichtung um. Die großen Dytisciden kippen den Rumpf bis zu einem Anstellwinkel von 45° auf. Das ist die Stelle der größten Widerstandszunahme (s. II, 1). *Acilius* kann im freien Wasser seine Geschwindigkeit von 20 cm pro Sekunde auf Null in 50—100 msec abbremsen, wobei sein Widerstand auf 400% ansteigt. Die Larven können kurze Strecken rückwärts schwimmen, die Imagines nicht.

VI. Energetik

1. Allgemeine Energetik schwimmender Insekten. Die verfügbare Energie wird nach folgendem Schema in Lokomotionsarbeit umgewandelt: Verfügbare Energie $E-(\zeta) \to$ für Ruderschlag verausgabte Energie $E_R - (\eta_1) \to$ produzierte mechanische Energie $A - (\eta_2) \to$ für Ruderschlag nutzbare Arbeit $A_R - (\eta_3) \to$ für Vortrieb nutzbare Arbeit $A_V - (\eta_4) \to$ für Lokomotion nutzbare Arbeit A_L. Hierbei beinhalten ζ die für andere Körperprozesse verausgabte Energie E_x, η_1 den Energieverlust durch Umwandlung in Muskelwärme E_W (Muskelwirkungsgrad), η_2 den Arbeitsverlust durch Verwirbelung usw. A_W, η_3 den Arbeitsverlust durch Seitentrieb A_S, η_4 den Arbeitsverlust durch den Rücktrieb des Beinvorzugs A_V. Dabei ist $E \gg E_R > A > A_R > A_V > A_L$. Der Wirkungsgrad des Beinmotors ist $\eta_{\text{Mot}} = \eta_2 \cdot \eta_3 \cdot \eta_4$.

2. Energiebilanz von Acilius. $\eta_{\text{Mot}} = 0{,}28 - 0{,}31$; 69—72% der produzierten mechanischen Energie gehen somit als Energieselbstverbrauch des Beinmotors verloren. Der Gesamtwirkungsgrad für die Umwandlung von Muskelenergie in Lokomotionsarbeit ist $\eta_1 \cdot \eta_{\text{Mot}} = 0{,}1$. Bei einer Schwimmgeschwindigkeit von 25,7 cm/sec ist der Arbeitsumsatz U_A gleich dem Ruheumsatz U_R; der Gesamtumsatz steigt auf das Doppelte. Bei 30 cm/sec ist $U_A = 1{,}5 \cdot U_R$. Das ist energetisch möglich und zeigt, daß auch blitzschnelles Schwimmen keine außergewöhnliche und unmögliche Belastung an den Energiehaushalt stellt. Bei $v = 50$ cm/sec

(Flucht) ist $U_A = 6,8 \cdot U_R$. Mit Fluchtgeschwindigkeit wird meist nur Sekundenbruchteile lang geschwommen. Bei der mittelschnellen Geschwindigkeit von 20 cm/sec ist $U_A = \frac{1}{2} \cdot U_R$, bei 7 cm/sec $\frac{1}{50}$, bei 3 cm/sec $\frac{1}{615}$. *Acilius* schwimmt meist mit durchschnittlich 5 cm/sec Kreise in den oberen Wasserschichten von Torfstichen. Dabei ist E_R ungefähr 1% von E. Das heißt, daß die im „täglichen Leben" für die Lokomotion verausgabte Energie im gesamten Energiehaushalt nicht ins Gewicht fällt ($E \gg E_R; E_x \approx E$), daß aber — falls nötig — unter Einschalten sämtlicher Energievorräte ein blitzschnelles Schwimmen unter optimaler Ausnutzung dieser großen Energie möglich ist (Flucht und Beutefang; $E \approx E_R$). Diese außerordentlich günstige Energiebilanz faßt alle funktionell-morphologischen, kinematischen und dynamischen „Gütegrade" zusammen. Bei laufenden und fliegenden Insekten dürfte sie bedeutend schlechter sein; laufende Säuger benötigen sogar $^2/_3$ des täglichen Leistungsumsatzes für die Lokomotion (nach HEMPEL 1954).

3. Kraft- und Energiehaushalt verschieden großer Dytisciden. Große, mittlere und kleine Käfer sind bezüglich ihres Kräftehaushalts ähnlich. Zur Überwindung des für ihre spezifische Maximalgeschwindigkeit resultierenden Wasserwiderstandes steht ihnen eine relativ gleichgroße Muskelkraft zur Verfügung. Mit sinkender Körpergröße steht relativ mehr „Schwimmkraft" zur Verfügung; kleinere Käfer sind also leistungsfähiger als große. Unter der Annahme, daß der O_2-Konsum bei kleineren Dytisciden proportional der Körpermasse abnimmt (KITTEL 1941), läßt sich rechnerisch nachweisen, daß die Lokomotionsenergie E_x bei kleineren Käfern noch viel weniger ins Gewicht fällt. Verglichen mit $E_R/E = 1$ bei *Acilius* erreichen die Colymbetinen $^1/_3$ bis $^1/_7$, die kleinen Hydroporinen nur $^1/_{10}$ bis $^1/_{40}$. Dem entspricht die Beobachtung. Die kleinen Käfer schwimmen fast pausenlos nahezu mit ihrer Maximalgeschwindigkeit. Ihre morphologischen und kinematischen Gütegrade sind bei weitem schlechter, das fällt aber infolge der viel günstigeren Energiebilanz nicht ins Gewicht.

VII. Die Dipterenlarven und -puppen

1. Morphologie; Kinematik der Lokomotionsbewegung bei Larven.
a) *Ceratopogonidenlarven*. Sie sind fadenförmig-langgestreckt und besitzen keine Ruderorgane. Sie führen rasche, horizontale Schlängelbewegungen (s. Abb. 7) aus, wie etwa der Aal, jedoch mit geringerer hydromechanischer Wirksamkeit. Die nach hinten laufende Wellenbewegung des Körpers nimmt caudal an Amplitude zu; ihre schrägstehenden Abschnitte erzeugen in Schwimmrichtung gerichtete Vortriebskomponenten, die das Tier mit dem Kopfende durch das Wasser drücken. Die 1 cm lange Larve schwimmt mit 9 Schlängelbewegungen pro Sekunde

1,8 cm/sec und bewegt sich pro Schlängelbewegung um $^1/_5$ der Körperlänge nach vorn (Aal $^1/_3$ bis $^1/_2$). Ihr Fortschrittsgrad (Schwimmgeschwindigkeit/Wellengeschwindigkeit) ist nur etwa 0,25 (Aal 0,6 bis 0,7). b) *Chironomidenlarven* (Abb. 7). Die Larven sind langgestreckt; ihre Thorakal- und Abdominalanhänge besitzen keine Schwimmfunktion.

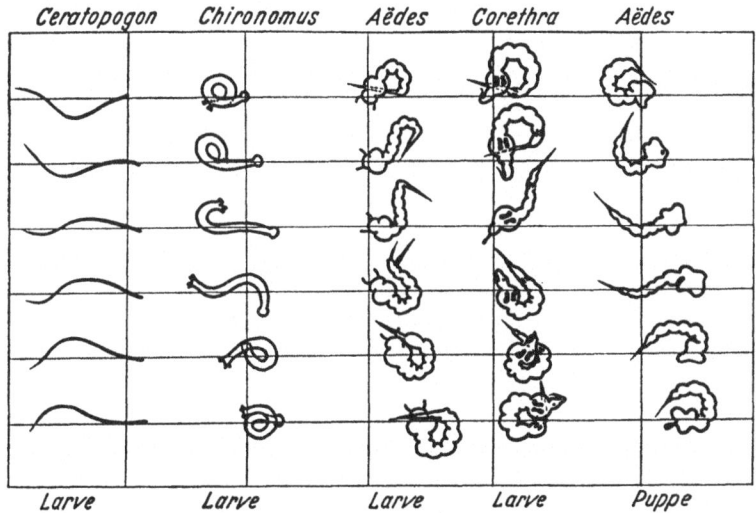

Abb. 7. Vergleich der Lokomotionsbewegungen verschiedener Dipterenlarven und -puppen. Die Endstellung (unten) ist jeweils angenähert spiegelbildlich gleich der Anfangsstellung (oben). Abgebildet ist eine halbe Bewegungsperiode. Schwimmrichtung nach rechts. *Ceratopogon*-, *Chironomus*-, *Corethra*larve von oben gesehen; *Aëdes*larve und -puppe von der Seite gesehen

Sie schwimmen selten. Die Larve dreht sich von einer maximal eingerollten Stellung in die andere, wobei sich Kopf und Schwanz gegenphasisch und in Gegenrichtung bewegen. Die Körperenden beschreiben Cycloide, die senkrecht zur Schwimmrichtung abwechselnd nach beiden Seiten weisen. Anfangs- und Endstellung sind spiegelbildlich gleich. Die Larve drückt sich mit dem Kopfende voraus durch das Wasser. Vortriebskomponenten der Widerstandskraft treten auf bei der gegenläufigen Rückwärtsbewegung des vorderen und hinteren Körperdrittels. Die hydromechanische Wirksamkeit dieser Bewegung ist sehr gering. Die Schwimmgeschwindigkeit einer Larve von 5,5 mm Länge beträgt bei 10 ,,Schnickbewegungen" pro Sekunde nur 1,7 mm/sec, obwohl die Körperenden mit maximal 8-, durchschnittlich 3mal größeren Geschwindigkeiten schwingen. Mit jeder solchen Bewegung legt sie $^1/_3$ ihrer Körperlänge zurück. c) *Culicinenlarven* (*Culex*, *Aëdes*; Abb. 7). Die Larven besitzen einen kompakten Kopf-Thorax-Teil und wirkungsvolle Schwimmfächer aus sehr dicht stehenden Haaren am letzten

Abdominalsegment. Sie schwimmen sehr häufig. Sie bewegen sich ähnlich wie die Chironomidenlarven, nur läuft lediglich das Abdomenende gleitend („8förmig") über die Endstellung hinaus und in Gegenrichtung weiter; der Kopf wird an den Endstellungen scharf gestoppt und erneut in Gegenrichtung beschleunigt. Demgemäß beschreibt das Abdomenende Cycloide, der Kopf scharf gegenläufige Schleifen. Die Larve schwimmt mit dem Abdomenende voran und „zieht" sich mit dem gespreizten Schwimmfächer durch das Wasser. Der Fächer entfaltet günstigerweise seine größte Geschwindigkeit, wenn er senkrecht zur Schwimmrichtung des Tieres steht (vgl. dazu IV, 2). Die hydromechanische Wirksamkeit ist ganz wesentlich besser als bei der Chironomidenlarve. d) *Corethralarve* (vgl. Abb. 8). Die Larve besitzt einen breiten Thoraxteil und einen abdominalen Schwimmfächer aus wenigen, dünn stehenden Haaren. Sie schwimmt selten und langsam und bewegt sich mit der Körpermitte voran senkrecht zur Körperlängsachse. Dazu schlägt sie abwechselnd nach beiden Seiten Kopf und Thorax gegeneinander. Gleichzeitig dreht sie sich bei jeder solchen Bewegung um 180°, so daß alle Schläge gegen ein ortsfestes Bezugssystem in gleicher Richtung ablaufen. Die Larve drückt sich so mit den gleichgerichteten Schubkräften von Thorax und Schwimmfächer fortlaufend in Gegenrichtung durchs Wasser. Lokomotionsbewegungen sind seltene Gelegenheitsbewegungen, für die die Larve nicht gebaut ist. e) *Dixa*larve. Sie schwimmt mit schlagenden „U-förmigen" Bewegungen der ausgestreckten vorderen Körperhälfte, die abwechselnd nach beiden Rumpfseiten gerichtet sind, auf der Wasseroberfläche und unter Wasser.

2. Morphologie; Kinematik der Lokomotionsbewegungen bei Puppen.
Die Puppen von *Culex* und *Corethra* besitzen sehr kompakte Kopf-Thorax-Teile und hydromechanisch hochwirksame feste Ruderblätter am Abdomenende, mit denen sie sich — Kopf voran — außerordentlich rasch meist in vertikaler Richtung durch das Wasser drücken (Abb. 7 und 9). Aus der Ruhe (analog Stellung 5 in Abb. 9) bewegen sie ausnahmslos zunächst den Kopf-Thorax-Teil sehr rasch nach hinten-unten bis zur Berührung mit den Schwanzblättchen. Beim Abtauchen *warten* sie darauf ab, bis sich der kreisförmig geschlossene Rumpf so weit passiv weitergedreht hat (Stellung 10—11), daß der folgende heftige Schwanzschlag mit horizontaler Blättchenfläche nach oben gerichtet ist. Der Rumpf wird nach unten beschleunigt, während er sich weiter bis zur spiegelbildlich gleichen Stellung zum Kreis aufrollt. Durch genaues Einhalten der Wartezeit können die Puppen sehr schnell von der Oberfläche gezielt nach unten abtauchen (Störung durch Beschattung!). Der hochwirksame morphologische Faktor „feste Ruderblättchen" benötigt somit zur wirkungsvollen Arbeit die genaue Einhaltung des kinematischen Faktors „zeitliche Bewegungsverteilung". Bei den weniger

wirksamen Schwimmhaarfächern der Larven braucht die Koordination bei weitem nicht so streng zu stimmen. Mit veränderten Warte*zeiten* verändert sich die Bewegungs*richtung* (Seitenkomponenten; vgl. Abb. 9). Auftauchbewegungen beginnen bei *Culex* und *Aëdes* ebenfalls ausnahmslos mit dem Kopfrückdrehen; die Puppen warten dann länger, bis sich der ringförmig geschlossene Rumpf um 180° weitergedreht hat; der folgende Schlag weist dann senkrecht nach unten. Lediglich bei der schwebenden *Corethra*puppe fehlt die Kopfrückdrehung vor dem Auftauchen. Die Bewegungen geschehen außerordentlich rasch; eine ge-

Abb. 8. *Corethra plumicornis*. Larve. Skizzen zur Lokomotionsbewegung. Von links oben nach rechts unten zu betrachten; das Tier schwimmt nach links (vgl. Lage des ersten und letzten Phasenbildes zu den beiden Vertikalstrichen). Nach einem mit 300 Bilder/sec aufgenommenen Zeitlupenfilm. Jedes 2. Bild gezeichnet. Abstand zweier Phasenbilder 6,6 msec. Gesamtdauer 145 msec. Letztes Bild entspricht etwa Bild 3; die Bewegung wiederholt sich in gleicher Weise

samte Periode dauert noch nicht $1/_{20}$ sec. Der Kopf einer 0,5 cm langen Puppe erreicht dabei maximale Bahngeschwindigkeiten von 70 cm pro Sekunde.

3. Sprungbewegungen. Die *Corethra*larve schwebt mit 2 paarigen Schwimmblasen. Wenn sie dabei langsam auf- oder absteigt, schnellt sie sich mit heftigen „Sprungbewegungen", die nicht in horizontaler Richtung fördern, auf das Ausgangsniveau zurück. Dabei dreht sie sich entweder um 180° oder um 360° um eine dorsoventrale Achse in einer Horizontalebene, so daß sie entgegengesetzt oder gleich gerichtete Endstellungen erreicht. Im ersten Fall zieht sie sich sigmoid zusammen (vgl. NACHTIGALL 1963, Ab. 9) und macht dann die Abdomenabbiegung — die nur eine Ausgleichsbewegung ist zum Verhindern einer Gegendrehung des Rumpfes — rückgängig. Gleichzeitig verwindet sie das vordere Körperdrittel um die Längsachse und dreht sich weiter bis zur Berührung von Kopf- und Schwanzende. Damit ist die neue Endstellung erreicht; das Schwanzstück streckt sich nun sehr langsam wieder gerade, und die vordere Verwindung geht zurück. Der Schwanzfächer dient nur als Widerlager. Die Drehung dauert 120 msec, das Ausstrecken noch einmal 120 msec. Bei gleichgerichteter Endstellung überkreuzen sich Kopf- und Schwanzende. Das so zur Spirale geschlossene

Tier dreht sich ähnlich wie die Puppe eine Zeitlang passiv weiter und gleicht schließlich die Abbiegung des Schwanzendes ebenso langsam aus. Die Gesamtdauer beider Bewegungen ist die gleiche; deshalb läuft die letztere wegen der langen passiven Drehbewegung mit 3,5 mal höherer Anfangsgeschwindigkeit ab. Übergänge kommen vor.

4. Dynamik. Chironomidenlarven schwimmen mit Wirkungsgraden $\eta_3 = 0{,}08$, $\eta_4 = 0{,}40$, $\eta_{ges} = \eta_3 \cdot \eta_4 = 0{,}03$ ($\div 0{,}04$). 92% der eingesetzten Kraft geht durch den Rücktrieb verloren, davon weiter 60% durch den

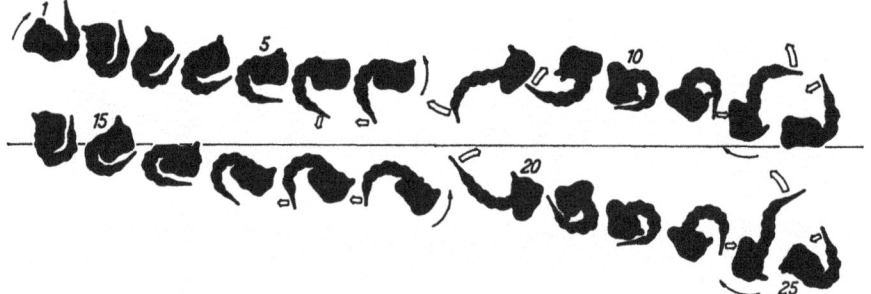

Abb. 9. *Aëdes spec.*, Puppe. Abtauchen. Aufnahmefrequenz 800 Bilder/sec, jedes zehnte Filmbild gezeichnet, Abstand zweier gezeichneter Phasen 12,5 msec; Gesamtdauer 312 msec. Doppelpfeile: Schwanzbewegung; Pfeillänge entspricht Geschwindigkeit. Einfachpfeile: Neue Körperdrehrichtung. — Abwärtsbewegung mit Seitenkomponente nach rechts: verfrühtes Einsetzen des Schwanzschlags bei *7* und *19*, „richtiges" Einsetzen bei *12* und *23*

Seitentrieb. Der Gütegrad ist 20 mal schlechter als bei *Acilius*; der Effekt des „Schnickschwimmens" (Schwimmgeschwindigkeit v) steht in sehr ungünstigem Verhältnis zum Aufwand (Schwimmkraft K). Es ist keine ausgebildete Bewegungsform, sondern eine Modifikation der normalen, pendelnden Atembewegung durch stärkere und wesentlich schnellere abwechselnde Kontraktion der seitlichen Längsmuskeln. Bei den *Culex-* und *Aëdes*puppen ist der Schub der abdominalen Ruderblättchen mindestens 2,5 mal so groß wie der eines flächengleichen Stücks ihres abgeflachten Abdomens und etwa 2 mal so groß wie der eines flächengleichen Stücks des abdominalen Schwanzfächers bei den Larven. Das Kräftespiel ist bei den Bewegungen der Puppen am kompliziertesten (NACHTIGALL 1962b). Zum Erreichen einer raschen, geradlinigen Bewegung spielen zusammen: das große Trägheitsmoment und der relativ kleine Widerstandsbeiwert des Kopf-Thorax-Stückes, das kleine Trägheitsmoment und der sehr große (senkrechte Anströmung) oder sehr kleine (parallele Anströmung) Widerstandsbeiwert der Schwanzblätter, die zeitliche Bewegungsverteilung, die Körperflexibilität, die Muskelverteilung und die Koordination ihrer Kontraktionen. Die *Corethra*larve induziert bei Sprungbewegungen um 360° mehr als 10 mal größere Widerstandskräfte als bei Sprungbewegungen um 180°.

5. Energetik. Eine *Culex*puppe lebt längstens 4 Tage bei einem Fettvorrat von 1 mg, entsprechend einem Energievorrat von 9 cal. Beim Dauerschwimmen ergäbe sich eine Schubleistung von $L = c_w \cdot F \cdot \frac{\varrho}{2} \cdot v^3 \cdot 0{,}24 \cdot 10^{-7} \cdot \frac{1}{\eta}$ (cal/sec) (c_w = Widerstandsbeiwert ≈ 1; F = Stirnfläche = 0,02 cm²; ϱ = Dichte des Wassers bei 20° C = 1 g · cm⁻³; v = Schwimmgeschwindigkeit = 10 cm · sec⁻¹; $0{,}24 \cdot 10^{-7}$ = Umrechnungsfaktor erg → cal = mechanisches Wärmeäquivalent; η = Gesamtwirkungsgrad $_{max} \approx 0{,}1$). Die Puppe würde in 4 Tagen mit 0,9 cal ¹/₁₀ der insgesamt verfügbaren Energie ausgeben. Bei einem Verhältnis Bewegung : Ruhe = 1:10 ergibt sich eine Ausgabe von nur 1% der Gesamtenergie für das Schwimmen. Das dürfte den tatsächlichen Verhältnissen nahekommen und zeigt, daß selbst ein Dauerschwimmen energetisch möglich wäre. Bewegliche Puppen sind „Luxuskonstruktionen"; sie haben — da sie ja nicht fressen — nur einen begrenzten Energievorrat, aus dem die Umwandlungsprozesse des Körpers und dazu noch die Schwimmarbeit gedeckt werden müssen. Die letztere fällt aber nach der Überschlagsrechnung selbst bei anhaltendem Schwimmen kaum ins Gewicht.

6. Steuerung. Die Ceratopogonidenlarve schwimmt meist geradlinig, bis sie an ein Hindernis stößt, und kann fast nicht steuern. Die Chironomidenlarve steuert horizontal durch verfrühtes oder verspätetes Einsetzen der nächsten Rollbewegung, vertikal durch Anheben oder Senken des Thorax. *Culex*- und *Aëdes*larven steuern entweder vertikal oder horizontal durch Geschwindigkeits- und Amplitudendifferenzen der beiden Schlaghälften. Die *Corethra*larve kann zwar geradlinig schwimmen; es ist aber ungewiß, ob sie die Schwimmrichtung aktiv bestimmt. Ihre Sprungbewegungen kann sie nach abwärts oder aufwärts richten, indem sie mit Kopf und Prothorax das Abdomen unten oder oben überkreuzt, mit dem Abdomen schräg nach oben oder schräg nach unten schlägt und schließlich den Schwimmfächer positiv oder negativ zur Horizontalebene stellt. Culicidenpuppen steuern entweder vertikal oder horizontal durch Veränderungen der *Zeitdauer* der passiven Drehbewegung zwischen zwei aktiven Schlagbewegungen.

VIII. Die übrigen Wasserinsekten

1. Ruderschwimmer. *a) Heteroptera.* Von allen übrigen Wasserinsekten sind nur morphologische Daten und Angaben über Bewegungsgewohnheiten und Koordination bekannt. Von den Hydroscorisen (Wasserwanzen) besitzt *Nepa* einen abgeflachten, *Ranatra* einen langgestreckten drehrunden Rumpf. Beide schwimmen sehr langsam und geradlinig mit den Meso- oder Metapodien, die bei *Nepa* fast keine, bei

Ranatra sehr wenige Schwimmhaare besitzen. Die beiden Beinpaare schlagen jeweils synchron, aber mit Phasenverschiebung von 180° (Vorzug II bei Ruderschlag III). An Land bewegen sie sich alternierend. Die Propodien sind Fangbeine. *Naucoris cimicoides* schwimmt schnell und gut mit Synchronschlägen der etwas abgeflachten, stark schwimmhaarbesetzten Metapodien, auch mit dem stark dorsoventral abgeflachten Rumpf bauchoben an der Oberfläche. Die Belostomatiden (subtropisch, bis 8 cm lange Arten) sind ebenfalls hervorragende Schwimmer mit dorsoventral stark abgeflachten Rümpfen. Meso- und Metapodien sind sehr stark abgeflacht und tragen mäßigen Schwimmhaarbesatz. Die beiden Beine eines Segments schlagen jeweils synchron, die Beinpaare zueinander alternierend (LAUCK 1959). *Notonecta* schwimmt bauchoben mit schräg nach unten gerichteter Längsachse des drehrunden, im Abdomen dreieckigen Rumpfes. Die sehr langen, abgeflachten, schwimmhaarbesetzten Metapodien bewegen sich synchron; zudem fungieren sie beim Abstützen am Oberflächenhäutchen als Ausleger. Jeder Ruderschlag fördert ein Stück schräg abwärts. Das unterkompensierte Tier steigt darauf zunächst bogenförmig, dann geradlinig passiv auf. Wenn der nächste Ruderschlag dann einsetzt, sobald *Notonecta* beim Aufsteigen das Ausgangsniveau erreicht hat, schwimmt das Tier horizontal. Wenn die Schlagfrequenz steigt, schwimmt es schräg abwärts, wenn sie sinkt, schräg aufwärts (POPHAM 1952; vgl. auch *Gyrinus* beim Unterwasserschwimmen, V, 6). Durch Veränderung der Winkelgeschwindigkeit und Schlagamplituden kann diese „bogenförmige" Fortbewegungsart modifiziert werden. *Anisops* und *Buenoa* (subtropische Notonectiden) schweben analog der *Corethra*larve in mittleren Wasserschichten und bewegen sich mit Synchronschlägen der außerordentlich langen Metapodien. Die beiden ersten Beinpaare sind stark mit Dornen besetzt und bilden beim Schweben einen Fangkorb für Planktonorganismen (WESENBERG-LUND 1943). *Plea minutissima* (Pleidae; wenige Millimeter lang) ist eine Miniaturausgabe von *Notonecta* und bewegt sich mit nur schwach behaarten Metapodien analog. Die Corixiden *(Corixa, Sigara, Cymatia)* besitzen dorsoventral abgeflachte Rümpfe. Sie sind unterkompensiert und können beim blitzschnellen Aufstieg die Oberfläche durchstoßen und sofort auffliegen. Die Propodien sind Wühlorgane zum Aufschaufeln von Detritus, die Mesopodien Klammer- und Steuerorgane, die Metapodien durch Abflachung, starken Schwimmhaarbesatz und günstige Kinematik sehr gut ausgebildete Ruderorgane. Die Tiere können kurzfristig sehr rasch schwimmen und sicher steuern. Mit den Hinterbeinen führen sie beim ruhigen Sitzen Atembewegungen aus, indem sie heftig über die seitlichen Luftblasen streichen (WESENBERG-LUND 1943).

b) Plecopterenlarven. Die Larven der großen Arten besitzen manchmal Schwimmhaare, schwimmen aber nur ungern und im Rhythmus der Laufbewegungen.

c) Trichopteren. Die Larve von *Setodes tineiformis* ist ein vorzüglicher Schwimmer und bewegt sich mit stark behaarten Metapodien freischwimmend („hüpfend") im tiefen Wasser von Teichen und Seen. In submersen Wiesen ist sie häufig. Ihr Köcher besteht zur Gewichtsersparnis nur aus Gespinst und besitzt keine Beimengungen. Ähnlich schwimmt *Triaenodes*, eine Trichopterenlarve mit langen Schwimmhaaren und stark verlängertem Metapodienpaar. Beim Ruderschlag streckt sich das Bein und bleibt, nachdem 50% des Schlagwinkels überstrichen sind, starr gestreckt. Beim Vorzug wird es distal zunehmend stärker abgebogen (TINDALL). Es verändert dabei seine Schlagebene. Der Schlagbereich des langgestreckten Metapodienpaars liegt wegen des vorstehenden Köchers noch vor dem des Mesopodienpaars. Das Gehäuse ist spiralförmig gebogen; beim Absinken gleitet die Larve deshalb auf Schraubenbahnen. Schlüpfreife Trichopterenpuppen schwimmen mit kräftigen Synchronschlägen der langbehaarten Mesopodien aktiv an die Oberfläche. Die Propodien sind dabei lang ausgestreckt, Antennen und Metapodien sind am Körper angelegt. Die Bewegung dauert höchstens einige Minuten (WESENBERG-LUND 1943).

d) Lepidoptera. Von den Imagines von *Acentropus niveus* haben die Weibchen schwimmhaarbesetzte Meso- und Metapodien. Damit und mit Unterstützung der Flügel bewegen sie sich — in eine Luftblase gehüllt — unter Wasser fort. Es gibt flügellose Weibchenformen der gleichen Art, die auch als Imagines reine Wassertiere und gute Schwimmer sind.

e) Megaloptera. Junge Larven von *Sialis lutaria* besitzen schwimmhaarbesetzte Beine und lange, stabförmige, stark behaarte Auswüchse am Abdomen. Sie leben semipelagisch und sind vorzügliche Schwimmer. Ältere Larven bewohnen den Schlammgrund, auf dem sie sich „laufendschwimmend" bewegen (WESENBERG-LUND 1943).

f) Coleoptera. Die 2—4 mm langen Halipliden besitzen drei Ruderbeinpaare, die sie wie die Hydrophiliden bewegen („Schwimmgabeln", s. IV, 6). Die Schwimmhaare sitzen meist nur an den Tarsen. Die Hygrobiiden *(Pelobius)* haben zwar Schwimmhaare, gebrauchen die Beine aber als Laufbeine. Die Larven der kleinen Dytisciden (Colymbetini) zeigen Übergänge von kriechender zur schwimmenden Lebensweise: *Agabus* und *Ilybius* besitzen keine Schwimmhaare und kriechen am Boden, ebenso die Larven der Hydroporinen, mit Ausnahme von *Hyphydrus*, der ein guter Ruderschwimmer ist. *Rhantus*, *Colymbetes* und *Ilybius fenestratus* haben während der ersten beiden Stadien glatte Beine und kriechen; während des dritten Stadiums haben sie schwimmhaarbesetzte

Beine und schwimmen. Die Larven der Dytiscinen besitzen vom ersten Stadium an wohlausgebildete Schwimmhaarsäume und sind gute Schwimmer und Schweber. Die Hydrophilidenlarven finden sich selten freischwimmend; *Hydrophilus caraboides* koordiniert die Schlagbewegungen der schwimmhaarbesetzten Beine wie *Cyclops* (s. IV, 6).

2. Schlängelschwimmer. Die schwimmenden Formen der Ephemeridenlarven besitzen keine Schwimmhaare an den Beinen. Sie schwimmen durch sehr kräftige *vertikale* Schläge des behaarten dreiborstigen Schwanzfächers, wobei sie das ganze Abdomen schlängelnd mitbewegen. Der Schwanzfächer ist bei den Baëtidae und Siphlonuridae am besten ausgebildet und mit außerordentlich starken Schwimmhaarsäumen versehen, die bei den beiden äußeren Borsten an den Innenkanten sitzen, bei der mittleren zu beiden Seiten. *Chloëon* und *Baëtis* bewegen sich mit hochfrequenten Schlagfolgen, die von Pausen unterbrochen sind, „hüpfend" mit sehr großer Geschwindigkeit durch das Wasser. Die Beine legen sich dabei an. Bei Störung können sie hervorragend aus dem Stand beschleunigen. Die Larven der Siphlonuridae (Ephemeriden) besitzen ausladende Kiemenblättchen an den Abdominalsegmenten, die durch Muskelzug rasch nach hinten geklappt werden können. Damit unterstützen sie die Schläge des Schwanzfächers und fliehen bei Störung unglaublich schnell (WESENBERG-LUND 1943). Die Zygopterenlarven (Odonata, z. B. *Calopteryx*, *Lestes*) besitzen als Bewegungsapparat 3 blattförmige Cerci, die sie unter starken Schlängelbewegungen *horizontal* hin und her schlagen. Auch sie erreichen damit kurzfristig beachtliche Geschwindigkeiten, können aber nicht so schnell beschleunigen. Die Larven von *Glyphotaelius punctolineatus* (Trichoptera) liegen mit der Breitseite ihrer Köcher treibend auf der Wasseroberfläche. Sie ziehen sich mit hin und her gehenden Schlängelbewegungen des herausgestreckten Vorderkörpers voran. Ganz ähnlich schwimmt die köchertragende Larve des Wasserschmetterlings *Hydrocampa nymphaeata* (Lepidoptera) und auch die *Dixa*larve (Diptera). Die Larven der Sisyriden (Neuroptera) schwimmen kurzfristig und wenig ausdauernd mit Schlängelbewegungen des Abdomens bei senkrechter Körperstellung. Die Larven von *Gyrinus* und *Orectochilus* (Gyrinidae) schwimmen recht gut mit vertikalen Schlängelbewegungen des Rumpfes („egelartig"), wobei die Kiemen als Schwimmfächer wirken.

3. Flügelschwimmer. Die geflügelten Formen der weiblichen Imagines von *Hydrocampa nymphaeata* (Lepidoptera) benutzen neben den schwimmhaarbesetzten Meso- und Metapodien die Flügel zur Fortbewegung unter Wasser. Die sehr kleine Hymenoptere *Prestwichia aquatilis* (Chalcididae), die Eier von Wasserinsekten ansticht, schwimmt unter Wasser mit unbehaarten Beinen und soll die Flügel nicht benutzen. *Dacunsa* (Braconidae) besitzt dagegen zu Schwimmorganen verbreiterte Tarsen und schwimmt mit Hilfe der behaarten und bewimperten Flügel. Die winzigen Gattungen *Limnodites* und *Polynema* (Proctotrupidae, Körperlänge kleiner als 1 mm) „fliegen" unter Wasser allein mit ihren lang bewimperten Flügeln.

4. Rückstoßschwimmer. Die Larven von *Chloëon* (Ephemeriden) können bei Störung Wasser in den Enddarm einziehen und heftig wieder ausstoßen. Der entstehende Rückstoß auf die vordere Wand des Enddarms treibt die Tiere blitzschnell vorwärts und unterstützt wirkungsvoll ihr Schlängeln mit dem abdominalen Schwanzfächer. Geschwindigkeiten über 100 cm/sec werden Sekundenbruchteile lang erreicht. Bei den meisten Larven der Anisoptera (Odonata) ist dieses Raketenprinzip die normale Schwimmweise und wird nicht nur bei Störung verwendet (TONNER 1936, SNODGRASS 1954). Die freilebenden großen *Aeschna-* und *Anax*larven können so 20—30 m mit mäßigen Geschwindigkeiten zurücklegen, wobei jeder Einzelschlag 6—8 cm weit fördert (WESENBERG-LUND 1943). Die Beine werden dabei angelegt. Durch die heftige Kontraktion der abdominalen Muskulatur können sie weiterhin mit Frequenzen von 3 Rückstößen pro Sekunde Spitzengeschwindigkeiten von 30 bis 50 cm/sec erreichen. Das Abdomen verkürzt sich bei der Rückstoßbewegung um 3—7% seiner Länge; die relative Verkürzung ist am größten bei den Segmenten 6—8, die die Enddarmerweiterung („Atemkammer") enthalten. Der Druck in der Atemkammer steigt in 0,03 Sekunden auf 30 cm Wassersäule; die Ausströmgeschwindigkeit des Wasserstrahls ist etwa 250 cm/sec bei einer Düsenöffnung von etwa 0,01 mm^2. Die gesamte Kontraktionsbewegung dauert 0,1 sec (HUGHES 1958).

5. Expansionsschwimmer. Käfer der Gattung *Stenus* (Staphilinidae) gleiten durch Abgabe eines entspannenden Sekrets aus einem Paar terminaler Abdominaldrüsen pfeilschnell bis 15 m weit über die Wasseroberfläche (BILLARD et BRUYANT 1905). Sie erreichen dabei mit 40 bis 75 cm/sec 25—35mal größere Geschwindigkeiten als beim Laufen oder normalen Schwimmen. Der Teichwasserläufer *Velia* (Heteroptera) macht auf analoge Weise Schwimmstöße von 10—25 cm Länge; dabei soll entspannendes Speicheldrüsensekret mit dem Rüssel nach hinten gespritzt werden. *Velia* benutzt das Entspannungsschwimmen beim Start, zur Flucht und wahrscheinlich auch zur schnellen Überwindung einer raschen Strömung. Der Bewegungsmechanismus ist noch ungeklärt. LINSENMAIR und JANDER (1963) vermuten, daß die gespannte, sich rasch zurückziehende Oberfläche das auf ihr liegende Insekt mit sich reißt. Es könnten aber auch Dampfdruckdifferenzen oder monomolekulare Ausbreitungsvorgänge dafür verantwortlich sein.

6. Oberflächenläufer. Oberflächenbewohnende Wanzen (Heteroptera, Geoscorisae) laufen entweder mit der Koordination des normalen Insektengangs auf der Wasseroberfläche (*Hydrometra*; *Velia* gelegentlich bei langsamer Fortbewegung), oder sie benutzen die langen Mesopodien als synchron schlagende Ruder, die nach hinten abgewinkelten Metapodien als Steuer und Auflieger (*Gerris*; *Velia* bei schneller Fortbewegung). Die Mesopodien berühren das Oberflächenhäutchen meist nur mit den Tarsengliedern und durchstoßen es nicht; die Ungues sind reduziert. Bei den Veliiden sind die letzten Tarsenglieder gespalten und stark behaart, die Ungues sitzen tief am Grund. Die außereuropäische Gattung *Rhagovelia* bewohnt die Oberfläche schnellfließender Bäche. Sie besitzt hochspezialisierte Schwimmfächer aus etwa 20 langen, gefiederten Haaren. In der Ruhe sind sie fächerförmig im tiefen Mesotarsusspalt zusammengelegt; beim Ruderschlag sollen sie die Wasseroberfläche durchstoßen und sich unter Wasser entfalten (BUENO 1910, COOKER et al. 1936). Ähnliche, aber nicht gefiederte Schwimmfächer besitzt die hinterindische Gattung *Tetraripis* (LUNDBLAD 1936). Mit synchronen Mesopodienschlägen bewegen sich ferner die winzigen Gattungen *Mesovelia*, *Microvelia* und *Hebrus*. *Velia* und *Hebrus* können tauchen und sich unter Wasser bauchoben am Oberflächenhäutchen entlangbewegen. *Gerris* kann von der Wasseroberfläche aus über 10 cm senkrecht hochspringen und sich unter Wasser umdrehen. Die Ruderschläge seiner Mesopodien können in 10 msec ablaufen und mehr als 50 cm weit fördern. Bei größeren Geschwindigkeiten werden sie zunächst nach vorne in Richtung der Medianen bewegt, bevor der Ruderschlag einsetzt. Bei langsamen Bewegungen schlagen sie aus der Ruhelage nach hinten. Bei der Flucht gehen die Gleitbahnen in flache Sprungbahnen über; die Metapodien bewegen sich etwas nach hinten gegen die Mediane zusammen. Beim Ruderschlag sind die Mesopodien gestreckt und berühren nur mit dem Tarsus die Wasseroberfläche; der Tarsus wird etwas nach vorne abgebogen. Beim Vorzug wird das Bein im Femur-Tibia- und Tibia-Tarsus-Gelenk abgebeugt und als ganzes von der Wasseroberfläche abgehoben. Weiterhin gibt es eine Reihe von Steuerbewegungen und eigenartig koordinierten Umdrehbewegungen. Der Fixpunkt liegt zwischen 30 und 50% der Beinlänge (NACHTIGALL, noch unveröffentlichte Ergebnisse aus Filmanalysen).

Die Collembolen der Gattung *Podura* und *Sminthurides* führen mit raschen Schlägen ihrer Furca Sprünge bis zu einigen Zentimetern Höhe und Weite aus. Mit ihren Ventraltuben sollen sie sich capillar an der Wasseroberfläche verankern können. Eine sehr eigenartige Bewegungsweise besitzen die Imagines der Gattung *Phryganea* (Trichoptera). Sie tanzen im „fliegenden Lauf" dicht über der Wasseroberfläche. Die verbreiterten Mittelbeine tauchen dabei gleich den Hinterbeinen ins Wasser und rudern (!), während die Hinterbeine nur nachgeschleppt werden (THIENEMANN 1924). Die Unterseite der *Phryganea*-Arten ist unbenetzbar. Die Gyriniden (Coleoptera) sind keine Oberflächengleiter; ihre Unterseite ist weitgehend benetzbar, und der Bewegungsapparat arbeitet im freien Wasser.

IX. Diskussion der Begriffe „Anpassung" und „Gütegrad"

Durch Messungen am umströmten Rumpf und beim bewegten Bein konnten mit den Begriffen „Widerstandsbeiwert c_w" und „Wirkungsgrad η" quantitative Aussagen darüber gemacht werden, wie gut eine Struktur auf ihre Funktion eingespielt ist. Die Begriffe sind von der Technik übernommen. Sie sind hier aber durchaus biologisch sinnvoll, da sie die Möglichkeit geben, die Beziehungen zwischen Form und Funktion zu quantifizieren. Man bezeichnet solche Beziehungen im allgemeinen Fall gern als Anpassung (Adaptation) und spricht von Anpassung eines Tieres an den Lebensraum (z. B. Fisch oder Wasserkäfer an das Leben im flüssigen Medium), oder, enger gefaßt, als Anpassung eines Organs an seine Aufgaben (z. B. Adlerflügel an die Auftriebserzeugung beim Segelflug). In dieser allgemeinen Verwendung hat der Begriff „Anpassung" aber kaum einen Aussagewert, weder evolutionistisch („dynamisch"), noch „statisch". Denn einerseits ist die Frage, wie sich ein Typ evolutionistisch durch „Anpassungsschritte" zum heutigen Typ entwickelt hat, in der überwiegenden Zahl der Fälle überhaupt nicht zu prüfen. Und andererseits ist die Frage, wie ein rezentes, lebendes Tier an seine Lebensweise angepaßt ist, in ihrer *Gesamtheit* ebenfalls kaum zu prüfen. Die Aussage „der Fisch ist an das Wasserleben gut angepaßt, weil er einen stromlinienförmigen Rumpf hat" ist nicht berechtigt. Sie greift *ein* Charakteristikum heraus (Stromlinienrumpf) und läßt alle anderen Eigenschaften — Atmung, Schweborgane usw. —, die für eine „Anpassung ans Wasserleben" von prinzipiell gleicher Wichtigkeit sind, unberücksichtigt. Man muß also präzisieren und sagen: „Der Rumpf des Fisches ist an die Umströmung durch das Wasser gut angepaßt, weil er stromlinienförmig ist." Das ist eine der häufigen selbstverständlichen Aussagen, denn „selbstverständlich" ist der Widerstand bei einem Stromlinienkörper „nach dem gesunden Menschenverstand" klein, und die Rumpfanpassung an das umströmende Medium ist gut. Auch diese Aussage ist nicht berechtigt, solange nicht durch Messung bewiesen ist, daß der Rumpfwiderstand tatsächlich klein ist. Stromlinienförmig erscheinende Fische haben manchmal erstaunlich hohe Widerstandsbeiwerte. Gerade wegen seiner oftmaligen Verbindung mit scheinbaren Selbstverständlichkeiten birgt der Begriff „Anpassung" in hohem Maße die Gefahr einer Scheinerklärung. Der Adlerflügel ist an den Segelflug erst dann gut angepaßt, wenn er nach Windkanalmessungen tatsächlich gute Gleitzahlen erreicht. Wenn man den Adler stundenlang mit unbewegten Flügeln kreisen sehen kann, so ist das noch kein Beweis dafür, daß er ein guter Segelflieger ist. Eine starke Thermik läßt auch alte Zeitungen hervorragend segeln.

Die Frage der Anpassung eines Organs an seine Aufgaben läßt sich weiterhin so lange zergliedern, bis ein Einzelglied untersuchbar und meßbar wird: Man fragt dann nach dem Zusammenhang zwischen einer speziellen morphologischen Struktur und ihrer speziellen Funktion. Diesen Zusammenhang kann man als Anpassung der Struktur an die Funktion bezeichnen; sobald der Zusammenhang analysierbar ist, hat der so definierte Begriff einen sinnvollen Aussagewert. Eingeführte Begriffe sollten aber nicht umdefiniert werden. Es ist daher besser, man vermeidet den Ausdruck „Anpassung" überhaupt. Für den Fall, daß sich der Zusammenhang zwischen Struktur und Funktion quantifizieren läßt, sollte man die vorhandenen Sonderbegriffe verwenden — z. B. Widerstandsbeiwert, Wirkungsgrad, Fortschrittszahl, Gleitzahl, Energiebilanz —, die ruhig aus anderen Gebieten übernommen werden können. Gegebenenfalls können geeignete, dimensionslos gemachte Absolutwerte oder Relativwerte (%) neu aufgestellt werden, z. B. „Rückresorptionsgrad" des Nierentubulus oder „Filterwert" eines Nannoplanktonfressers. Alle diese Begriffe könnte man allgemein als „Gütegrade" bezeichnen. Sie können in den Fällen, wo Zusammenhänge *meßbar* sind, an die Stelle des Begriffs „Anpassung" treten.

Literatur

ABOTT, C. E.: Why does *Gyrinus* circle? (Coloptera: Gyrinidae). Entomol. News 52, 287—290 (1941).
— The circling of *Gyrinus* (Coleoptera: Gyrinidae). Entomol. News 53, 271—273 (1942).
AMANS, L.: Comparaison des organes de la locomotion aquatique. Ann. Sci. nat. Zool., Sér. VII, 6 (1888).
BANGERT (1962 unveröffentlicht).
BAUER, A.: Die Muskulatur von *Dytiscus marginalis*. Z. wiss. Zool. 95, 594 (1910).
BAYER, M.: Über die Morphologie des Femur-Tibia-Gelenks bei Coleopteren. Z. Morphol. Ökol. Tiere 1, 373 (1924).
BILLARD, G., et C. BRUYANT: C. R. Soc. Biol. (Paris) 2, 102 (1905).
BOTT, R.: Beiträge zur Kenntnis von *Gyrinus natator substriatus*. Z. Morphol. Ökol. Tiere 10, 207—306 (1928).
BUENO, J. R. DE LA TORRE: *Rhagovelia obesa* Uhl. Canad. Entomol. 35 (1910).
BUDDENBROCK, W. V.: Das Schwimmen wirbelloser Tiere. In: BETHEs Handbuch der normalen und pathologischen Physiologie 15, 305 (1930).
— Über kinetische und statische Leistungen großer und kleiner Tiere und ihre Bedeutung für den Gesamtstoffwechsel. Naturwissenschaften 22, 675 (1934).
COOKER, R., V. MILLSAPS and R. RICE: Swimming plume and claws of the broadshouldered Waterstrider *Rhagovelia flavicinta*. Bueno. Bull. Brooklyn entom. Soc. 31 (1936).
CZWALINA, A.: Die Mechanik des schwimmenden Körpers. 1. Aufl. Leipzig 1956.
ENGELHARDT, W.: Was lebt in Tümpel, Bach und Weiher? Stuttgart, Kosmos 1955.

Fischer, O.: Methodik der speziellen Bewegungslehre. In: Handbuch der physiologischen Methodik (Hrsg. R. Tigerstedt) 1, 120.

Hamilton, M. A.: The morphology of the water-scorpion *Nepa cinerea* Linn. (Rhynchota, Heteroptera). Proc. Zool. Soc. London 1067—1136 (1931).

Hatch, M. H.: An outline of ecology of Gyrinidae. Bull. Brooklyn entom. Soc. 20 (1925).

— The morphology of Gyrinidae. Papers Mich. Acad. Sci. 7 (1926).

Hempel, G.: Laufgeschwindigkeit und Körpergröße bei Insekten. Z. vergl. Physiol. 36, 261 (1954).

Heumann, L.: Vergleichende Untersuchungen über Hydrostatik einiger Schwimmkäfer und ihrer Larven. Z. vergl. Physiol. 31, 58 (1949).

Hütte: Des Ingenieurs Taschenbuch. Bd. 1. Theoretische Grundlagen. 28. Aufl. Berlin: W. Ernst 1954.

Hughes, G. M.: The co-ordination of insect movements. I. The walking movements of insects. J. exp. Biol. 29, 267—284 (1952).

— The co-ordination of insect movements. III. Swimming in *Dytiscus, Hydrophilus*, and a Dragonfly Nymph. J. exp. Biol. 35, 567—583 (1958).

Jacobs, W.: Vom Problem des spezifischen Gewichts bei Wassertieren. Naturw. Rdsch. 9, 398 (1949).

— Fliegen, Schwimmen, Schweben. 2. Aufl. Berlin-Göttingen-Heidelberg: Springer 1954.

Karny, H.: Biologie der Wasserinsekten. Wien: F. Wagner 1934.

Kittel, A.: Sauerstoffverbrauch der Insekten in Abhängigkeit von der Körpergröße. Z. vergl. Physiol. 28, 533 (1941).

Korschelt, E.: Der Gelbrand *Dytiscus marginalis* L. Bd. I. Leipzig 1923.

Lambert, R., et G. Teissier: Théorie de la similitude biologique. Ann. Physiol. 3, 212 (1927).

Lauck, D. R.: The locomotion of *Lethocerus* (Hemiptera, Belostomatidae). Ann. Entomol. Soc. Am. 52, 93—99 (1959).

Linsenmair, K. E., u. R. Jander: Das „Entspannungsschwimmen" von *Velia* und *Stenus*. Naturwissenschaften 50, 231 (1963).

Ludwig, W.: Zur Theorie der Flimmerbewegung (Dynamik, Nutzeffekt, Energiebilanz). Z. vergl. Physiol. 13, 397 (1931).

Lundblad, O.: Die altweltlichen Arten der Veleidengattungen *Rhagovelia* und *Tetraripis*. Ark. Zool. 28 A (1936).

Lust, S.: Symphorionte Peritrichen auf Käfern und Wanzen. Zool. Jb. (Systematik) 79, 321—448 (1950).

Macan, T. T.: A guide to freshwater invertebrate animals. London 1959.

Nachtigall, W.: Eine Beleuchtungsanordnung für Hochfrequenzaufnahmen in der biologischen Forschung. Filmkreis 6, 52 (1959).

— Über Kinematik, Dynamik und Energetik des Schwimmens einheimischer Dytisciden. Z. vergl. Physiol. 43, 48—118 (1960).

— Einige Beobachtungen über die Fortbewegung der Dytisciden außerhalb des Wassers. Zool. Anz. 166, 105—108 (1961a).

— Dynamics and energetics of swimming in water-beetles. Nature (Lond.) 190, No. 4772, 224—225 (1961 b).

— Zur Lokomotionsmechanik schwimmender Dipterenlarven. I. Mitteilung. Schwimmen ohne Ruderorgane: Ceratopogoniden und Chironomiden. Z. vergl. Physiol. 44, 509—522 (1961c).

— Funktionelle Morphologie, Kinematik und Hydromechanik des Ruderapparats von *Gyrinus*. Z. vergl. Physiol. 45, 193—226 (1962a).

Nachtigall, W.: Zur Lokomotionsmechanik schwimmender Dipterenpuppen. Z. vergl. Physiol. **45**, 463—474 (1962 b).
— Zur Lokomotionsmechanik schwimmender Dipterenlarven. II. Mitteilung. Schwimmen mit Ruderorganen: Culicinen und Corethrinen. Z. vergl. Physiol. **46**, 449—466 (1963).
— Die Bewegungskoordination der *Hydrophilus*-Larve. Biol. Zbl. (1964), im Druck.
— Hydrodynamische Messungen am Rumpf von *Dytiscus marginalis*. (Verh. dtsch. Zool. Ges., München 1963).
— Wie schwimmen die Wasserkäfer? Umschau (1964), im Druck.
— Stoffwechsel und Bewegung. Beiheft der „Helgoländer wissenschaftlichen Meeresuntersuchungen" zum I. Intern. Symposion über Probleme der qantitativen Biologie des Stoffwechsels, 24.—26. IX. 1963 (1964).
— Locomotion-Swimming. The Physiology of Insecta, Vol. II. New York and London: Acad. Press, 1964 (edited by M. Rockstein).
— Eine Hochfrequenzkamera für 1000 Bilder pro Sekunde. Filmkreis **10**, 52—53, Heft 1 (1964).
Nursall, J. R.: Swimming and the origin of paired appendages. Am. Zoologist **2**, 127—141 (1962).
Popham, E. J.: A preliminary investigation into the locomotion of aquatic hemiptera and coleoptera. Proc. Roy. entomol. Soc. Lond., Ser. A, **27**, 117—119 (1952).
Prandtl, L.: Strömungslehre. 5. Aufl. Braunschweig: Vieweg 1957.
Roth, W.: Untersuchungen über konvergente Formbildung an den Extremitäten schwimmender Insekten. Int. Rev. Hydrobiol. **2**, 187 u. 668 (1909).
Schiødte, J. C.: Danmarks Eleutherata. København (1841).
Schramm, W.: Die Schwingung als Vortriebsfaktor in Natur und Technik. Berlin 1927.
Snodgrass, R. E.: The dragonfly larva. Smithson. Misc. Coll. **123**, 1—38 (1954).
Storch, O.: Die Schwimmbewegung der Copepoden, auf Grund von Mikrozeitlupenaufnahmen analysiert. Verh. dtsch. Zool. Ges. **33**, 118 (1929).
Strauss-Dürkheim, H.: Considérations générales sur l'anatomie comparée des animaux articules. Paris 1828.
Thienemann, A.: Hydrobiologische Untersuchungen an Quellen. Arch. Hydrobiol. **14** (1924).
Tindall, A. R.: im Druck.
Tonner, F.: Mechanik und Koordination der Atem- und Schwimmbewegung bei Libellenlarven. Z. wiss. Zool. **147**, 433—454 (1936).
Ulmer, G.: Unsere Wasserinsekten. Leipzig 1911.
Wesenberg-Lund, C.: Biologische Studien über Dytisciden. Int. Rev. Hydrobiol. Biol. Suppl. **5**, 1 (1913).
— Biologie der Süßwasserinsekten. Berlin: Springer 1943.
Worth, C. B.: Again: Why does *Gyrinus* circle? (Coleoptera; Gyrinidae). Entomol. News **52**, 170 (1941).

Die ökologische Umwelt*

Von Karl Strenzke †

Max-Planck-Institut für Meeresbiologie, Wilhelmshaven

Inhaltsverzeichnis

A. Einleitung 79
B. Die Einengung der ökologischen Umwelt anhand der Freilandverteilung . 80
   1. Die Biotopbindung 80
   2. Regionale Stenotopie 81
   3. Die Einengung der ökologischen Umwelt durch Vergleich der abgewandelten Umgebung 82
C. Die experimentelle Analyse der ökologischen Umwelt 83
   1. Die Auflösung der Umwelt in beanspruchte Faktoren (die „Minimalumwelt") 84
      a) Die Genauigkeitsgrenze der erfaßbaren Umweltfaktoren 84
      b) Die Anschaulichkeitsgrenze der erfaßbaren Umweltfaktoren 85
   2. Die zu tolerierenden oder zu kompensierenden Milieuwiderstände. . . 87
      a) Die Diskrepanzen zwischen experimentell ermittelter Minimalumwelt und Freilandverteilung 87
      b) Die Korrelation zwischen ökologischer Potenz und der Positivzone der einzelnen Faktoren 89
D. Die ökologische Nische 91
      a) Die evolutionistische und biozönotische Bedeutung der ökologischen Nische 91
      b) Die Stellung der sog. biotischen Faktoren in der ökologischen Umwelt 92
         1. Intraspezifische Konkurrenz 92
         2. Interspezifische Konkurrenz 93
E. Schluß 95
Literatur 96

A. Einleitung

Die Aufgabe der Ökologie ist es, die uns im Freiland entgegentretenden räumlichen und zeitlichen Diskontinuitäten der Verteilung und Abundanz der Organismen zu erklären. Diese Aufgabe ist auf zwei verschiedenen Wegen in Angriff genommen worden.

---

* Diese Abhandlung aus dem Nachlaß von Prof. Dr. K. Strenzke war für einen Vortrag niedergeschrieben und für eine spätere Veröffentlichung vorgesehen. Die Bearbeitung für den Druck besorgte Dr. Dietrich Neumann, Würzburg, Zoologisches Institut der Universität.

Der eine geht von der Beobachtung aus, daß an den einzelnen Lebensstätten regelmäßig bestimmte Kombinationen von Arten gemeinsam auftreten. In der Untersuchung solcher Lebensgemeinschaften wurde — vor allem von der Limnologie, der infolge der Abgeschlossenheit ihrer Lebensstätten dieser Weg besonders erfolgversprechend erscheinen mußte — lange Zeit das Hauptanliegen der Ökologie gesehen. Obwohl ein dem Umfang nach enormes Tatsachenmaterial zusammengetragen worden ist, ist die Materie sicher noch nicht annähernd erschöpft. Aber wie auch die zukünftigen Ergebnisse ausfallen und so wichtig sie im einzelnen sein mögen, es läßt sich bereits heute erkennen, daß es wahrscheinlich nicht gelingen wird, mit dieser kollektiven Methode zur Erfassung der allgemein gültigen Gesetzmäßigkeiten verteilungs- und dichteregulierender Mechanismen vorzustoßen.

Der andere Weg stellt den einzelnen Organismus in den Mittelpunkt der Untersuchungen, um zu erfassen, was alles von den Gegebenheiten der Welt fördernde oder schädigende Bedeutung für die Existenz des Individuums als Vertreter einer bestimmten Art oder einer niedrigeren, als genetisch einheitlich anzusehenden systematischen Kategorie hat. Diese Forschungsrichtung hat in dem Umfang an Bedeutung gewonnen, wie die Ergebnisse der Physiologie, der cytologisch-genetisch arbeitenden Populationsdynamik, der evolutionistisch ausgerichteten „Neuen Systematik" und der angewandten Disziplinen zunehmend auf ökologisches Gebiet überzugreifen beginnen. Die Ergebnisse werden seit HAECKEL auf den zentralen Begriff der ökologischen Umwelt bezogen, dessen Inhalt und Aussagemöglichkeiten uns im folgenden beschäftigen sollen.

B. Die Einengung der ökologischen Umwelt anhand der Freilandverteilung

1. Biotopbindung

Das wichtigste empirische Phänomen, an dem die Analyse der ökologischen Umweltbeziehungen ansetzen kann, ist, wie bereits erwähnt, die Diskontinuität der räumlichen und zeitlichen Verteilung der Organismenarten bzw. — das wird im folgenden nicht jedesmal von neuem hervorgehoben — der niedrigsten, als genetisch einheitlich anzusehenden systematischen Kategorien. Es gibt keine ubiquitären Arten, sondern jede Art vermag sich auch im Kerngebiet ihres biogeographischen Areals, in dem wir die Wirkung historischer Faktoren vernachlässigen können, nur an bestimmten Lokalitäten ohne progressive Minderung ihres Bestandes zu halten. Die mehr oder weniger feste Bindung der einzelnen Organismenarten an bestimmte Standorttypen (Biotope) ist seit den Anfängen der Ökologie stark beachtet worden, zumal sie häufig mit entsprechenden strukturellen und funktionellen Anpassungserscheinungen verbunden ist.

Wir wissen, um einige Beispiele zu nennen, daß man manche Arten nur in Gebirgsbächen, und auch hier ausschließlich an den Stellen mit stärkster Strömung, andere nur in der freien Wassermasse oder im Tiefenschlamm großer Seen, wieder andere nur in der Brandungszone des Meeres, in Aas oder Exkrementen mit Aussicht auf Erfolg suchen darf. Man kann solche Organismen als spezifische den bevorzugenden, unterlegenen und fremden Arten des jeweiligen Biotops gegenüberstellen (PEUS 1954).

Aus der mehr oder weniger deskriptiven Erfassung solcher Verteilungsbesonderheiten ergibt sich die eigentliche ökologische Fragestellung: Warum kommt eine Art ausschließlich oder bevorzugt in bestimmten Lebensstätten vor, und warum fehlt sie anderen? Besonders bei den spezifischen Typen von Biotopen, die sich durch die Konstellation ihrer ökologischen Faktoren inselartig aus der übrigen Landschaft herausheben, liegt es nahe, einen oder mehrere der physiognomisch dominierenden Faktoren kausal zu dem Auftreten der Art in Beziehung zu setzen.

Von etwa 25 untersuchten *Chironomus*-Arten wird z. B. in Norddeutschland die Mehrzahl in pflanzenarmen, nährstoffreichen Süßwassertümpeln und -teichen gefunden (STRENZKE 1960). Diese Arten fehlen im allgemeinen den brackigen Kleingewässern des Küstengebietes. Dafür treten zwei Arten *(Ch. halophilus* und *Ch. salinarius)* nur, und zwar regelmäßig, in Brackwassertümpeln auf. Der Schluß liegt nahe, und er ist auch oft gezogen worden, daß der verhältnismäßig hohe Salzgehalt des Mediums den verteilungsregulierenden Faktor für diese beiden Arten darstellt, zumal beide Arten auch aus binnenländischen Salzgewässern bekannt sind. Im Zuchtversuch läßt sich *Ch. halophilus* aber ohne Vitalitäts- und Fertilitätsminderung unbegrenzt lange in reinem Süßwasser halten. *Ch. salinarius* ist dagegen auch im Laboratorium auf die Dauer nur in Medien mit einem Salzgehalt von wenigstens $1^0/_{00}$ lebensfähig (STRENZKE 1960, NEUMANN 1961).

2. Regionale Stenotopie

Der Faktor oder die Faktoren, die für uns auf Grund unserer Beobachtungs- und Meßmethoden einem Standorttyp seine Sonderstellung erteilen, können also, aber müssen keineswegs identisch sein mit den Faktoren, die den Organismus kausal an die betreffenden Lokalitäten binden. Das ergibt sich auch aus der nicht seltenen Erscheinung der regionalen Stenotopie. Die Bindung der Art an bestimmte Standorte ist in diesen Fällen nur in einem Teil des Gesamtareals, meist den Randgebieten, zu beobachten; in den übrigen Teilen ist sie aufgehoben; oder sie ist sogar durch eine Bindung an andersartige Biotope ersetzt.

Mehrere Carabiden (*Harpalus*-Arten) sind z. B. an der fennoskandischen Nordgrenze ihres Areals an Kalkböden, vorwiegend kambrosilurisches

Kalkgestein, gebunden. LINDROTH (1949) konnte nachweisen, daß die chemischen Eigenschaften des Kalkes weder direkt noch indirekt (etwa über den pH-Wert) verteilungsregulierenden Einfluß haben. Entscheidend sind vielmehr die Thermik (die hohen Temperaturminima), die relative Trockenheit und die Porosität des Substrats. Kalkgebunden sind in Fennoskandia grabende Arten, die hohe Temperaturen und geringe Substratfeuchtigkeit beanspruchen. Im Süden finden diese Arten ihre Temperatur- und Feuchtigkeitsansprüche auch in anderen Substratformen verwirklicht; hier ist die Bindung an Kalkböden dementsprechend aufgehoben.

Wie das Beispiel zeigt, kann der Organismus, der seine Lebensstätte aufsucht, innehat oder aufgeben muß, sich nach nichts anderem richten, als danach, ob die Ansprüche, die er auf Grund seiner spezifischen Reaktionsnorm stellt, erfüllt sind oder nicht. Auf welche Weise sie im einzelnen erfüllt werden, liegt außerhalb der Merkwelt des Organismus und existiert für ihn nicht.

Wenn manche Moosmilben (z. B. *Limnozetes sphagni*) nur den Komplex der folgenden Milieueinzelheiten „niedriger pH, lebende Pflanzen einer bestimmten Wuchsform mit inniger Durchdringung aquatischer und atmosphärischer Kleinstlebensräume" beanspruchen, so spielt für das Tier weder der landschaftliche Rahmen, in dem diese Milieueinzelheiten verwirklicht sind, noch unsere Einordnung dieses Rahmens in den einen oder anderen Biotop eine Rolle (STRENZKE 1952). Für diese Oribatide ist es gleichgültig, ob ihre Ansprüche von einem *Sphagnum-* oder *Aulacomnium*-Polster erfüllt werden, und ob diese Moose in einem Hochmoor maritimen oder kontinentalen Charakters, einem acidophilen Laub- oder Nadelwald, einem Quellrinnsal auf Urgestein oder schließlich in einem Kulturgefäß wachsen.

3. Die Einengung der ökologischen Umwelt durch Vergleich der abgewandelten Umgebung

Die von einer Art unvertauschbar beanspruchten Milieueinzelheiten, die in ihrer Gesamtheit die gesuchte spezifische Umwelt bilden, gilt es also zu isolieren, d. h. von allem zufälligen, für die Existenz des Organismus bedeutungslosem Beiwerk zu befreien, mit dem sie im Freiland — in unserer Sicht eingeschlossen in mehr oder weniger verschiedene Lebensräume — unvermeidlich verhaftet ist. Es ist dabei gleichgültig, ob dieses Beiwerk (als Umgebung, PEUS 1954) von dem Organismus mit seinen Sinnesorganen wahrgenommen wird, oder ob es (als Außenwelt, PEUS 1954) seiner Wahrnehmungsfähigkeit entzogen ist.

Die unvertauschbar beanspruchten Milieueinzelheiten können in der nicht abgewandelten Lebensstätte nicht erkannt werden. Wohl aber können sie schon anhand von Freilandbeobachtungen stark eingeengt werden, und zwar durch fortgesetzten Vergleich möglichst verschiedenartiger Lebensstätten, in denen die Art zu existieren vermag, d. h. in denen jeweils sämtliche beanspruchten Milieueinzelheiten realisiert sind.

Der Collembole *Hypogastrura viatica* kommt z. B. mit hoher Abundanz in folgenden Lebensstätten vor; (1) den aus faulenden Meerespflanzen bestehenden Anwurfbänken des marinen Litorals, (2) den mit Bakterienrasen überzogenen Schotterfiltern von Kläranlagen und (3) den Algenüberzügen in der Umgebung von Jauchegruben und Misthaufen (STRENZKE 1955). So verschieden diese 3 Lebensstätten auf den ersten Blick erscheinen, jede von ihnen muß die Umwelt von *H. viatica* in sich einschließen, unabhängig davon, mit welchen anderen Milieueinzelheiten sie jeweils gekoppelt ist. Der Milieuvergleich deutet darauf hin, daß der Komplex „stickstoffreiche, faulende vegetabilische Stoffe oder die sich in ihnen abspielenden mikrobiellen Prozesse" der für die Existenz von *H. viatica* wesentliche gemeinsame Bestandteil der drei Lebensstätten ist.

C. Die experimentelle Analyse der ökologischen Umwelt

Nur in Ausnahmefällen gelingt es allerdings, durch bloßen Milieuvergleich zu einer befriedigenden Kausalanalyse der Umweltbeziehungen vorzudringen; das ist vielmehr dem Experiment vorbehalten, dessen Ansatz allerdings durch die im Freiland gewonnenen Fragestellungen bestimmt werden sollte.

Der Collembole *Isotoma olivacea* ist in Mitteleuropa z. B. eine spezifische Art der ersten Zersetzungsphase des Blattkompostes. Er erscheint daher bei uns regelmäßig erst zu Beginn des Winters, um im Mai/Juni wieder zu verschwinden. An alpinen Standorten Lapplands treten die aktiven Stadien der Art dagegen während des ganzen Jahres auf. Im Laboratorium läßt sich *I. olivacea* bei 17—20° C auch dann nicht am Leben erhalten, wenn man frisches Fallaub als Nahrung bietet. Bei 2—3° C vermehrt sie sich dagegen im Laboratorium auch während des Sommers. Diese Befunde scheinen in Übereinstimmung mit den Freilandbeobachtungen darauf hinzuweisen, daß die zeitliche und räumliche Verteilung dieser Arten durch den Temperaturfaktor (die niedrige Optimaltemperatur) bedingt wird. GISIN (1952) konnte aber nachweisen, daß sich *I. olivacea* bei experimenteller Erhöhung des Nitrat- oder Harnstoffgehalts des Substrats sowohl im Freiland wie im Laboratorium auch bei Temperaturen über 17—20° C entwickelt und fortpflanzt. Kausal verteilungsregulierend wirkt also nicht der Temperaturfaktor, sondern wahrscheinlich die geringe Toleranz der Art gegen bestimmte im Substrat ablaufende Fermentierungsprozesse. Diese Prozesse werden im Freiland normalerweise durch die niedrigen winterlichen oder alpinen Temperaturen gehemmt; sie können ebensogut aber auch durch

Veränderung der chemischen Zusammensetzung des Substrats gehemmt werden.

1. Die Auflösung der Umwelt in beanspruchte Faktoren (die „Minimalumwelt")

Durch fortschreitende experimentelle Variation des Milieus läßt sich die Umwelt jeder Art schließlich in eine größere oder kleinere Anzahl von Einzelfaktoren auflösen, von denen jeder von dem Organismus unvertauschbar beansprucht wird, d. h. von denen keiner durch eine qualitativ oder quantitativ, räumlich oder zeitlich anders bestimmte Milieueinzelheit oder durch Kombinationen solcher Milieueinzelheiten ersetzbar ist. Bei Fortnahme jedes einzelnen dieser — und nur dieser — Faktoren ist der Organismus unter sonst gleichen beliebigen Umständen nicht mehr existenzfähig.

Bereits jede gärtnerische oder tierzüchterische Erfahrung liefert wichtige Erkenntnisse über die Umwelten der betreffenden Organismen. Was einem Orchideenstandort im tropischen Regenwald und einem europäischen Gewächshaus, in dem dieselbe Orchideenart gedeiht und asymbiotisch zur Keimung und Entwicklung gebracht wird, gemeinsam ist, ist bereits eine enge Umschreibung eines großen Teils der ökologischen Umwelt dieser Art. Aus wie wenigen und leicht zu reproduzierenden Ansprüchen die Umwelt mancher Arten zusammengesetzt ist, zeigen leicht zu kultivierende Organismen.

a) Die Genauigkeitsgrenze der erfaßbaren Umweltfaktoren. Ihre Grenze der Genauigkeit findet die Erfassung der beanspruchten Umweltfaktoren an der Variation der Organismen.

Ein Beispiel für genetisch bedingten Polymorphismus liefert der Prosobranchier *Purpura lapillus*. Die Schnecke tritt an der Atlantikküste Frankreichs in zwei Formen auf, die sich in der Chromosomenzahl unterscheiden. Die Form mit 13 Chromosomen (Haploidzahl) bewohnt die nahrungsreichen exponierten Lokalitäten der Gezeitenzone, in denen starke Wellenbewegung herrscht. Die Form mit 18 Chromosomen besiedelt die vor Wellenbewegung geschützten Orte, vorwiegend in der relativ nahrungsarmen Zone der Braunalge *Ascophyllum nodosum*. Die reinsten (homogenen) Populationen finden sich in den extremen Habitats. Lokalitäten mit intermediären Eigenschaften werden von chromosomal intermediären Populationen bewohnt. In solchen Fällen, in denen die genetische Variabilität natürlicher Populationen mit dem zeitlichen und räumlichen Wechsel der Milieuverhältnisse korreliert ist, wird dem Organismus natürlich eine wirksame Ausnützung heterogener Biotope ermöglicht (STAIGER 1954).

Eine Erweiterung der Existenzmöglichkeiten durch milieuabhängige phänotypische Variation ließ sich bei Chironomidenlarven nachweisen.

In chloridarmen Freilandgewässern (z. B. im Harz) und entsprechenden Zuchtmedien ist bei *Chironomus thummi*, der in stärker chloridhaltigem Wasser Analpapillen von normaler Größe besitzt, eine erhebliche Vergrößerung dieser Organe zu beobachten. Da die Analpapillen der Chloridaufnahme aus dem Medium dienen, kann angenommen werden, daß ihre Hypertrophie es *Ch. thummi* ermöglicht, Lebensstätten zu besiedeln, die der Art wegen zu geringer Chloridkonzentration des Mediums ohne diesen Kompensationsmechanismus verschlossen bleiben müßten. Daß einer solchen Erweiterung der Umwelt genotypisch bedingte Grenzen gesetzt sind und damit die Möglichkeit der Auflösung der Umwelt in einzelne Faktoren nicht grundsätzlich berührt wird, konnte durch die experimentelle Analyse des Verteilungsbildes von *Ch. thummi* gezeigt werden. Trotz der Hypertrophie der Analpapillen vermag die Art nämlich die entwicklungshemmenden Wirkungen der extrem chloridarmen alpinen Gewässer nicht zu kompensieren. Sie wird hier vielmehr durch andere Arten abgelöst, die offensichtlich die in diesen Gewässern herrschende, abweichende ionale Situation fester in ihre Umwelt eingebaut haben (STRENZKE und NEUMANN 1960).

b) Die Anschaulichkeitsgrenze der erfaßbaren Umweltfaktoren. Der Anspruch wird zwar vom Organismus gestellt, und er ist (bei Betrachtung des genetisch unveränderlich gedachten Organismus) nur in ihm begründet, aber er ist für uns nur aus dem Verhalten des Organismus gegenüber den korrespondierenden Milieueinzelheiten erschließbar, die wir ihrerseits — als ökologische Faktoren — nur mit Hilfe unserer Beobachtungs- und Meßmethoden umschreiben, begrenzen und vergleichen können. Die Darstellung der Umwelt in solchen anthropozentrischen Faktoren muß daher stets unzulänglich bleiben; sie läßt sich aber nicht umgehen.

Aus dieser Situation ergeben sich größtenteils die unterschiedlichen Auffassungen über den Grad, bis zu dem die Auflösung der Umwelt in Einzelfaktoren vorgetrieben werden kann. PEUS (1954) rechnet zur ökologischen Umwelt nur diejenigen Faktoren, von denen die Existenz eines Tieres „direkt (unmittelbar)" abhängt. Er erläutert seine Auffassung am Beispiel einer bergbachbewohnenden Blepharoceridenlarve, für die nur die Strömungsgeschwindigkeit und der Stickstoffreichtum des Wassers, der Stein als Substrat und der Algenüberzug auf dem Stein als Nahrung Faktoren erstgradiger, unmittelbarer Wirkung sind, die zur Umwelt gehören. Die klimatischen, geologischen, geographischen und topographischen Gegebenheiten, die Voraussetzung für die Entstehung eines schnellfließenden Bergbaches und damit die Verwirklichung der Umwelt bilden, haben nur indirekte Bedeutung; sie gehören für PEUS nicht mehr zur Umwelt des Tieres; auch wenn ihre Beziehung zu einem unmittelbar wirkenden Umweltfaktor noch so offensichtlich ist, so ist diese Offensichtlichkeit doch nur Gegenstand der menschlichen Erkenntnis.

Die Grenzen der Brauchbarkeit dieses Kriteriums ergeben sich daraus, daß auch Faktoren scheinbar erstgradiger, unmittelbarer Wirkung wieder nur Voraussetzung für die physiologischen Kausalzusammenhänge sein können und damit einer weiteren Auflösung zugänglich sind.

Die Schnecke *Theodoxus fluviatilis* lebt z. B. ähnlich wie die Blepharoceridenlarve nur auf dem Steinuntergrund von Fließgewässern und in der Brandungszone von stehenden Gewässern. Die Wasserbewegung wird aber nicht, wie vielfach vermutet wurde, dadurch zum wirksamen Umweltbestandteil, daß sie für ein erhöhtes Sauerstoffangebot sorgt, sondern dadurch, daß sie die Ablagerung von Sedimenten auf dem Gestein verhindert. Wie NEUMANN (1961) nachweisen konnte, vermag *Theodoxus* ihre Hauptnahrung (Diatomeen) nur auf einer rauhen Unterlage mit Hilfe der Radula so zu zerkleinern, daß der Zellinhalt für die Verdauungsenzyme freigelegt wird (Chlorococcales und Desmidiales sind, wahrscheinlich wegen des Fehlens von cellulosespaltenden Fermenten, ernährungsbiologisch ohne Bedeutung). Das scheinbar unmittelbar und erstgradig wirkende Faktorenpaar „Wasserbewegung" und „Stein als Substrat" läßt sich in diesem Fall also durch den weiter eingeengten Begriff „rauhe Unterlage" und der Faktor „Algenüberzug als Nahrung" durch „Diatomeen" ersetzen.

Ein anderes Beispiel liefert der Eisenhaushalt der Larve von *Chironomus thummi* (NEUMANN 1961). Die Hämoglobinkonzentration des Blutes der Larve hängt stark von dem verwendeten Futter ab. Mit Brennessellaub gefütterte Larven sind wie im Freiland tief rot gefärbt (Hb-Konzentration: 2,4 g/100 ml Blut). Werden die Larven dagegen mit Erlenlaub gefüttert, so bleiben sie blaßrosa oder sogar farblos (Hb-Konzentration 0,5 g Hb/100 ml Blut und weniger). Da Hämoglobin für die Respiration der Chironomidenlarven in dem meist sauerstoffarmen Sediment ihrer Wohngewässer entscheidende Bedeutung hat, scheinen wir in der Art des Fallaubes, welches das Sediment bildet, einen ökologischen Umweltfaktor unmittelbarer Wirkung erfaßt zu haben. Durch Zugabe von löslichen und unlöslichen Eisensalzen zum Medium konnte NEUMANN aber auch bei Larven, die Erlenlaub als Nahrung erhielten, normale Hb-Konzentration im Blut erzielen. Da Brennessellaub mehr als 10 mal so viel Fe in der Trockensubstanz enthält wie Erlenlaub, ist der eigentliche limitierende ökologische Umweltfaktor also das Eisenangebot, das durch seine Bedeutung für die Hb-Synthese wirksam wird. Dieser Faktor läßt sich weder allein durch die Art des Fallaubes noch durch die Menge des im Wasser gelösten oder im Sediment unlöslich fixierten, sondern nur durch die Menge des von der einzelnen Larve effektiv aufgenommenen Eisens adäquat umschreiben.

Mit Recht hat BACMEISTER (1943) darauf hingewiesen, daß, wenn wir die Voraussetzungen der Existenz eines Organismus rein darstellen wollen, und wir von ihnen alles abstrahieren, was austauschbar ist — also alles Anschauliche — wir überhaupt nur auf Wirkungen geraten, und zwar auf Wirkungen im molekularen Bereich (im zuletzt genannten Beispiel etwa auf die Wirkung des Eisens in der Hb-Synthese). Eine derartig abstrakt gefaßte Umwelt kann aber nicht generell das Forschungsziel der Ökologie sein, ganz abgesehen davon, daß sie vorerst noch völlig außerhalb des Erreichbaren liegt. Wir müssen es vielmehr der jeweiligen speziellen Fragestellung überlassen, bis zu welchem Niveau wir — immer von den nachweisbaren Umweltansprüchen des Organismus ausgehend — das Netzwerk der Voraussetzungen verfolgen. Da sich die Voraussetzungsnetze im allgemeinen weithin verzweigen, müssen wir uns häufig mit Komplexvoraussetzungen begnügen. Die Umwelt verliert dadurch zwar ihren Charakter als etwas Abgeschlossenes, in allen Teilen gleichmäßig auf den Organismus Bezogenes, aber wir erhalten so die für die Ökologie dringend notwendige Bezugsordnung, in die wir die gewonnenen Einzelergebnisse kontinuierlich eintragen und aus der wir weiterführende Fragestellungen gewinnen können.

2. Die zu tolerierenden oder zu kompensierenden Milieuwiderstände

Die Notwendigkeit für diese Fassung der ökologischen Umwelt ergibt sich noch aus einem anderen Aspekt. Wir haben bisher im wesentlichen nur die positiv beanspruchten Umweltfaktoren (die „konditionalen autozoischen Dimensionen", GÜNTHER 1950) berücksichtigt. Es scheint, wenigstens theoretisch, relativ einfach zu sein, experimentell sämtliche für die Existenz einer Art unerläßlichen Milieugegebenheiten, die „Minimalumwelt" (FRIEDERICHS 1950), zu erfassen und — wenn die Auflösung weit genug vorgetrieben würde — auch quantitativ zu bestimmen. Damit können wir zwar voraussagen, wo im Freiland die Art sicher nicht zu leben vermag (nämlich überall dort, wo ihre Minimalumwelt nicht verwirklicht ist). Aber wir dürfen nicht erwarten — und die Erfahrung bestätigt es immer wieder — daß der Organismus an allen Örtlichkeiten, an denen seine experimentell ermittelte Minimalumwelt realisiert ist, auch tatsächlich vorkommt. Die erwähnten „harten" Kulturorganismen, deren Lebensansprüche im Laboratorium leicht zu erfüllen sind, haben im Freiland keineswegs die Verbreitung und Abundanz, die nach der scheinbaren Trivialität ihrer Umwelt zu erwarten wäre.

a) Die Diskrepanzen zwischen experimentell ermittelter Minimalumwelt und Freilandverteilung. KINNE (1956) konnte z. B. zeigen, daß der optimale Salzgehaltswert für *Cordylophora caspia* im Zuchtversuch bei $S = 16,7^0/_{00}$ liegt. Trotzdem werden im Freiland schon Gewässer mit $S = 10^0/_{00}$ fast völlig gemieden, und der experimentell ermittelte Optimalbereich wird überhaupt nicht mehr besiedelt. Die gleiche Diskrepanz zwischen dem Verhalten im Zuchtversuch und der Freilandverteilung ließ sich für *Gammarus duebeni* und die Larven mehrerer *Chironomus*-Arten nachweisen. Obwohl innerhalb der Gattung *Chironomus* eine ausgeprägte Differenzierung hinsichtlich der im Freiland ausschließlich oder bevorzugt besiedelten Wohngewässer besteht, entwickeln sich die meisten Arten im Laboratorium in einem einheitlichen, unspezifischen Substratfuttergemisch und mit Leitungswasser als Medium. Das gilt, wie bereits erwähnt, selbst für solche spezialisierte Arten, die, wie *Ch. halophilus*, nur in Brackwassertümpeln oder, wie die Arten der *pseudothummi*-Gruppe, nur in extrem sauren, humusreichen Moor- und Waldgewässern gefunden werden (STRENZKE 1960).

Wenn wir von den unterschiedlichen Ausbreitungsfähigkeiten der Organismen, den Möglichkeiten einer Interferenz zwischen den einzelnen Umweltfaktoren und der Tatsache absehen, daß die im Laufe der Metamorphose aufeinanderfolgenden, morphologisch und physiologisch scharf getrennten Stadien einer Art ganz verschiedene Umwelten haben können, so ist in dem hier interessierenden Zusammenhang besonders folgendes zu berücksichtigen: An jeder Lebensstätte sind die positiv beanspruchten Faktoren der „Minimalumwelt" unlösbar mit anderen Milieueinzelheiten verbunden, die z. T. für den Organismus gleichgültig sind, z. T. aber auch die „Inanspruchnahme" der tatsächlich vorhandenen Minimalumwelt einschränken oder unmöglich machen.

Die Schnecke *Theodoxus* muß z. B. die Wasserbewegung, die allein im Freiland die Rauhigkeit des Substrats garantiert, ertragen können, um den von ihr beanspruchten rauhen Fraßuntergrund nutzen zu können. Insektenlarven, Crustaceen und Wassermilben, welche die bereits im zeitigen Frühjahr herrschenden hohen Wassertemperaturen in seichten Tümpeln und anderen Kleingewässern für ihre Entwicklung beanspruchen, müssen befähigt sein, dem unvermeidlichen Trockenfallen dieser Gewässer durch Ausbildung entsprechender Dauerstadien zu begegnen.

Die Fähigkeit, solche Milieuwiderstände zu tolerieren oder zu kompensieren (die „neutralen autozoischen Dimensionen", GÜNTHER 1959), wird ebenfalls durch die spezifische Reaktionsnorm des Organismus bestimmt. Ihre Kenntnis ist daher für die Analyse der effektiven Freilandverteilung nicht weniger wichtig als die der Ansprüche. So relativ einfach es aber ist nachzuweisen, welche Faktoren zur Umwelt eines Organismus gehören, so schwierig ist es festzustellen, welche Faktoren *nicht* dazu gehören. Die Zahl der Milieueinzelheiten, die potentiell die Existenzmöglichkeiten des Organismus an den natürlichen Lebensstätten einengen und die damit zu tolerierender oder zu kompensierender Bestandteil der spezifischen Umwelt werden können, ist so groß, daß ohne entsprechende Hinweise aus den Freilandbefunden auch experimentell stets nur ein Teil davon erfaßt werden kann.

Gerade auf die Überwindung der Milieuwiderstände bezieht sich ein großer Teil der spezifischen, strukturellen und funktionellen Merkmale, welche die Organismen an bestimmte Lebensstätten angepaßt erscheinen lassen. Ohne exakte Analyse ist daher nie mit Sicherheit auszuschließen, ob ein Milieufaktor, der zunächst ausschließlich eine verbreitungseinengende Wirkung zu haben scheint (und der diese Wirkung auf die meisten Organismen auch tatsächlich haben kann), für manche Arten im Laufe der Evolution nicht doch zum positiv beanspruchten Umweltbestandteil geworden ist.

Eines der eindrucksvollsten Beispiele bietet in diesem Zusammenhang die Petroleumfliege *Psilopa petrolei*. Ihre Larven sind, obwohl sie sich morphologisch nur geringfügig von den in weniger aberranten Gewässern lebenden verwandten Arten unterscheiden, befähigt, in Erdöltümpeln zu leben, in denen sie sich die im Petroleum suspendierten organischen Partikel als Nahrungsquelle erschlossen haben (THORPE 1930).

b) Die Korrelation zwischen ökologischer Potenz und der Positivzone der einzelnen Faktoren. Eine grundsätzliche Unterscheidung zwischen beanspruchten und tolerierten — oder in der Ausdrucksweise der älteren Limnologen zwischen ,,allgemein lebensnotwendigen" und ,,lebensfeindlichen" Faktoren — läßt sich damit nicht aufrecht erhalten. Das ergibt sich auch aus einem anderen Gesichtspunkt: Jede Milieueinzelheit, die in irgendeiner Weise auf die Existenz eines Organismus einwirkt, tritt nicht in einer unabänderlichen Wertigkeit auf. Vielmehr ist jede von Ort zu Ort oder in zeitlicher Folge am selben Ort in ihrer Wertigkeit variabel oder abstufbar. Das ist offensichtlich bei den Umweltbestandteilen, die für uns, den gebräuchlichen Beobachtungs- und Meßmethoden entsprechend, eine einfache Struktur oder einen physikalisch-chemischen Elementarcharakter haben (z. B. die Wärme, das Licht, die Wasser- oder Luftbewegung, die chemische Zusammensetzung des Mediums, die Nahrung usw.). Wir müssen aber annehmen, daß die Abstufbarkeit auch für solche Milieueinzelheiten besteht, die sich zunächst einer Auflösung widersetzen und scheinbar in der absoluten Form eines ,,Alles oder Nichts" in die Umwelt eingehen.

Die Larven der Chironomide *Metriocnemus scirpi* werden z. B. ausschließlich in den geringen Flüssigkeitsmengen (Phytotelmen) gefunden, die sich bei der Landpflanze *Scirpus silvaticus* in den von den Blattscheiden gebildeten Tüten ansammeln (STRENZKE 1950). In dieser komplexen Form ist das Phytotelma natürlich nicht abstufbar; trotzdem müssen wir annehmen, daß neben zahlreichen Milieueinzelheiten, die für *Metriocnemus scirpi* ökologisch bedeutungslos sind, auch in dem Phytotelma — und nur in ihm — die Umwelt der Larve durch eine bestimmte Konstellation abstufbarer Faktoren verwirklicht wird. Überschreitet nur einer dieser „echten" Umweltfaktoren die für die Art spezifischen Grenzwerte, so existiert das Phytotelma für die Chironomidenlarve überhaupt nicht mehr, mag es für uns auch noch so unzweifelhaft da sein.

Aus dem Gesamtspektrum der Wertigkeitsstufen, mit dem uns die einzelnen Milieufaktoren im Freiland entgegentreten, wird für jeden Organismus jeweils nur ein bestimmter, spezifisch verschieden großer Abschnitt, die Positivzone, zum Bestandteil der Umwelt, sofern der betreffende Faktor überhaupt in die Umwelt der Art eingeht. Ober- und unterhalb der Positivzone ist der Faktor für den Organismus nicht mehr existent; innerhalb der Grenzwerte der Positivzone liegt das meist enger begrenzte ökologische Optimum. Die Fähigkeit des Organismus, sich über die optimalen Qualitäten hinaus notfalls auch mit den schlechteren bis pessimalen Qualitäten der Positivzone zu begnügen, ist seine ökologische Potenz gegenüber dem einzelnen Umweltfaktor. Die ökologische Potenz ist also der auf den Organismus bezogene korrelative Begriff zu der Positivzone des ökologischen Umweltfaktors.

Es liegt auf der Hand, daß der Abschnitt eines bestimmten Faktors, der für eine Art dem Optimalbereich entspricht, für eine andere Art gerade noch erträgbar ist, weil ihre Potenz mit einer anders begrenzten Positivzone korrespondiert; für eine dritte Art schließlich kann dieser Abschnitt schon völlig außerhalb der Potenz liegen. Es gilt das sowohl für die sog. abiotischen (physiographischen) als auch für die sog. biotischen Faktoren. Gerade aus den von feindlichen (räuberischen oder parasitischen) anderen Organismen ausgehenden ökologischen Wirkungen resultieren häufig besonders starke und auffällige limitierende Effekte.

Ein Vogel, der sich von Insektenlarven ernährt, kann, wenn seine Populationsdichte einen bestimmten Wert übersteigt, die Existenz einer Insektenart in einem begrenzten Gebiet unmöglich machen, obwohl im übrigen die Umwelt des Insekts realisiert ist. Für eine andere Insektenart, etwa eine nestbewohnende Flohlarve oder ein gefiederbewohnendes Mallophag, kann derselbe Vogel unvertauschbar geforderter (komplexer) Umweltbestandteil sein; und für eine dritte, etwa bodenbewohnende Insektenart kann der Vogel schließlich ganz außerhalb der Umwelt liegen. (Über die Bedeutung der interspezifischen Konkurrenz als ökologischer Umweltfaktor s. S. 93.)

Die Potenz gegenüber bestimmten Faktoren kann auch gleich Null sein. In diesem Fall wird also gewissermaßen das Fehlen einer bestimmten Milieueinzelheit beansprucht. Damit kommen wir auf die schon aus anderen Gründen verneinte Frage nach der Sonderstellung der „nur" tolerierten oder kompensierten Milieuwiderstände zurück und können feststellen, daß auch sie sich terminologisch unserer Fassung der ökologischen Umwelt als durch die spezifische Reaktionsnorm der Organismen bedingte Positivzone ökologischer Faktoren einordnen lassen.

Nur wenn in einer gegebenen Lebensstätte die Wertigkeit sämtlicher Umweltfaktoren — gleichgültig, ob sie sich in unserer Sicht als beansprucht oder „nur" toleriert darstellen — innerhalb der durch die Potenz begrenzten Positivzone liegt, kann der Organismus an dieser Lebensstätte existieren. Überschreitet nur einer der Faktoren diese Grenzen, so ist die Umwelt nicht mehr realisiert, auch wenn sämtliche anderen Faktoren optimale Wertigkeit haben; d. h. der Organismus kann die betreffende Lebensstätte nicht besiedeln, oder, wenn er sie vorher besiedelte, so muß er sie aufgeben.

D. Die ökologische Nische

Diese Umwelt hat Gültigkeit und Realität nur unter dem Aspekt einer bestimmten Tierart. „Sie haftet dem Organismus gewissermaßen als ein aus seiner Struktur sich ergebendes Schlüsselsystem an, das ihn an die verschiedenen Umgebungen, die ihm die Welt bietet, anschließt" (BACMEISTER 1943). Die zwischen dem Organismus und seiner Umwelt bestehenden Beziehungen bilden also eine Einheit bipolaren Charakters. Diese Einheit wird als die ökologische Nische bezeichnet; sie wird determiniert durch zwei Dimensionssysteme, nämlich, um nochmals zusammenzufassen:

1. Die von den spezifischen Organisations- und Funktionsmerkmalen des Organismus bestimmten ökologischen Potenzen (das System der autozoischen Dimensionen, GÜNTHER 1950),

2. Die damit korrespondierenden Faktoren der ökologischen Umwelt (das System der ökologischen Dimensionen, GÜNTHER 1950), die in der Auswahl, Wertigkeit und Begrenzung der Positivzonen durch die Potenzen festgelegt sind.

Dadurch, daß diese beiden Dimensionssysteme zur Deckung gelangen, entsteht die grundsätzlich besondere und einmalige ökologische Nische jeder einzelnen Tierart.

a) Die evolutionistische und biozönotische Bedeutung der ökologischen Nische. Nur diese Definition der ökologischen Nische — und nicht die vielfach vertretene, rein räumliche Konzeption, die ein bloßes Synonym zur Lebensstätte oder Teilen der Lebensstätte schafft — wird der großen evolutionstheoretischen Bedeutung des Begriffs gerecht. Wie LUDWIG (1954) hervorgehoben hat, hat der Vorgang der Einnischung (Anidation), d. h. die Neubildung einer bisher nicht verwirklichten oder die Erweiterung einer bereits vorhandenen ökologischen Nische, für die Vermehrung der Mannigfaltigkeit der Formen im Tierreich einen kaum hoch genug zu veranschlagenden Anteil. Aus der unterschiedlichen Potenz des Organismus gegenüber den einzelnen Faktoren seiner

Umwelt und aus der unendlich großen Zahl der Kombinationsmöglichkeiten solcher Potenzunterschiede gegenüber verschiedenen Faktoren ergibt sich eine entsprechend große Zahl spezifischer Umwelten.

Die Notwendigkeit, jeder Organismenart eine ökologische Nische zuzuordnen, deren Konfiguration in wenigstens einem Punkt von der aller anderen Arten verschieden ist, wird im allgemeinen damit begründet, daß das Nebeneinander-Existieren mehrerer Arten in derselben Lebensstätte anders nicht denkbar sei. Ein „erbitterter Konkurrenzkampf" soll die Verteilung der Arten so lenken, daß gebietsweise nur ökologisch oder zeitlich gesonderte Gattungsvertreter zusammentreffen (z. B. TRETZEL 1955). Ihre extreme Formulierung findet diese vielfach zum Prinzip oder Gesetz erhobene Anschauung in der Behauptung, daß im allgemeinen aus einer Gattung nicht zwei Arten gleichzeitig in derselben Lebensstätte existieren können. Umgekehrt wird gefolgert, daß, wenn zwei systematisch nahe verwandte Arten im gleichen Biotop existieren, das nur möglich sei, weil sie verschiedene ökologische Nischen einnehmen.

Den interspezifischen Beziehungen verschiedener Arten werden auch von der Biozönotik große Bedeutung für das Zustandekommen der Merkmale eingeräumt, welche die Lebensgemeinschaften zu harmonischen ganzheitlichen Organisationen („Organismen höherer Ordnung") machen. Die Lebensgemeinschaften wären danach gewissermaßen aus den mosaikartig zueinander passenden ökologischen Nischen der sie bildenden Arten zusammengesetzt. Ohne auf die evolutionistischen und biozönotischen Aspekte einzugehen, müssen wir uns die Frage vorlegen: Welche Stellung nimmt dieser so hoch bewertete Faktor der interspezifischen Konkurrenz im Rahmen unseres ganz auf den Einzelorganismus (die Lebens- und Fortpflanzungsfähigkeit des Individuums) bezogenen Begriffs der ökologischen Nische ein?

b) Die Stellung der sog. biotischen Faktoren in der ökologischen Umwelt. Die Versuche, das Problem der interspezifischen Konkurrenz anhand mathematischer Modelle, die letzten Endes alle auf die Gleichung der logistischen Kurve zurückgehen, zu behandeln, haben eher zu Mißdeutungen als zu brauchbaren Erklärungen der im Freiland zu beobachtenden Situationen geführt. Dagegen haben die in neuerer Zeit, vor allem von amerikanischen und australischen Ökologen durchgeführten Experimentaluntersuchungen das Verständnis der Konkurrenzerscheinungen wesentlich vertieft.

1. Intraspezifische Konkurrenz. ANDREWARTHA u. BIRCH (1954) kommen nach einer sehr kritischen Sichtung des gesamten vorliegenden Materials zu dem Ergebnis, daß selbst die zwischen den Individuen einer Art bestehenden Beziehungen ökologisch mit Hilfe des Konkurrenzbegriffes nicht befriedigend zu analysieren sind.

Die Larven der aasbewohnenden Fliege *Lucilia* wiegen, wenn reichliche Nahrung vorhanden ist, vor der Verpuppung maximal 60 mg. Bei geringerem Nahrungsangebot erfolgt die Verpuppung jedoch auch noch bei einem Endgewicht von nur etwa 26 mg. NICHOLSON (1950, zit. ANDREWARTHA u. BIRCH 1954) zeigte experimentell, daß die Maximalzahl an verpuppungsfähigen Larven erreicht ist, wenn 25 *Lucilia*-Weibchen ihre Eier auf 50 g Fleisch ablegen. Wird die Zahl der eierlegenden Weibchen erhöht, kommen immer weniger Larven zur Verpuppung. Schließlich, wenn 150 Weibchen ihre Eier auf 50 g Fleisch ablegen, erreicht keine der sich entwickelnden Larven mehr das zur Verpuppung erforderliche Minimalgewicht. Obwohl die Nahrung vollständig aufgefressen wird, sterben sämtliche Larven, ehe sie Nachkommen liefern.

Unter evolutionstheoretischem Aspekt ist der wichtigste Faktor in diesem Versuch tatsächlich die Intensität der Konkurrenz zwischen den Larven; denn durch sie wird das Ausmaß der Veränderungen der genetischen Konstitution in der Population bestimmt. Das ist auch der Aspekt, der mit dem Begriff der Konkurrenz seit DARWINs "The origin of species" meist verbunden wird. Aber für den Ökologen, dessen Aufgabe es ist, die Dichte der vorhandenen Population zu erklären, und nicht ihre genetische Zusammensetzung, ist es adäquater, seine Erklärung von vornherein auf den limitierenden Faktor zu basieren.

Das ist in diesem Fall die Menge der effektiven Nahrung. Sind wenige Larven in 50 g Fleisch vorhanden, so frißt zwar jede von ihnen reichlich, aber es bleibt ein Teil der Nahrung ungefressen. Dieser ineffektive Überschuß wird gewissermaßen verschwendet. Mit zunehmender Larvenzahl wird schließlich ein Punkt erreicht, an dem gerade soviel Futter vorhanden ist, daß jede Larve sich verpuppen kann. Die gesamte Futtermenge ist jetzt effektiv. Steigt die Larvenzahl weiter an, so sinkt die effektive Nahrungsmenge wieder ab, da ja nur ein Teil des Fleisches von Larven gefressen wurde, die infolge ihrer schnelleren Entwicklung oder aus anderen Gründen zur Verpuppung kamen. Das von den nicht verpuppungsfähigen Larven gefressene Fleisch wurde dagegen wieder verschwendet. Bei 150 Gelegen auf 50 g Fleisch ist schließlich überhaupt kein Futter mehr effektiv, obwohl alles Fleisch gefressen wird (ANDREWARTHA u. BIRCH 1954). — Prinzipiell die gleiche Situation liegt vor, wenn die Nahrung aus lebenden Pflanzen besteht; doch werden die Beziehungen komplexer, da die von den Pflanzen produzierte Nahrungsmenge durch die Freßtätigkeit der Tiere beeinflußt wird.

2. Interspezifische Konkurrenz. Wenn schon in diesem Fall, in dem doch sämtliche beteiligten Individuen als Angehörige einer Art die gleiche Umwelt haben, die Deutung der Befunde mit Hilfe der intraspezifischen Konkurrenz ökologisch nicht adäquat erscheint, so muß das für die interspezifische Konkurrenz, also die im Freiland normalerweise vorliegende Situation des Zusammentreffens zweier oder mehrerer Arten, noch ausgeprägter gelten. Trotz der Übereinstimmung in bezug auf den gemeinsam beanspruchten (und durch die Beanspruchung verminderten) Umweltfaktor (meist Nahrung oder Raum) dürfen wir annehmen oder können wir zumindest nicht ausschließen, daß die Umwelten der beiden „konkurrierenden" Arten im allgemeinen wenigstens in einem Faktor verschieden sind; und damit wird natürlich auch das Ergebnis des Zusammentreffens dieser beiden Arten im Experiment wie im Freiland entscheidend beeinflußt.

Die Experimente von BIRCH u. a. zeigen, daß in diesem Fall, wie zu erwarten, regelmäßig die Art überlebte, für die eine der Versuchsbedingungen (z. B. Temperatur, Feuchtigkeit, Nahrungsbeschaffenheit) dem spezifischen Optimalbereich näher kam. Die Art mit der geringeren Vermehrungsrate zeigte zwar oft zu Anfang auch eine Zunahme der Populationsdichte, nahm dann aber kontinuierlich bis zum völligen Verschwinden ab (ANDREWARTHA u. BIRCH).

Noch eindeutiger wird das Ergebnis, wenn eine der beiden Arten unter bestimmten Verhältnissen direkt in die Umwelt der anderen eingreift. Die Mortalität der Larven der Aasfliege *Lucilia sericata* ist z. B. viel größer, wenn sie ihren Lebensraum mit den Larven von *Chrysomia albiceps* statt mit der gleichen Anzahl Larven der eigenen Art teilen; bei genügend hoher Populationsdichte steigt sie auf 100% an. Zwar haben beide Arten die gleichen Nahrungsansprüche und können sich ausschließlich von Aas ernähren, aber mit zunehmender Nahrungsknappheit geht *Ch. albiceps* darüber hinaus dazu über, die *sericata*-Larven aufzufressen (ULLYETT 1950, zit. ANDREWARTHA u. BIRCH 1954).

Führen wir den Versuch dagegen mit *Lucilia sericata* und *Chrysomyia chloropyga* durch, so liegt die Situation vor, die für die Fragestellung der interspezifischen Konkurrenz ideal ist: Keine der beiden Arten greift direkt in die Umwelt der anderen ein, außer, daß beide genau die gleichen Nahrungsansprüche haben. In diesem Fall erwies sich die Mortalität von *L. sericata* bei jedem Grad der Überbevölkerung unabhängig davon, ob die Überbesiedlung durch Individuen der eigenen Art oder durch *Chr. chloropyga* hervorgerufen wurde (allerdings nur, wenn die relative Populationsdichte in Gewichtseinheiten ausgedrückt wurde; ULLYETT 1950, zit. ANDREWARTHA u. BIRCH).

Alle diese Laboratoriumsexperimente sind innerhalb ihres Geltungsbereiches interessant und aufschlußreich, und es gibt sicher auch im Freiland — z. B. in Aas und anderen kurzlebigen Lebensstätten — Situationen, auf die sie direkt übertragen werden können. Aber man darf ihren Aussagewert nicht überschätzen. Die Versuche müssen mit homogenen Medien und unter konstanten Bedingungen durchgeführt werden. Die Versuchstiere stoßen ferner mit solchen Individuendichten aufeinander, daß infolge des Crowding der gemeinsam beanspruchte Faktor Nahrung oder Raum tatsächlich zu einem Minimumfaktor wird. Das sind aber alles Gegebenheiten, die im Freiland nur außerordentlich selten verwirklicht sind.

Die meisten Arten treten in der Natur ausgesprochen selten auf. Jedes Feld und jede Wiese, mehr noch jeder natürliche Biotop, zeigt, wie wenig der verfügbaren Pflanzensubstanz von herbivoren Insekten gefressen wird. Auch unter den begünstigenden Bedingungen unserer Kulturbiotope ist es, im Vergleich zu der Gesamtzahl der Phytophagen, nur sehr wenigen Tieren gelungen, zu wirklichen Schädlingen zu werden. Selbst wenn mehrere solcher Schädlinge auf der gleichen Futterpflanze zusammentreffen, wird ihre Populationsdichte offensichtlich viel wirksamer durch die übrigen Umweltfaktoren als gerade durch die Nahrungskonkurrenz reguliert (ANDREWARTHA u. BIRCH 1954).

Das gleiche Ergebnis hatten Freiland-Experimente mit faulenden marinen Algen, in denen es regelmäßig zu natürlichen Crowdingeffekten kommt (STRENZKE 1962). Die in verschiedenen Untersuchungsjahren wiederkehrenden Abschnitte der Arthropoden-Sukzession in diesem Material stellten lediglich Kombinationen von Arten dar, die unter den gegebenen Bedingungen infolge zufälliger Überschneidungen ihrer Umwelten mehr oder weniger regelmäßig zusammentrafen. Die faunistische Zusammensetzung der Sukzessionsphasen und die Populationsdichte ihrer Komponenten spiegelt im wesentlichen die voneinander unabhängigen Reaktionen einzelner Arten auf die vom Rotteprozeß, der Jahreszeit und dem Witterungsverlauf abhängige jeweilige Konstellation der sog. dichteunabhängigen Faktoren wider. Gegenseitige Beeinflussungen von Arten gleicher Ernährungsweise ließen sich nicht nachweisen, auch wenn diese Arten in den einzelnen Untersuchungsjahren mit sehr unterschiedlicher Abundanz aufeinanderstießen.

Damit können wir abschließend feststellen, daß auch die auf die Lebenstätigkeit anderer Organismen zurückgehenden Wirkungen, soweit ihnen nicht klare unilaterale Abhängigkeitsbeziehungen zugrunde liegen, innerhalb unseres Begriffes der ökologischen Umwelt keine Sonderstellung beanspruchen können. Für den Organismus ist lediglich der ökologische Effekt des einzelnen Umweltfaktors von Bedeutung, unabhängig davon, ob dieser Faktor von uns als lebend oder unbelebt erkannt wird. Jedes Lebewesen ist als Species auf sich allein gestellt, es gedeiht oder kümmert an einem Ort oder in einer Zeit nach Maßgabe der Beschaffenheit seiner Umwelt.

E. Schluß

In der Analyse der physiologischen und ethologischen Mechanismen, die diese Umwelt bedingen, ist die wichtigste Aufgabe der Ökologie zu sehen. Da sich die Ökologie im Gegensatz etwa zur Entwicklungsphysiologie und Genetik nicht auf die Untersuchung verhältnismäßig weniger Modellbeispiele beschränken kann, stehen der Lösung dieser Aufgabe ungewöhnliche Schwierigkeiten entgegen. „Die Mannigfaltigkeit der Organismen, ihre innere Kompliziertheit, die unübersichtliche Verzweigung der Wirkung jedes Stoffes und jedes Ereignisses am Organismus, die unbegrenzbare Fülle der auf ihn einwirkenden Dinge und Umstände: all das vereint sich in jedem ökologischen Problem" (BACMEISTER 1943). Es wird dadurch verständlich, daß es der Ökologie bisher nicht gelungen ist, ihre Ergebnisse in dem Umfange begreiflich präzis zu formulieren wie das bei den enger an die exakten Naturwissenschaften angeschlossenen Gebieten der Biologie (z. B. der Genetik und der Physiologie) der Fall ist. Der Begriff der Umwelt, wie er hier im Anschluß an BACMEISTER (1943), ANDREWARTHA u. BIRCH (1954), PEUS (1954) und GÜNTHER (1950) gefaßt wurde, zwingt zu klaren Fragestellungen und macht einen kontinuierlichen Erkenntnisaufbau möglich. Wir dürfen hoffen, daß sich mit seiner Hilfe die tiefgreifenden und umfassenden Aufschlüsse, die uns die Ökologie liefern kann, eines Tages in der Form allgemeiner Gesetzmäßigkeiten darstellen lassen.

Literatur

ANDREWARTHA, H. G., and L. C. BIRCH: The distribution and abundance of animals. Chicago 1954.
BACMEISTER, A.: Beiträge zum allgemeinen ökologischen Begriffsapparat. Biol. generalis 16, 4, 476—492 (1943).
FRIEDERICHS, K.: Umwelt als Stufenbegriff und als Wirklichkeit. Studium generale 3, 70—74 (1950).
GISIN, G.: Ökologische Studien über die Collembolen des Blattkomposts. Revue suisse zool. 59, 543—578 (1952).
GÜNTHER, K.: Ökologische und funktionelle Anmerkungen zur Frage des Nahrungserwerbes bei Tiefseefischen mit einem Exkurs über die ökologischen Zonen und Nischen. Festschr. NACHTSHEIM, S. 55—93. Berlin: Peters 1950.
KINNE, O.: Über den Wert kombinierter Untersuchungen (im Biotop und im Zuchtversuch) für die ökologische Analyse. Naturwissenschaften 43, 8—9 (1956).
LINDROTH, C. H.: Die fennoskandischen Carabiden. Eine tiergeographische Studie. Göteborg. Vetensk. n. Handl. Ser. 4, Nr. 3, 1—911 (1949).
LUDWIG, W.: Die Selektionstheorie. In: HEBERER: Die Evolution der Organismen. 2. Aufl. 1954.
NEUMANN, D.: Osmotische Resistenz und Osmoregulation aquatischer Chironomidenlarven. Biol. Zbl. 80, 693—715 (1961).
— Ernährungsbiologie einer rhiphidoglossen Kiemenschnecke. Hydrobiologia 17, 133—151 (1961).
— Der Einfluß des Eisenangebotes auf die Hämoglobinsynthese und die Entwicklung der *Chironomus*-Larve. Z. Naturforsch. 16b, 820—824 (1961).
PEUS, F.: Auflösung der Begriffe „Biotop" und „Biozönose". Dtsch. Ent. Z., N. F. 4, 271—308 (1954).

STAIGER, H.: Der Chromosomendimorphismus beim Prosobranchier *Purpura lapillus* in Beziehung zur Ökologie der Art. Chromosoma (Berlin) **6**, 419—478 (1954).
STRENZKE, K.: Die Pflanzengewässer von *Scirpus silvaticus* und ihre Tierwelt. Arch. Hydrobiol. **44**, 123—170 (1950).
— Thalassobionte und thalassophile Collembola. In: GRIMPE-WAGLER-REMANE: Die Tierwelt der Nord- und Ostsee, Lfg. 36. Leipzig. 52 S. 1955.
— Die systematische und ökologische Differenzierung der Gattung *Chironomus*. Ann. Entomol. Fenn. **26**, 111—138 (1960).
— Experimentell-biozönotische Untersuchungen über die Arthropoden-Sukzession des marinen Anwurfs. Zool. Anz. Suppl. Bd. **25**, 446—455 (1962).
—, u. D. NEUMANN: Die Variabilität der abdominalen Körperanhänge aquatischer Chironomidenlarven in Abhängigkeit von der Ionenzusammensetzung des Mediums. Biol. Zbl. **79**, 199—225 (1960).
TRETZEL, E.: Intragenerische Isolation und interspezifische Konkurrenz bei Spinnen. Z. Morph. Ökol. Tiere **44**, 43—162 (1955).

Geschlechtsbestimmung bei Blütenpflanzen

Von Diethard Köhler

Botanisches Institut der Technischen Hochschule Darmstadt

Mit 2 Abbildungen

Inhaltsverzeichnis

Einleitung 98
Die Verteilung der Geschlechter 100
Beispiele genotypischer und phänotypischer Geschlechtsbestimmung 100
    Melandrium (Lychnis) 101
    Rumex acetosa 102
    Asparagus officinalis 102
    Cannabis sativa 102
        a) Die Geschlechts- und Infloresczenztypen des Hanfes 102
        b) Photoperiodisches Verhalten 103
        c) Infloresczenzbeeinflussende Faktoren 103
        d) Cytologische Befunde 104
        e) Genetik der Infloresczenz- und Geschlechtsformen 104
            1. Feminisierte Formen 104
            2. Maskulinisierte Formen 105
            3. Versuche mit polyploidem Hanf 105
        f) Physiologie der Geschlechtsausprägung 105
    Cucumis sativus 106
        a) Die Geschlechtsformen und ihre Genetik 106
        b) Physiologie der Geschlechtsausprägung 107
    Bryonia 108
    Ecballium 108
    Amaranthus spinosus 109
    Cleome spinosa 109
Der Mechanismus der Geschlechtsbestimmung 109
Literatur 112

Einleitung

Die Sexualität ist eine fundamentale Erscheinung des Lebendigen. Sie scheint schon ganz im Anfang der Entwicklung der Lebewesen „erfunden" worden zu sein und ist auch bei den höchstentwickelten systematischen Gruppen — von Ausnahmen abgesehen — noch vorhanden. Dies läßt vermuten, daß die zur geschlechtlichen Fortpflanzung befähigten Organismen einen großen Selektionsvorteil genießen. Dieser dürfte in der freien genetischen Rekombination innerhalb einer systematischen Gruppe bestehen. Selbstbefruchtung sollte demnach einen relativ negativen Auslesewert haben und möglichst verhindert werden. Ein Weg zur Vermeidung der Selbstbefruchtung ist die Verteilung der männlichen und weiblichen Geschlechtsorgane auf verschiedene Individuen. Dieser ist bei den meisten Tieren, aber nur bei verhältnismäßig wenigen höheren Pflanzenarten beschritten worden. Hier haben die Arten, deren Individuen beiderlei Geschlechtsorgane tragen, andere ebenso wirksame Mechanismen entwickelt, wie die Selbststerilität oder die zeitliche Trennung der Reife der beiden Geschlechtsorgane.

In jeder sexuell aktiven Art müssen die Anlagen für die Ausbildung beider Geschlechtsorgane (geschlechtsproduzierende Faktoren nach WESTERGAARD (4); AG-Komplex und FM-Faktoren in der Terminologie HARTMANNs; GOLDSCHMIDTs FM-Geschlechtsdeterminatoren) vorhanden sein. In den einzelnen Individuen können beide, aber auch nur das eine oder andere Geschlecht „realisiert" (CORRENS) sein, und zwar durch pflanzeneigene genetische oder plasmatische Faktoren oder auch durch Umwelteinflüsse.

Die Fortentwicklung der Organismen führte zur Ausbildung entsprechend komplizierter Geschlechtsorgane. Daß ein hochentwickeltes Organ positive genetische Veränderungen erfährt, ist sehr unwahrscheinlich. Wohl darum sind die Geschlechtsorgane innerhalb der höher organisierten Organismengruppen recht einheitlich. Die morphologische und funktionelle Ähnlichkeit läßt auf eine enge Verwandtschaft der geschlechtsproduzierenden Faktoren schließen. Die Geschlechtsorgane verschiedener Arten und Familien sollten daher durch gleiche Umweltfaktoren (im weitesten Sinn) ähnlich beeinflußbar sein. Dies ist auch der Fall, wie der zusammenfassende Bericht von HESLOP-HARRISON (2) über die Modifikation des Geschlechts bei den Blütenpflanzen zeigt. Die genetischen Mechanismen der Geschlechtsbestimmung sind dagegen außerordentlich vielfältig [s. den Bericht über die Genetik des Geschlechts bei den diözischen Blütenpflanzen von WESTERGAARD (5)]. Dies besagt jedoch nur, daß die Verteilung der geschlechtsbestimmenden Faktoren auf die Chromosomen in den verschiedenen Arten unterschiedlich ist.

Die beiden erwähnten Referate geben einen ausgezeichneten neuen Überblick über das Gebiet vom genetischen und physiologischen Standpunkt. Für eine nur kurzgefaßte Wiederholung bestünde keinerlei Bedürfnis. Berechtigung zu diesem Referat findet Verf. nur in dem Versuch, genetische und physiologische Ergebnisse zu kombinieren und eine einheitliche Vorstellung von der genotypischen und phänotypischen Geschlechtsbestimmung bei den Blütenpflanzen zu entwickeln. Dieser Versuch kann nur unter Heranziehung möglichst weit differierender Beispiele gelingen; entsprechend sind die Arten ausgewählt.

Die Verteilung der Geschlechter[1]

Die typische Blütenpflanze hat viele Blüten. Jede dieser Blüten kann entweder männliche Organe (Antheren, Staubgefäße) oder weibliche Organe (Carpelle, Fruchtblätter) oder auch beiderlei Organe enthalten. Es gibt 7 verschiedene Kombinationsmöglichkeiten der 3 Blütentypen (männliche ♂, weibliche ♀, zwittrige ☿ Blüte) in einem Individuum. Man nennt Pflanzen mit

♂	Blüten: Andrözist, Männchen	♂
♀	Blüten: Gynözist, Weibchen	♀
♂, ♀	Blüten: (Eu-) Monözist	☿
☿	Blüten: Hermaphrodit, Zwitter	☿
♂, ☿	Blüten: Andromonözist, Androhermaphrodit	
♀, ☿	Blüten: Gynomonözist, Gynohermaphrodit	
♂, ♀, ☿	Blüten: Trimonözist.	

Eine Pflanze mit überwiegend ♀ Blüten und ganz wenigen Antheren in ♂ oder ☿ Blüten ist ein Subgynözist, eine Pflanze mit überwiegend ♂ Blüten und ganz wenigen ☿ oder ♀ Blüten ein Subandrözist.

Innerhalb einer Art können ein oder mehrere verschiedene Geschlechtstypen vorkommen, die Art ist dann monözisch bis polyözisch. Die Geschlechtsorgane sind innerhalb der Blüte meist in Kreisen angeordnet. Ein oder mehrere Kreise bestehen aus Fruchtblättern, der (die) andere(n) aus Staubblättern. Eingeschlechtige Blüten leiten sich von zwittrigen durch Nichtausbildung der Kreise des einen Geschlechts ab. Nur bei einigen Arten, darunter *Cannabis*, kann nur ein Kreis besetzt werden. Treten dort innerhalb einer Blüte beiderlei Organe auf, dann kann jedes Glied des Kreises teils als Anthere, teils als Carpell ausgebildet sein. Die Organe und damit die Blüte sind intersex.

Schließlich können verschiedene Geschlechtsindividuen durch unterschiedlichen Bau der ganzen Pflanze oder der Inflorescenz ausgezeichnet sein: Geschlechtsdimorphismus bis -polymorphismus.

Beispiele genotypischer und phänotypischer Geschlechtsbestimmung

Die meisten diözischen Arten bestehen aus etwa 50% ♂ und 50% ♀. Ein konstantes 1:1-Verhältnis zweier Genotypen innerhalb einer Population von Diplonten ist dann gegeben, wenn in einem Faktor heterozygotische Individuen sich nur mit in dem gleichen Faktor homozygotischen Individuen kreuzen und keine Gonenkonkurrenz die freie Kombination der Gonen stört. Schon 1907 wurde von CORRENS bewiesen, daß eines der Geschlechter bei einer diözischen Art homozygot, das andere heterozygot ist. Das heterozygotische Geschlecht hat die genetische Konstitution

[1] vgl. CORRENS 1928.

XY, das homozygotische XX; X und Y bezeichnen die im Mikroskop erkennbar oder nicht erkennbar verschiedenen Hetero- oder Geschlechtschromosomen. Mit dieser Formel ist über die Lage der geschlechtsbestimmenden Gene auf den Chromosomen noch nichts ausgesagt; für ihre Anordnung gibt es eine Reihe von Möglichkeiten.

Melandrium (Lychnis)[1]

Das ♂ besitzt ein Heterosomenpaar XY. Das Y-Chromosom ist größer als das X-Chromosom. WESTERGAARD und WARMKE variierten den Chromosomenbestand der Individuen durch Polyploidisierung und anschließende Kreuzungen. Dabei zeigte sich, daß alle Pflanzen mit einem Y-Chromosom — und zwar nur diese — Antheren ausbildeten, also ♂, Andromonözisten oder ☿ waren, gleichgültig, ob die Pflanzen 2, 3 oder 4 Autosomensätze und 2, 3 oder 4 X-Chromosomen besaßen. Alle Pflanzen ohne Y-Chromosom waren ♀. Daraus folgt, daß das Y-Chromosom für die Ausbildung der Antheren verantwortlich ist. Alle Pflanzen, bei denen ein Y nur einem X gegenübersteht, sind ♂. Das Y unterdrückt also die ♀ Organe. Pflanzen, bei denen das Verhältnis Y:X 1:4 ist, werden ☿. Offenbar ist bei solchem Mißverhältnis der die ♀ Gene unterdrückende Faktor des Y-Chromosoms den ♀-bestimmenden Faktoren der X-Chromosomen nicht gewachsen. Bei einem Verhältnis von 1Y : 2—3X entstehen ♂ und Pflanzen mit Antheren und mehr oder weniger Fruchtblättern, letztere in Abhängigkeit von der Zahl der Autosomen. Es entstanden anstelle der ♂ um so mehr Andromonözisten und ☿, je höher die Zahl der Autosomen war. Daraus folgt, daß auch die Autosomen einen weiblichkeitsbestimmenden Einfluß ausüben. Den das weibliche Geschlecht bestimmenden Genen in X-Chromosomen und Autosomen stehen also ♂ Gene und Suppressorgene des weiblichen Geschlechts im Y-Chromosom gegenüber.

Diese Ergebnisse sind durch weitere Beobachtungen bestätigt und ergänzt worden. Es wurden nämlich auch diploide ☿ gefunden, dazu ♂, bei denen die Antheren keinen funktionstüchtigen Pollen ausbildeten. Dem Y-Chromosom der ☿ fehlte ein Abschnitt des differentiellen Teils (das ist das Ende des Y-Chromosoms, dem kein homologes Stück des X-Chromosoms entspricht). Dem Y-Chromosom der sterilen ♂ fehlte der homologe Abschnitt und ein anschließender Teil des differentiellen. Beiden Beobachtungen zufolge sind auf dem normalen Y-Chromosom folgende vier Regionen hintereinander angeordnet (beginnend mit dem distalen Ende des differentiellen Abschnitts): Suppressorgene für das ♀ Geschlecht — Gene für die Entwicklung der Antheren — Gene für die Ausbildung des Pollens — der homologe Abschnitt.

---

[1] Nach WESTERGAARD (1—4), WARMKE und BLAKESLEE, WARMKE.

Rumex acetosa[1]

In dieser Art ist die Verteilung der geschlechtsentscheidenden Gene völlig verschieden von *Melandrium*. Auch hier ist das ♂ heterozygot, doch spielt das Y-Chromosom bei der Geschlechtsausprägung keine Rolle. Das Geschlecht ist wie bei *Drosophila* (BRIDGES) allein vom Verhältnis Zahl der X-Chromosomen zu Zahl der Autosomensätze abhängig. Ist X/A = 1/2, so entsteht ein ♂, bei X/A = 1 entsteht ein ♀. Ist das Verhältnis größer als 1/2 und kleiner als 1, so entstehen bisexuelle Pflanzen, nämlich Andromonözisten und Trimonözisten. Demnach liegen die im diözischen *Rumex acetosa* das männliche Geschlecht determinierenden Gene in den Autosomen, die das ♀ Geschlecht bestimmenden Gene in den X-Chromosomen.

Asparagus officinalis

Diese diözische Art ist dimorph. Die ♂ sind für den Anbau wertvoller. Das ♂ ist heterozygot. Gelegentlich auftretende Subandrözisten können geselbstet werden (RICK und HANNA) und ergeben eine Aufspaltung in 3 ♂ : 1 ♀. Ein Drittel der ♂ waren homozygot YY und gaben bei Kreuzung mit ♀ rein männliche Nachkommenschaften (XY). Da die Subandrözie erblich ist, ist es möglich, YY homozygotische Stämme zu ziehen (SNEEP).

Cannabis sativa

WESTERGAARD (5) bezeichnet die Geschlechtsbestimmung des kultivierten Hanfes als die wahrscheinlich komplizierteste innerhalb einer diözischen Art. Dies hat verschiedene Gründe:

1. Der diözische Hanf ist dimorph. Da der Geschlechtsdimorphismus sich für den Anbauer nachteilig auswirkt, sind unter Verwendung der verhältnismäßig häufig auftretenden subdiözischen und monözischen Formen Sorten ohne Geschlechtsdimorphismus gezüchtet worden. Dieses Ziel wurde auf verschiedenen Wegen erreicht, wodurch die Zahl der Geschlechtsvarianten sich erhöhte.

2. Hanf wird in vielen Gegenden der Welt angebaut. Er ist den dortigen Umweltbedingungen angepaßt und reagiert im Versuch entsprechend unterschiedlich.

3. Die Vielfalt der Geschlechtstypen — modifikatorisch oder genetisch bedingt — führte zu einer Konfusion der Begriffe. Es ist manchmal nicht möglich zu entscheiden, welche Formen ein Autor verwendete.

4. Ein Großteil der Versuche zur Geschlechtsbestimmung wurde im Rahmen der Züchtung durchgeführt, also ohne für genetische Zwecke ausreichende Vorkehrungen gegen unerwünschte Fremdbefruchtung. Hanf ist ein Windbestäuber!

Diesen komplizierenden Faktoren zum Trotz scheint es jetzt möglich zu sein, einen von der phänologischen Seite her abschließenden Bericht über die Geschlechtsbestimmung beim Hanf zu geben.

a) Die Geschlechts- und Inflorescenztypen des Hanfes. ♂ und ♀ sind im vegetativen Zustand nicht zu unterscheiden. Dagegen ist die

---

[1] Nach ONO und YAMAMOTO.

Inflorescenz der ♂ locker, die der ♀ kompakt. Ursache dafür ist in erster Linie ein unterschiedliches Streckungswachstum der Internodien im Blütenstand. Das ♀ verlangsamt sein Wachstum nach der Blühinduktion stark, dadurch liegen die neugebildeten Knoten dicht übereinander. Jedes Blatt der Hauptachse trägt einen beblätterten Seitensproß, in dessen Blattachseln die ♀ Blüten als Sprosse 2. Ordnung angelegt werden. Die Internodien der Hauptachse des ♂ strecken sich mit gleicher Geschwindigkeit wie vor der Blühinduktion oder sogar schneller, an den obersten Knoten sind die Blätter völlig reduziert, dort werden auch keine Seitensprosse 1. Ordnung mehr ausgebildet. Die Sprosse 2. Ordnung sind ebenfalls blattlos und tragen eine bis viele ♂ Blüten. Die ♂ sterben nach Ausschüttung ihrer Pollensäcke, die ♀ erst nach Ausbildung der Samen, also einige Wochen später.

Von ♂ und ♀ leiten sich zwei Reihen ab [HOFFMANN(1)]: Feminisierte Typen: Ihre Inflorescenz ist aufgebaut wie beim ♀. In geschlechtlicher Hinsicht handelt es sich um Subgynözisten, Monözisten und ♂. Bei den subgynözischen und monözischen Formen liegen die ♂ Blüten stets an der Basis der Inflorescenz, letztere besitzen mehr als erstere.

Maskulinisierte Formen: Ihre Inflorescenz ist aufgebaut wie die der ♂. Es sind Subandrözisten, ⚥ und ♀. Die ♀ Blüten der maskulinisierten Formen liegen gewöhnlich an der Basis der Inflorescenz.

Die maskulinisierten Formen werden als *m* bezeichnet, die feminisierten als *f*. Ein *f* ♂ ist also ein ♂ mit dem Blütenstand der ♀.

b) Photoperiodisches Verhalten. Alle Hanfrassen sind mehr oder weniger ausgeprägte Kurztagpflanzen. Die nördlichsten Herkünfte sind fast tagneutral, ihre Blüte wird also im Kurztag gegenüber Langtag nicht wesentlich beschleunigt. Je südlicher die Herkünfte, desto deutlicher ist der Kurztagcharakter. Die südlichsten sind qualitative Kurztagpflanzen. Die photoperiodische Reaktion der ♂ und ♀ derselben Sorte kann verschieden sein. Im allgemeinen sind die ♂ weniger ausgeprägte Kurztagpflanzen als die ♀ (LIMBERK); dies beruht auf Faktoren, die mit den Geschlechtschromosomen gekoppelt sind. Die ♂ brauchen längere Zeit für die Ausbildung der Blüten als die ♀. Durch den früheren Blühtermin der ♂ fällt die Vollblüte der ♂ und ♀ zusammen [KÖHLER 3, 6)].

c) Inflorescenzbeeinflussende Faktoren. Pflanzen, die im Kurztag sehr früh zur Blüte kamen, kann man durch Übertragung in Langtag „verjüngen" [SCHAFFNER (3)]. ♀ strecken dann ihre Internodien und werden, sofern es sich um qualitative Kurztagpflanzen handelt, wieder vegetativ. Quantitative Kurztagpflanzen unterbrechen ihre Blüte bei der Verjüngung nicht. Die Inflorescenz der ♀ nimmt bei der Verjüngung eine aufgelockerte Form an, die derjenigen der ♂ gleicht [KÖHLER (2)]. Solche verjüngten ♀ sind identisch mit der „Wuchsmutante locker" VON SENGBUSCHs (1); ihre Inflorescenz ist also eine Phänokopie der männlichen Inflorescenz. Ganz ähnlich wie diese lockeren oder verjüngten Pflanzen sehen ♀ aus, die während der Blühinduktion mit Gibberellinsäure behandelt wurden (HESLOP-HARRISON und HESLOP-HARRISON). Das Geschlecht der Pflanzen wird durch Gibberellinsäure nicht verändert. ƒ ♂ strecken sich nach Gibberellingabe ebenfalls und sind dann von normalen ♂ nicht zu unterscheiden (KÖHLER, unveröffentlicht). Es scheint so, als ob der Geschlechtsdimorphismus durch unterschiedliche Gibberellinaktivität bedingt wird. Extrakte aus jungen Inflorescenzen von ♀ und ƒ ♂ enthalten größere Mengen eines Gibberellinantagonisten als Extrakte aus gleichalten Inflorescenzen normaler ♂ (KÖHLER und LANG).

d) Cytologische Befunde. Im diözischen Hanf sind manchmal Heterochromosomen gefunden worden, manchmal nicht. Wenn sie gefunden wurden, dann stets beim ♂ [HIRATA (2), MACKEY, YAMADA]. Daß das ♂ das heterozygote Geschlecht ist, stimmt mit den genetischen Befunden überein. Maskulinisierte Formen sollen nach HOFFMANN (3) z. T. XY- z. T. YY-Typen sein. Diese Befunde bedürfen der Nachprüfung. HERICH fand, daß die Nucleoli der jungen Pollenkörner der ♂ zwei verschiedenen Größenklassen angehören, die der ƒ ♀ nur der größeren Klasse. Der Pollen mit dem Y-Chromosom hat demnach einen kleineren Nucleolus als der mit dem X-Chromosom.

e) Genetik der Inflorescenz- und Geschlechtsformen.

1. Feminisierte Formen. Ein Subgynözist ergab nach Selbstung unter anderen auch ƒ ♂. Kreuzung von solchen Subgynözisten mit in dem betreffenden Faktor heterozygoten normalen ♂ ergab eine Aufspaltung von 2 normalen ♂ : 1 ƒ ♂ : 1 (♀ und Subgynözisten) [KÖHLER (5)]. Formal läßt sich dies Ergebnis so beschreiben:

$$XX_m \times YX_m = XY + X_mY + X_mX_m + XX_m$$

Die heterozygoten Subgynözisten und ♀ ergeben mit ƒ ♂ gekreuzt stets beide Eltern im Verhältnis 1:1 ($XX_m \times X_mX_m = XX_m + X_mX_m$). Durch Abwandlung des X-Chromosoms ist also eine feminisierte diözische Rasse mit Homozygotie des ♂ entstanden. Geschlecht und Inflorescenz, die im normalen diözischen Hanf miteinander gekoppelt sind, können also unabhängig voneinander sein. Beim Geschlechtsdimorphismus handelt es sich demnach nicht um sekundäre Geschlechtsmerkmale.

Aus Kreuzung von anderen Subgynözisten und Weibchen bzw. Selbstung von Subgynözisten entstehen Subgynözisten und ♀ [HIRATA (1), BORTHWICK und SCULLY u. a.]. Dies besagt, daß die ♀ und Subgynözisten wenigstens in bezug auf den Inflorescenzbau homozygotisch sind. Inzucht der Subgynözisten führte zu ƒ ♀ mit etwa gleichem Anteil ♂ und ♀ Blüten [NEUER und v. SENGBUSCH, HOFFMANN (1, 2)].

Die Kreuzung der f♀ mit normalen ♂ ergibt ein Verhältnis von 1 ♂ zu 1 ♀ (anstelle einiger ♀ können auch Subgynözisten auftreten). Die F_2 spaltet in 1 ♂ : 1 feminisierte Formen und ♀ mit großer Variabilität des Anteils ♂ Blüten. Aus der Analyse der Verteilung der f♀ und ♀ folgt, daß der f♀ sich durch 2 autosomale Gene von den ♀ unterscheidet, also die unveränderten X-Chromosomen der ♀ besitzt [KÖHLER (1)]. Faktoren für das männliche Geschlecht können also in den Autosomen liegen.

2. *Maskulinisierte Formen.* Diese Formen treten verhältnismäßig selten spontan auf. Bisher ist es nicht gelungen, sie rein zu züchten. Sie spalten stets f-Formen ab [HOFFMANN (2, 3)]. Wenn man annimmt, daß die maskulinisierten Formen die Konfiguration XY haben, wobei die Abschwächung der männlichen oder die Verstärkung der weiblichen Gene autosomal oder heterochromosomal bedingt sein kann, dann ist die einfachste Erklärung für dies Phänomen, daß die YY-Zygoten nicht vital sind oder gar nicht zustande kommen [v. SENGBUSCH (2), p. 35].

Auch der Versuch, durch Selbstung geschlechtlich modifizierter XY Pflanzen (genetisch ♂) reinerbige ♂ zu erhalten, schlug fehl [KÖHLER (4)]. Dies könnte ebenfalls durch Ausfall der YY Zygoten erklärt werden.

3. *Versuche mit polyploidem Hanf.* Kreuzt man tetraploide Pflanzen untereinander, so stellt sich ein sehr hoher ♀ Überschuß (etwa 8 ♀ : 1 ♂) ein (WARMKE und DAVIDSON, NISHIYAMA et al.). Daraus folgt, daß das Y-Chromosom entweder einen sehr schwachen männlichkeitsbestimmenden Einfluß hat, oder daß es sogar genetisch „leer" ist (wie bei *Rumex acetosa*). Im letzteren Fall wären die Autosomen Träger der ♂ Gene und des Maskulinisierungsfaktors. Dafür sprechen auch die schon erwähnten Tatsachen, daß die ♂ Gene der f♀ in den Autosomen liegen, daß f♂ aus ♀ durch Veränderung der X-Chromosomen hervorgehen, sowie die Möglichkeit der Mutation eines ♀ zum ♂ (v. SENGBUSCH (1)], die am einfachsten durch Verlust eines X-Chromosoms zu erklären ist. Wenn das Y-Chromosom genetisch leer ist, dann wird auch der Ausfall der YY-Zygoten durch das Fehlen vitaler Gene des X-Chromosoms verständlich.

Die wahrscheinlichsten genetischen Zusammenhänge zwischen den verschiedenen Geschlechts- und Inflorescenztypen stellen sich demnach so dar: Geschlecht und Inflorescenz sind durch das Verhältnis X/A gegeben. Ist es 1/2, so entsteht ein ♂, ist es $\geq$ 3/4 entsteht ein ♀. Durch Verstärkung der autosomalen Gene entsteht aus dem ♀ ein f♀, durch Abschwächung der ♀ Gene des X-Chromosoms ein f♂. Ob die maskulinisierten Formen durch entgegengesetzte Prozesse aus ♂ entstanden sind, läßt sich noch nicht entscheiden.

f) Physiologie der Geschlechtsausprägung. ♂ und f ♀ sind durch die Beleuchtungsverhältnisse geschlechtlich sehr leicht zu modifizieren. Zieht man diözische Rassen im extremen Kurztag bei niedriger Lichtintensität an, so entstehen nur ♀ [TOURNOIS, SCHAFFNER (1, 2, 4)].

Das gleiche gilt für monözische Rassen (Huhnke et al.). Ihrem Kurztagcharakter entsprechend blühen die Pflanzen im Kurztag sehr früh, d. h. als sehr kleine Pflanzen. Gibt man *f* ⚥ vor dem induktiven Kurztag eine Langtagbehandlung, so bilden sie um so mehr männliche Blüten aus, je höher die Lichtintensität und die Dauer der Langtagperiode ist. Es besteht eine sehr enge Korrelation zwischen der unter den verschiedenen Beleuchtungsverhältnissen gebildeten Gesamtblattfläche und der Zahl der ♂ Blüten [Köhler (4)]. ♂ können durch Behandlung mit Wuchsstoff (Auxin) zur Ausbildung ♀ und intersexer Blüten veranlaßt werden (Heslop-Harrison (1)]. Daß auch der pflanzeneigene Wuchsstoff für die Ausbildung der ♀ Blüten verantwortlich ist, versuchten Conrad und Mothes durch Wuchsstofftests zu beweisen. Sie extrahierten blühende ♂ und ♀ und fanden überraschend hohe Differenzen. Die ♂ hatten viel weniger aktive Substanz als die ♀. Diese Ergebnisse sind aber genauso gut durch den Geschlechtsdimorphismus und vor allem durch die unterschiedlich schnelle Alterung der beiden Geschlechter zu erklären.

Cucumis sativus

a) Die Geschlechtsformen und ihre Genetik. Bei den Gurken gibt es eine Reihe von genetisch unterschiedenen Geschlechtsformen: Den ⚥, bei dem an den ersten Knoten ♂ Blüten gebildet werden, worauf eine gemischte Region mit ♂ und ♀ Blüten folgt; das ♀ (ganz ohne ♂ Organe); einen intermediären Typ, der mit der gemischtgeschlechtigen Region anfängt, auf die eine Region mit ♀ Blüten folgt. Die Kreuzung zwischen ♀ und ⚥ gibt in der F_1 den intermediären Typ; die F_2 spaltet im Verhältnis 1 ⚥ : 2 intermediäre : 1 ♀. Für die Ausbildung der drei Typen ist also ein intermediäres Gen verantwortlich; der ⚥ ist $st^+ st^+$, das ♀ *st st*. Das st^+-Allel erhöht die männliche Tendenz. Alle drei Typen können von einem hypothetischen abgeleitet gedacht werden, der zunächst ♂, dann ♂ und ♀ und schließlich nur ♀ Blüten ausbildet [Galun (4)]. Ein weiteres Gen verwandelt den ⚥ in einen Androhermaphroditen, er hat statt der ♂ ☿ Blüten (Rosa). Das Allel *M* für ♀ Blüten ist dominant über *m* (☿ Blüten). *m* erhöht also ebenfalls die männliche Tendenz. Dies äußert sich auch darin, daß bei den Androhermaphroditen eine längere ♂ Phase vor die Phase mit ♀ Organen eingeschaltet ist als bei den ⚥ [Galun (4)]. Die Knotennummer, an dem die erste ♀ oder ☿ Blüte auftritt, ist ein gutes Merkmal für die geschlechtliche Tendenz. Monözische Stämme wurden auf frühes oder spätes Auftreten der ersten ♀ Blüte selektioniert. Es entstanden Stämme mit einer konstanten Differenz dieses Merkmales. Aus der Nachkommenschaftsverteilung in der F_2 wurde nach der Matherschen Formel die Beteiligung von 5–20 Polygenen errechnet [Galun (4)]; die Werte sind aber ebensogut mit der Hypothese vereinbar, daß die Unterschiede auf einem Hauptgen und einem in seiner Tendenz entgegengesetzten Modifikatorgen beruhen.

b) Physiologie der Geschlechtsausprägung. Zwischen ⚥ und ♀ besteht keine Differenz im vegetativen Bau. Dies kann bedeuten, daß vegetative und generative Organe stofflich unabhängig voneinander sind, oder daß die beiden Genotypen auf gleiche Einflüsse der vegetativen Organe unterschiedlich reagieren. In einer Reihe von Arbeiten zeigten GALUN und ATSMON, daß die zweite Alternative zutrifft.

Entfernt man beim ⚥ die jungen Blätter, so verzögert sich die erste ♀ Blüte, die männliche Tendenz wird also verstärkt. Ersetzt man die jungen Blätter durch Wuchsstoff (Naphthylessigsäure), dann wird die ♂ Tendenz wieder abgeschwächt, und die erste ♀ Blüte tritt sogar früher auf als bei den unbeschädigten Kontrollen [GALUN (2)]. Den verweiblichenden Einfluß von Wuchsstoff hatten schon früher LAIBACH und KRIBBEN nachgewiesen. Die Entfernung der jeweils ausgewachsenen Blätter scheint die ♀ Tendenz zu verstärken. Chromatogramme von Extrakten junger Blätter aus ⚥ und ♀ ergaben im *Avena*test deutlich wachstumsfördernde Zonen, während Extrakte ausgewachsener Blätter, besonders der ⚥, im Weizenkoleoptiltest wachstumshemmende Substanzen enthielten. Aus diesen Versuchen wäre zu schließen, daß die zunächst bisexuellen Blütenanlagen [ATSMON und GALUN (1)] durch auxinähnliche Substanzen aus den jungen Blättern zur Entwicklung der ♀ Organe angeregt werden, von den älteren Blättern aber zur Entwicklung ♂ Organe.

Ein wesentlicher Unterschied zwischen ⚥ und ♀ besteht darin, daß in den Achseln der Blätter gleicher Entwicklungsstufe die Blüten der ♀ weiter ausgebildet sind als die Blüten der ⚥ (GALUN und ATSMON). Andererseits rücken bei beiden Typen mit zunehmendem Alter gleiche Entwicklungsstadien der Blüten immer näher zur Sproßspitze hin [ATSMON und GALUN (2)]. Aus beidem folgt, daß die Blüte um so mehr zur Ausbildung der Carpelle neigt, je näher die Blüte im geschlechtsentscheidenden Stadium der Sproßspitze und damit den jüngsten Blättern ist.

Durch Variation der Außenbedingungen kann man das Auftreten der ersten ♀ Blüte bei ⚥ verschieben (NITSCH, KURTZ, LIVERMANN und WENT). Im Langtag mit warmen Nächten hat der ⚥ eine längere ♂ Phase als im Kurztag mit kalten Nächten. Im ersten Fall liegen gleichjunge Blüten wiederum weiter von den jungen Blättern entfernt als im zweiten [ATSMON und GALUN (2)]. Behandlung der jüngsten entfalteten Blätter mit Gibberellinsäure erhöht die männliche Tendenz. Gleichzeitige Behandlung mit Naphthylessigsäure hebt die Gibberellinwirkung mindestens auf. Gibberellinsäure fördert das Wachstum der ersten Internodien, hemmt aber das der späteren, und zwar um so mehr, je länger die Behandlung andauert. Im Gegensatz dazu wird die ♂ Phase um so weiter ausgedehnt, je länger die Gibberellinbehandlung fortgesetzt wird [GALUN (1, 3)].

GALUN, JUNG und LANG nahmen junge Blütenanlagen von ♀ in Kultur, und zwar aus der Region der Pflanze, in der ♂ Blüten entstehen würden. Diese Blüten entwickelten bei einer bestimmten Auxinkonzentration nicht, wie erwartet, Antheren, sondern Fruchtknoten. Gleichzeitige Gibberellingabe hob die Auxinwirkung auf. Besonders erwähnenswert erscheint an diesem Versuch, daß durch Auxin nicht zusätzlich zu den Antheren Fruchtknoten ausgebildet wurden, sondern daß mit der Ausbildung des Fruchtknotens gleichzeitig die vorhandenen Antherenanlagen gehemmt wurden. Es wäre interessant zu wissen, wie sich die entsprechenden Blüten von Andromonözisten unter gleichen Bedingungen verhalten.

Die Versuche mit Gurken zeigen, daß phaenotypische und genotypische Geschlechtsbestimmung bei ihnen dem gleichen Prinzip folgen. Entscheidend ist das Verhältnis der Entwicklungsstadien der Blütenanlagen und der in ihrer Nähe befindlichen Blätter. Vom Alter, der Umwelt oder dem Genotyp abhängige Verschiebung dieses Verhältnisses bewirkt die Veränderung der geschlechtlichen Tendenz. Wie es zu dieser Verschiebung kommt, ist noch nicht klar. Unklar ist auch noch die Wirkungsweise des Gibberellins. Man kann es sicher nicht in Beziehung setzen zu dem aus älteren Blättern extrahierbaren wachstumshemmenden Prinzip. Vielleicht ersetzt oder imitiert es den Langtageinfluß, der ja bei Gurken die männliche Tendenz verstärkt. Wo Langtag die weibliche Tendenz fördert, wie bei *Ricinus*, wirkt Gibberellin nämlich verweiblichend (SHIFRISS).

Bryonia

CORRENS kreuzte *B. dioica* ♀ × *B. alba* ♂ und erhielt eine einförmig weibliche Nachkommenschaft. Verwendete er das *dioica* ♂ als Vater und *alba* ♀ als Mutter, so spaltete die Nachkommenschaft hälftig in ♂ und ♀ auf. Dies war der erste Beweis, daß das eine Geschlecht einer diözischen Art (hier das männliche) heterogametisch, das andere homogametisch ist. Das Ergebnis wird nur verständlich unter der Annahme, daß Diözie dominant oder epistatisch über Monözie ist.

Von weiteren *Bryonia*-Kreuzungen soll hier nur die zwischen *dioica* ♀ und *multiflora* ♂ erwähnt werden. Sie ergibt nur ♀ (HEILBRONN).

Ecballium

Die Gattung gehört wie *Bryonia* zu den Cucurbitaceen. Von GALAN wurden eine diözische und eine monözische Rasse des *E. elaterium* gekreuzt. ♀ × ♂ gibt 50% ♂ und 50% ♀; ♀ × ♀ gibt 100% ♀. Aus weiteren

Kreuzungen schließt GALAN, daß alle drei Formen durch eine Allelenserie bedingt sind. In der Reihenfolge $a^d a^+ a^D$ ist das rechtsstehende Allel über die linksstehenden dominant. ♂ hätten dann die Formel $a^D a^+$ oder $a^D a^d$, ⚥ wären $a^+ a^+$ oder $a^+ a^d$, und die ♀ $a^d a^d$. WESTERGAARD (5) bezweifelt aufgrund seiner Erfahrungen an *Melandrium*, daß die entscheidenden Faktoren tatsächlich Allele sind, und erklärt das Ergebnis durch ein System von geschlechtsbestimmenden und Geschlechtssuppressorgenen.

Amaranthus spinosus[1]

Ein sehr interessantes Ergebnis hatte die Kreuzung dieser Art mit der diözischen *Acnida tamariscina* und anderen diözischen Arten. Gleichgültig ob *A. spinosus* als Vater oder Mutter fungiert, sind die Nachkommen zum überwiegenden Teil männlich, nur wenige werden ♀. Kreuzungen zwischen anderen Amaranthaceenarten ergaben die von den Kreuzungen zwischen *Bryonia alba* und *dioica* bekannten Spaltungen.

Cleome spinosa

Diese Capparidacee legt an der Hauptachse aufeinanderfolgend Regionen mit ♀, ⚥, ♂, ⚥, ♀, ⚥, ♂ usw. Blüten an. Mit der Reduktion der Antheren geht also eine bessere Ausbildung des Fruchtknotens einher und umgekehrt (STOUT). Durch Entfernen der jungen, sich entwickelnden Früchte wird die darüber erwartete ♂ Phase unterdrückt (MURNEEK). Die Entwicklung der Früchte ermöglicht also die Ausbildung von Antheren und hemmt die Ausbildung neuer Fruchtknoten. Da die heranwachsende Frucht einen hohen Auxinbedarf hat, liegt die Vermutung nahe, daß die darüber angelegten Blüten weniger Auxin erhalten und daher zur Ausbildung der Antheren veranlaßt werden.

Der Mechanismus der Geschlechtsbestimmung

Es soll nun der Versuch gemacht werden, das Gemeinsame an den beschriebenen, so weit differierenden Beispielen zu erkennen, um eine allgemeine Vorstellung über den Mechanismus der Geschlechtsbestimmung bei den Blütenpflanzen zu entwickeln. Die Betrachtung soll von den Verhältnissen bei *Cleome* ausgehen.

Die ♀ Blüte von *Cleome* entsteht dadurch, daß die Glieder des Fruchtknotens gegenüber der zwittrigen Blüte vergrößert, die Antheren aber reduziert werden. Die männlichen Blüten entstehen auf die entgegengesetzte Weise. Rein formal kann man das darstellen wie in Abb. 1 (oberer Teil). Die beiden Kurven könnte man als unvollständige, sich überlappende Optimumkurven (s. die gestrichelte Fortsetzung der

---
[1] Nach MURRAY.

Kurven) deuten. Nun bedarf es zur Ausbildung eines Fruchtblattes und einer Anthere sicher verschiedener Prozesse. Man kann annehmen, daß den beiden Kurven die Aktivitäten je eines geschwindigkeitsbegrenzenden Enzyms aus der männlichen und weiblichen Reaktionskette zugrunde liegen. Man kann weiter annehmen, daß der Geschlechtsabszisse die Konzentration eines Stoffes A entspricht, welche die Aktivität der beiden Enzyme bestimmt. Das Hin- und Herpendeln des Geschlechts zwischen den Extremen – weibliche und männliche Blüte – in der Inflorescenz kann man durch Einführung einer Altersordinate (Knotennummer) beschreiben. Man erhält dann die Kurve 1 im unteren Teil der Abb. 1. Diese Normalkurve verläuft von der ♀ Phase in die ♂, da die aus den ♀ Blüten hervorgehenden Früchte Stoff A verbrauchen und damit seine Konzentration an dem Ort, wo die neuen Blüten gebildet werden, herunterdrücken. Wenn männliche Blüten gebildet werden, so sammelt sich A wieder an und als Folge entstehen ♀ Blüten. Werden die alten weiblichen Blüten entfernt, so fehlen auch die Verbraucher von A; die Kurve 2 hält sich solange im ♀ Bereich, bis wieder Früchten Gelegenheit zur Entwicklung gegeben wird.

Bei den monözischen Gurken fehlen die geschlechtlichen Übergänge, dort überlappen sich die Aktivitätsbereiche der beiden Enzyme offenbar nicht (Abb. 2); mit anderen Worten: das Aktivitätsmaximum des „männlichen Enzyms" fällt mit dem Minimum des weiblichen zusammen. Dies wäre auch aus dem Umschlagen des Geschlechts der Blüten in Organkultur (keine Zwitterblüten!) zu folgern. Die Altersabhängigkeit des Geschlechts der ⚥ ist in Abb. 2 durch eine Gerade dargestellt. Sie zeigt einen Anstieg von der ♂ zur ♀ Phase. Die entsprechende Gerade der ♀ beginnt sofort im Bereich rechts der kritischen Konzentration von A. Die Gerade des intermediären Typs läge zwischen diesen beiden Geraden. Bei *Cucumis* ist A offenbar gleich Auxin. Der Unterschied zwischen ⚥ und ♀ ist durch den Abstand der determinationsbereiten Blütenanlage von den Orten der Auxinproduktion gegeben. Der Andromonözist wäre durch eine Gerade, die der des Monözisten entspricht, in Abb. 1 darzustellen.

Die Abb. 2 kann auch zur Erläuterung dienen, wie aus einem ⚥ durch Mutation desselben Gens in zwei Richtungen ein ♀ und ein ♂ entstehen kann (*Ecballium*). Man braucht nur anzunehmen, daß durch die Mutationen die Konzentration von A erhöht oder erniedrigt wird. Eine Pflanze, deren Konzentration an A nie über die kritische hinausgeht, wird ein ♂; wenn *A* stets über der kritischen Konzentration bleibt, entsteht ein ♀. Die Entstehung einer diözischen Rasse aus einer hermaphroditen kann in entsprechender Weise an Abb. 1 demonstriert werden.

Bei *Melandrium* bilden nur Pflanzen mit dem Y-Chromosom Antheren aus. Ihre Blüten werden also in einem Konzentrationsbereich von A angelegt, wo dies nach Abb. 1 noch möglich ist. Der Suppressor des ♀ Geschlechts braucht nur dafür zu sorgen, daß die Konzentration von A niedriger ist als die Minimalkonzentration für die Ausbildung der Fruchtblätter. Die Suppressoren des weiblichen Geschlechts und die das männliche Geschlecht determinierenden Gene wirken also in gleicher Weise und additiv. Die Gene der X-Chromosomen wirken entgegengesetzt. Ist ihr Übergewicht gegen Y sehr groß, so erhöht sich die Konzentration von A über die minimale Konzentration zur Ausbildung der Fruchtblätter, es entstehen zwittrige Blüten.

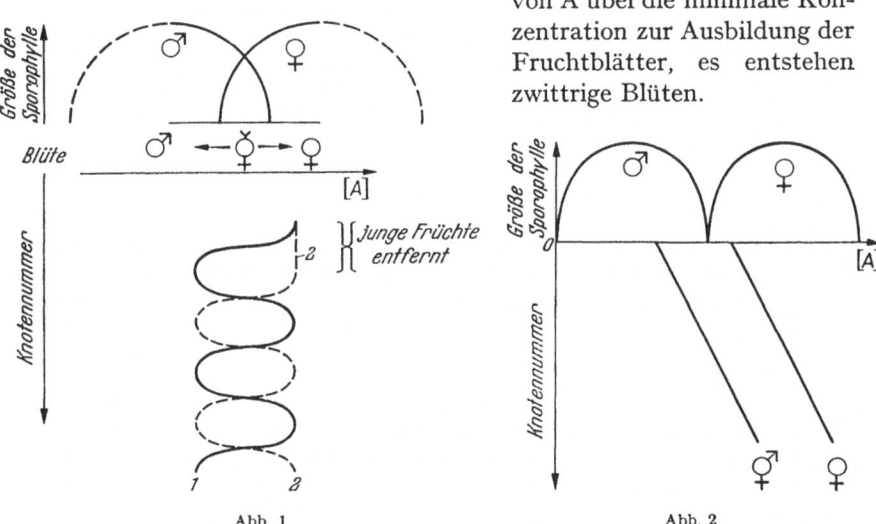

Abb. 1 und 2. Die Abhängigkeit des Wachstums der Sporophylle beider Geschlechter (obere Ordinaten) von der Konzentration der geschlechtsbestimmenden Substanz A (Abszissen) bei einer trimonözischen Pflanze (Abb. 1) oder einer eumonözischen bzw. gynözischen Pflanze (Abb. 2) und die Veränderung der Konzentration von A im Laufe der Ontogenese, d. h. an aufeinanderfolgenden Knoten (untere Ordinaten)

Das *Rumex*-Beispiel ist entsprechend noch einfacher zu erklären. Das Ergebnis der Kreuzungen monözischer oder zwittriger Arten mit diözischen hängt allein davon ab, wieweit die beteiligten Faktoren die Blüten in den weibliche oder männliche Organe ermöglichenden Konzentrationsbereichen verschieben können. Die Mutation eines Monözisten zum Andromonözisten kann man sich durch eine Erweiterung des männlichen Aktivitätsbereiches in den weiblichen oder umgekehrt vorstellen, also im Sinne der Veränderung des Schemas 2 zu Schema 1. Es kann also sowohl die Reaktion auf eine bestimmte Konzentration von A als auch die Konzentration von A selbst genetisch und physiologisch verändert werden.

Die beiden Schemata lassen sich also auf alle besprochenen Fälle phaenotypischer und genotypischer Geschlechtsbestimmung anwenden. Der entwickelten Vorstellung liegen nur zwei Annahmen zugrunde:

1. Daß die Reaktionsketten zur Ausbildung der Antheren und Carpelle unterschiedliche Optima gegenüber einer einzigen geschlechts- „realisierenden" Substanz A haben können, und

2. daß die Konzentration von A in den determinationsbereiten Meristemen durch Außenbedingungen und genetische Faktoren verändert werden kann — entweder direkt oder durch Entfernung der Blütenanlagen von den den Stoff A bildenden Orten.

Es spricht bisher nichts dagegen, daß Auxin die Rolle des Stoffes A bei allen Pflanzen übernimmt. Es ist selbstverständlich, daß auch andere Substanzen — etwa auf dem Wege der Beeinflussung der Substratkonzentrationen in den weiblichen und männlichen Reaktionsketten — modifizierend einwirken können.

Man kann die Faktoren, die die Quantität von A an den Meristemen bestimmen, im Sinne von CORRENS und HARTMANN als Geschlechtsrealisatoren bezeichnen. Andererseits kann man eine genetische Veränderung der Aktivität nur einer der beiden geschlechtsausbildenden Reaktionsketten bei gegebener Menge von A als eine Veränderung der (Un-)Balance zwischen männlichen und weiblichen Geschlechtsdeterminatoren im Sinne GOLDSCHMIDTS ansprechen. Ein weiterer Vergleich der Theorien der Geschlechtsbestimmung der genannten Autoren mit den hier entwickelten Vorstellungen würde den Rahmen des Referats sprengen. Worauf es dem Verfasser ankam, war, zu zeigen, daß man geno- und phaenotypische Geschlechtsbestimmung einheitlich betrachten kann. Die vorgelegte Betrachtungsweise ist eine Erweiterung der von HESLOP-HARRISON (2) zur Erklärung der phaenotypischen Geschlechtsbestimmung bei den Blütenpflanzen aufgestellten Hypothese.

Literatur

ATSMON, D., and E. GALUN: (1) A morphogenetic study of staminate, pistillate, and hermaphrodite flowers in Cucumis sativus L. Phytomorphology 10, 110—115 (1960).

— — (2) Physiology of sex in Cucumis sativa L. Leaf age patterns and sexual differentiation of floral buds. Ann. Botany (London) 102, 137—146 (1962).

BORTHWICK, H. A., and N. J. SCULLY: Photoperiodic responses of hemp. Botan. Gaz. 116, 14—29 (1954).

BRIDGES, C. B.: Cytological and genetical basis of sex. In: ALLEN, E. et al.: Sex and internal secretion. 2nd. ed. 15—63. Wood. Baltimore, Maryland 1939.

CONRAD, K.: Über geschlechtsgebundene Unterschiede im Wuchsstoffgehalt männlicher und weiblicher Hanfpflanzen. Flora 152, 68—73 (1962).

—, u. K. MOTHES: Über geschlechtsgebundene Unterschiede im Auxingehalt diözischer Hanfpflanzen. Naturwissenschaften 48, 26—27 (1961).

CORRENS, C.: Bestimmung, Vererbung und Verteilung des Geschlechts bei den höheren Pflanzen. Handb. d. Vererbungswiss. IIc (1928).

GALAN, F.: Genetica y fenogenetica del sexo en Ecballium elaterium. Atti 9. Congr. internaz. genet. Bellagio, 942—944 (1954).
— Analyse génétique de la monoecie et de la dioecie zygotiques et de leur différence dans Ecballium elaterium. Acta Salamanticensa Ciencias: Sect. Biol. 1, 8—15 (1951).
GALUN, E.: (1) Effects of gibberellic acid and naphthalene-acetic acid on sex expression and some morphological characters in the cucumber plant. Phyton 13, 1—8 (1959).
— (2) The role of auxin in the sex expression of the cucumber. Physiol. Plantarum 12, 48—61 (1959).
— (3) Gibberellic acid as a tool for the estimation of the time intervall between physiological and morphological bisexuality of cucumber floral buds. Phyton 16, 57—62 (1961).
— (4) Study of the inheritance of sex expression in the cucumber. The interaction of major genes with modifying genetic and non-genetic factors. Genetica 32, 134—163 (1961).
—, and D. ATSMON: The leaf-floral bud relationship of genetic sexual types in the cucumber plant. Bull. Research Council Israel Sect. B. Bot. 9D, 43—50 (1960).
—, Y. JUNG and A. LANG: Culture and sex modification of male cucumber buds in vitro. Nature (London) 194, 596—598 (1962).
GOLDSCHMIDT, R. B.: Theoretical genetics. Berkeley and Los Angeles: Univ. Calif. Press 1955.
HARTMANN, M.: Die Sexualität. 2. Aufl. Stuttgart: Fischer 1956.
HEILBRONN, A.: Über die Rolle des Plasmas bei der Geschlechtsbestimmung der Bryonien. Rev. Fac. Sci. Univ. Istambul Ser. B 18, 205—206 (1953).
HERICH, R.: Nucleole and sex differentiation. Caryologia 14, 375—381 (1961).
HESLOP-HARRISON, J.: (1) Auxin and sexuality in Cannabis sativa. Physiol. Plantarum 9, 588—597 (1956).
— (2) The experimental modification of sex expression in flowering plants. Biol. Rev. 32, 38—90 (1957).
—, and Y. HESLOP-HARRISON: Studies on flowering-plant growth and organogenesis. IV. Effects of gibberellic acid on flowering and the secondary sexual difference in stature in Cannabis sativa. Proc. Roy. Irish Acad. 61, 219—231 (1961).
HIRATA, K.: (1) Sex determination in hemp (Cannabis sativa L.) J. Genet. 19, 65—79 (1927).
— (2) Cytological basis of the sex determination in Cannabis sativa. Jap. J. Genet. 4, 198—201 (1929).
HOFFMANN, W.: (1) Gleichzeitig reifender Hanf. Züchter 13, 277—283 (1941).
— (2) Die Vererbung der Geschlechtsformen des Hanfes (Cannabis sativa L.). I. Züchter 17/18, 257—277 (1947).
— (3) Die Vererbung der Geschlechtsformen des Hanfes. II. Züchter 22, 147—158 (1952).
HUHNKE, W., C. JORDAN, H. NEUER und R. v. SENGBUSCH: Grundlagen für die Züchtung eines monözischen Hanfes. Z. Pflanzenzücht. 29, 55—75 (1951).
KÖHLER, D.: (1) Zur Vererbung der Monözie beim Hanf. Z. Vererbungsl. 89, 437 bis 447 (1958).
— (2) Die Entwicklung von Cannabis sativa unter dem Einfluß verschiedener Tageslängen. Physiol. Plantarum 11, 249—259 (1958).
— (3) Die Vererbung des Blühtermins bei Cannabis sativa. Z. Pflanzenzücht. 42, 339—355 (1960).
— (4) Ein Beitrag zur Physiologie und Genetik der Geschlechtsausprägung von Cannabis sativa. Planta 56, 150—173 (1961).

KÖHLER, D.: (5) Homozygous males in hemp. Nature (London) **195**, 625—626) (1962).
— (6) Langtag und Blühinduktion bei Cannabis sativa. Naturwissenschaften **50**, 158 (1963).
—, and A. LANG: Evidence for substances in higher plants interferring with the response of dwarf peas to gibberellin. Plant Physiol. **38**, 555—560 (1963).
LAIBACH, F., u. F. J. KRIBBEN: Der Einfluß von Wuchsstoff auf die Bildung männlicher und weiblicher Blüten bei einer monözischen Pflanze (Cucumis sativus L.). Ber. dtsch. bot. Ges. **62**, 53—55 (1949).
LIMBERK, J.: The influence of photoperiodicity on the sexual index in hemp (Cannabis sativa L.). Biol. plant (Prag) **1**, 176—186 (1959).
MACKAY, E. L.: Sex chromosomes of Cannabis sativa. Am. J. Botany **26**, 707—708 (1939).
MURNEEK, A. E.: Physiology of reproduction in horticultural plants II. The physiological basis of intermittent sterility with special reference to the spider flower. Miss. Agr. Exp. Sta. Bull. **106**, 1—37 (1927).
MURRAY, M. J.: The genetics of sex determination in the family Amaranthaceae. Genetics **25**, 409—431 (1940).
NEUER, H., u. R. v. SENGBUSCH: Die Geschlechtsvererbung bei Hanf und die Züchtung eines monözischen Hanfes. Züchter **15**, 49—62 (1943).
NITSCH, J. P., E. B. KURTZ jr., J. L. LIVERMANN and F. W. WENT: The development of sex expression in cucurbit flowers. Am J. Botany **39**, 32—43 (1952).
NISHIYAMA, I., I. YAMADA and M. MEZAKI: Studies on artificial polyploid plants. XI. Changes of the sex ratio in the progeny of the autotetraploid hemp. Rept. Kihara Inst. Biol. Research **3**, 144—150 (1947).
ONO, T.: Chromosomen und Sexualität von Rumex acetosa. Sci. Repts. Tohoku Univ. 4. Ser. Biol. **10**, 41—210 (1935).
RICK, L. M., and G. L. HANNA: Determination of sex in Asparagus officinalis. Am. J. Botany **30**, 711—714 (1943).
ROSA, J. T.: The inheritance of flower types in Cumumis and Citrullus. Hilgardia **3**, 235—250 (1928).
SCHAFFNER, J. H.: (1) The influence of relative length of daylight on the reversal of sex in hemp. Ecology **4**, 323—334 (1923).
— (2) Influence of environment on sexal expression in hemp. Botan. Gaz. **71**, 197—203 (1921).
— (3) The change from opposite to alternate phyllotaxy and repeated rejuvenations in hemp by means of changed photoperiodicity. Ecology **7**, 315—325 (1926).
— (4) The fluctuation curve of sex reversal in staminate hemp plants induced by photoperiodicity. Am. J. Botany **18**, 424—430 (1931).
SENGBUSCH, R. v.: (1) Ein weiterer Beitrag zur Vererbung des Geschlechts bei Hanf als Grundlage für die Züchtung eines monözischen Hanfes. Z. Pflanzenzücht. **31**, 319—338 (1952).
— (2) Der Weg zum Max-Planck-Institut für Kulturpflanzenzüchtung. Hamburg 1960.
— (3) Beitrag zum Geschlechtsproblem bei Cannabis sativa. Z. Vererbungsl. **80**, 616—618 (1942).
SHIFRISS, O.: Gibberellin as sex regulator in Ricinus communis. Science **133**, 2061—2062 (1961).
SNEEP, J.: The significance of andromonoecy for the breeding of Asparagus officinalis L. I, II. Euphytica **2**, 89—95, 224—228 (1953).
STOUT, A. B.: Alternation of sexes and intermittent production of fruit in the spider flower (Cleome spinosa). Am. J. Botany **10**, 57—66 (1923).

Tournois, J.: Influence de la lumiere sur la floraison des Hublon japonais et du Chanvre. C. R. Acad. Sci (Paris) **155**, 297—300 (1912).
Warmke, H. E.: (1) An analysis of male development in Melandrium by means of Y-chromosome deficiencies. Genetics **31**, 234—235 (1946).
— (2) Sex determination and sex belance in Melandrium. Am. J. Botany **33**, 648—660 (1946).
— (3) A study of spontaneous breakage of the Y-chromosome in Melandrium. Am. J. Botany **33**, 224 (1946).
—, and A. F. Blakeslee: Sex mechanism in polyploids of Melandrium. Science **89**, 391—392 (1939).
—, and H. Davidson: Polyploidy investigations. Carnegie Inst. Wash. Yearbook **43**, 135—139 (1944).
Westergaard, M.: (1) Studies on cytology and sex determination in polyploid forms of Melandrium album. Dansk Bot. Ark. **10**, 1—131 (1940).
— (2) Aberrant Y-chromosomes and sex expression in Melandrium album. Hereditas **32**, 419—443 (1946).
— (3) The relation between chromosome constitution and sex in the offspring of triploid Melandrium. Hereditas **34**, 257—279 (1948).
— (4) Über den Mechanismus der Geschlechtsbestimmung bei Melandrium album. Naturwissenschaften **40**, 253—260 (1953).
— (5) The mechanism of sex determination in dioecious flowering plants. Advanc. Genet. **9**, 217—281 (1958).
Yamada, I.: The sex chromosomes of Cannabis sativa L. Rept. Kihara Inst. Biol. Res. **2**, 64—68 (1943).
Yamamoto, Y.: Karyogenetische Untersuchungen bei der Gattung Rumex. VI. Mem. Coll. Agr. Kyoto Univ. **43**, 1—59 (1938).

Die Physiologie der Mitose

Zellphysiologische, feinstrukturelle und biochemische Aspekte

Von Fritz Erich Lehmann

Zoologisches Institut der Universität Bern

Mit 6 Abbildungen

Inhaltsübersicht

Zur Einführung 117
I. Mitose und Interphase als rhythmischer Wechsel des nucleoplasmatischen Funktionszustandes im Lebensablauf tierischer Zellen 118
   1. Biologische Aspekte des nucleoplasmatischen Zustandswechsels . . . 118
   2. Die entwicklungsphysiologische Analyse der Mitose mit Hilfe von Antimitotica 121
II. Der mitotische Strukturwechsel am Modell „Interphase und Mitose" der Eier von *Tubifex* und Echinodermen 122
   1. Die Vorbereitung der Zellverdoppelung auf dem Stadium der Interphase 122
   2. Die Schritte der Zellverdoppelung 125
      a) Bereitstellung des Mitoseapparates 125
      b) Das Teilungsgeschehen der Anaphase 128
      c) Die Reorganisation der Tochterzellen 129
III. Biologie antimitotischer Stoffe am Modell der Eier von *Tubifex* oder der Echinodermen 129
   1. Kritische Vorbemerkungen zur „Mitosegift"-Forschung 1935—1960 (Eine Präzisierung der Problemstellungen) 129
      a) Colchicin und Mitosegifte 129
      b) „Mitosegifte" und Tumorbiologie 130
      c) Antimitotica und normale Mitosen 130
      d) Die Notwendigkeit differenzierter Wirkungsbilder von Antimitotica 131
      e) Phasenspezifische Reaktionsbilder 131
   2. Typische Perioden von Zustandsbildern bei der Erfassung von Wirkungsspektren 132
IV. Das klassische Mitostaticum Colchicin (ein Tropolon) und sein Wirkungsbild 133
   1. Dauerbehandlung 133
   2. Die Kurzbehandlung 135
   3. Wirkungsverwandtschaft des Colchicins mit verschiedenen Tropolonen 136
V. Vergleich der Wirkungsbilder verschiedener Chinone 138
   1. Verwandte des Benzochinons 140
   2. Naphthochinon 141

3. Dreikernige antimitotische Chinone 144
   a) 9,10-Phenanthrenchinon (Phe-Chi) 144
   b) Phenanthrenchinonderivate 146
   c) Herauf- und Herabsetzung der antimitotischen Eigenschaften des Phenanthrenmoleküls durch bestimmte Substituenten 146
   d) Anthracen-Derivate 148
   e) Acenaphthenchinon 148
4. Vierkernige antimitotische Chinone 149
   a) Chrysenchinon 149
   b) Tetraphenchinon (Benzanthracenchinon) 149
VI. Heterocyclische Antimitotica als vermutliche Analoga biologisch wichtiger Metaboliten 150
   1. Isatine als Indolderivate 152
   2. Chinoxaline als vermutliche Pteridin-Analoge 152
   3. Diphenyl-Imidazole als vermutliche strukturell-lipotrope Mitostatica 153
VII. Diverse Verbindungen mit mitostatischer oder morphostatischer Wirkung 154
   1. Wirkungen von Aminoketonen 156
   2. SH-haltige Morphostatica 156
   3. Alkylierende Verbindungen 156
VIII. Mitostatica und Morphostatica 157
Literatur 158

Zur Einführung

Die *Vermehrung und das Wachstum tierischer Zellen* stehen auch heute im Vordergrund wissenschaftlicher Forschung, einmal im Zusammenhang mit dem *normalen Wachstums- und Gestaltungsgeschehen* und dann im Hinblick auf das medizinisch noch nicht geklärte *Wachstum der Tumoren*. Heute ist das gesamte Problemgebiet sehr unübersichtlich geworden, weil in den letzten 30 Jahren sehr zahlreiche kleinere und meist fragmentarische Mitteilungen, häufig ohne inneren Zusammenhang, erschienen sind, die das biologische Gesamtbild mehr verwirren als klären.

Für die kommenden Jahre muß es unser Anliegen sein, in synthetischen Übersichten zu konstruktiven Leitideen zu gelangen. In dieser Absicht wurde die vorliegende Zusammenfassung ausgearbeitet. Sie soll anhand zeitgemäßer zellbiologischer Modelle auf experimentell prüfbare Problemgruppen aufmerksam machen und ihre vielfältige Verwurzelung im Cytologischen, im Zellbiologischen, im Biochemischen und im Submikroskopischen aufzeigen. Dabei verdient die *unsichtbare Dynamik* des lebendigen Geschehens stets besonders große Aufmerksamkeit im Gegensatz zur bisherigen Überbewertung des Strukturellen und des Sichtbaren, deren suggestiver Wirkung auch wir Forscher nur allzu leicht erlegen sind.

Die experimentellen Befunde aus diesem Laboratorium, die in dieser Übersicht mitsamt den Ergebnissen zahlreicher Mitarbeiter verwertet worden sind, haben 1942—1962 weitgehende Förderung erfahren durch die Ciba AG. in Basel, durch den Schweizerischen Nationalfonds zur Förderung der wissenschaftlichen Forschung und durch die Eidgenössische Kommission zur Förderung der wissenschaftlichen Forschung aus Arbeitsbeschaffungsmitteln des Bundes. Diese wertvolle Förderung sei hier bestens verdankt. Die Zeichnungen verdanken wir Herrn cand. med. VIKTOR MEYER, Bern und die Durchsicht der Strukturformeln Herrn Prof. Dr. A. MARXER, Basel.

I. Mitose und Interphase als rhythmischer Wechsel des nucleoplasmatischen Funktionszustandes im Lebensablauf tierischer Zellen

Die Zellen sind in allen tierischen Organismen die elementaren strukturellen und dynamischen Einheiten. Wohl sind die absoluten Ausmaße des Hyaloplasmas und des Zellkerns nicht genau festgelegt, aber die Proportionen von Kern und Plasma halten sich gegenseitig meistens in bestimmten Grenzen von Größenordnungen zwischen 10 und 100 μ. Denn nur bei diesen Dimensionen von Zellkern und Plasma scheint der absolut notwendige Austausch lebenswichtiger Stoffe zwischen Kern und Plasma gewährleistet zu sein.

1. Biologische Aspekte des nucleoplasmatischen Zustandswechsels
(Abb. 1, 2, 3)

Berücksichtigte wichtige Literatur

N. G. ANDERSON, Theorie der Zellteilung I u. II (1956); F. E. LEHMANN, M. HENZEN und F. GEIGER, Feinstruktur der Zelle (1962); H. LETTRÉ, Dissoziation der Zellteilungsvorgänge, (1961); D. MAZIA, Mitose und Physiologie der Zellteilung, (1961); M. M. SWANN, Energetik der Mitose, (1957/58).

Wohl können heute die Zellen als Grundelemente des Lebens aufgefaßt werden, aber sie sind weit entfernt von homogener Strukturlosigkeit, sondern sie enthalten, strukturbiologisch gesehen, in den meisten Fällen eine ganze Hierarchie typischer organoider Strukturen, die zwar schon durch das Lichtmikroskop an die optische Erfassungsgrenze gebracht werden können. Der Bereich des „Mikrocytologischen" kann aber bei den Organoiden nur durch das Elektronenmikroskop voll erfaßt werden. Das gilt besonders auch für Vorgänge der Mitose, die makro- und mikrocytologischer Kennzeichnung bedarf.

Bei den Organen jeder Zelle sind zunächst größere, „*morphodynamische Einheiten*" und Gebilde von struktureller Stabilität und gewisser zeitlich-räumlicher Kontinuität zu unterscheiden (Abb. 1):

1. das *Plasmalemma* oder die *Zellhaut*,
2. das *Hyalo-*, *Grund-* oder *Endoplasma*,
3. der „*Kernapparat*" als *Interphasenkern* oder als voll entwickelter *Mitoseapparat*.

Im Bereich der mikrocytologisch erfaßbaren Organoide liegen die großen Populationen der *biosomatischen Partikel*. Diese sind womöglich von genetischer Kontinuität und enthalten integrierte Fermentmuster.

Es handelt sich hier um die *Mitochondrien* und die *vesiculären* oder *granulären* Partikel des *Endoplasmas* sowie um rein fibrilläre Komponenten. Diese biosomatischen Elemente des Zellplasmas können relativ leicht durch Zentrifugierung separiert werden, ohne daß die Lebensfähigkeit einer Zelle betroffen wird. Ähnliches gilt auch für die *interstitielle* oder *intracelluläre Flüssigkeit* oder den *Zellsaft*, das biochemische Transport- und Suspensionssystem jeder tierischen Zelle.

Die Zellorganoide, nämlich die morphodynamischen Einheiten einer Zelle sowie ihre biosomatischen Partikel, sind deutlich polymolekulare, heterogene Gefüge, die in dieser Größenordnung hochgradig der biologischen Dynamik der gesamten Zellhierarchie eingefügt sind. Das gilt auch für das Geschehen bei der Mitose und für die an ihr beteiligten Organoide.

Ebensowenig wie größere, mehrzellige lebende Organismen besitzen tierische Zellen eine unwandelbar gegebene Struktur. Immerhin zeigen fast alle Zellen einen sichtbaren zyklischen Wechsel von Form und Struktur, der sich morphologisch genau erfassen läßt. Heute hat man allerdings zu bedenken, daß die im Evolutionsgeschehen stehenden Zellen stets eine bestimmte Rolle in ihrer Umwelt zu spielen haben: die Vermehrung ihresgleichen und die Aufrechterhaltung gegebener Funktionen unter stetigem Auf- und Abbaustoffwechsel in einer genau umschriebenen Umwelt. Davon geben uns unsere heutigen allzu visuellen Forschungsmethoden ein viel zu lückenhaftes Bild, verglichen mit der visuellen Erfassung des Strukturwechsels der Zelle etwa im Lichtmikroskop. Für unser aktuelles Bedürfnis, die biologische Bedeutung der Zelle und der Zellteilung auf dem Hintergrund der Evolution und unsichtbarer Ereignisse richtig zu würdigen, drängt sich allerdings auch eine andersartige Perspektive als bisher auf. Das gilt insbesondere für die Beurteilung der Mitose und des Zellwachstums.

Besonders auffällig ist in jedem Organismus eine umweltbezogene funktionelle Phase mit dem assimilatorischen und produktiven Stoffwechsel von differenzierten Zellen. Auf- und Abbauprozesse sowie typische funktionelle Leistungen im Rahmen des tragenden Organismus beherrschen die Dynamik des Geschehens. Ein strukturierter Stoffwechselapparat, mikrocytologisch und mikrochemisch bis ins feinste differenziert, beherrscht die Situation, in der ein zirkulierender Zellsaft in den vielen Kleinräumen des Zellcytoplasmas regulierend und transportierend wirkt. Der Kern der Interphasen-Zelle ist ein isolierter Kleinraum und leitet, zum Teil durch seine „Messenger-RNA" das metabolische Geschehen im Cytoplasma. Bei zunehmendem Wachstum der Zelle muß eine Verdoppelung dieser komplizierten Maschinerie erfolgen, sowohl des informationstragenden Kernapparates wie auch der Stoffwechselmaschinerie des Cytoplasmas.

Die Vorbereitung der Mitose stellt dementsprechend sehr weitgehende biologische Anforderungen an das Gefüge der Zelle, die in diesem Moment einzig und allein auf einen Verdoppelungsprozeß eingestellt wird. Mehr und mehr tritt eine ganz andersartige Phase im Lebenszyklus der Zelle ein: die replikative Periode. Soweit unsere Beobachtungen reichen, erfolgt eine tiefgreifende Umgestaltung der produktiven und assimilatorischen Struktur der Zelle. Die Trennung des Kernraumes vom Cytoplasma durch eine besondere Membran wird aufgehoben, d. h. in vielen Fällen verschwindet die Kernmembran mehr oder weniger vollständig. Vermutlich wird auch der anabolische Stoffwechsel wesentlich eingeschränkt. Die sog. Viscosität oder besser Konsistenz des Cytoplasmas wird meist stark erhöht, d. h. die Gelnatur wird ausgesprochener. Umgekehrt wird die Menge des zirkulierenden Zellsaftes auf ein Minimum herabgesetzt. Die Zelle bietet das Bild einer kolloidalen „Verfestigung". Viele Zellen runden sich ab. Nach der Auflösung der Kernmembran bildet der zentrale Kernbereich den Gelkörper der Spindel mit den unsichtbar verbundenen Chromosomen (H. u. R. LETTRÉ 1959), die sich nun visuell verdoppeln. Zugleich entstehen an den Spindelpolen die Asteren mit ihren gelartigen Polstrahlungen, die zusammen mit der Spindel den isolierbaren „Mitoseapparat" MAZIAS[s] bilden. Das gesamte Funktionsgefüge der Zelle scheint konzentriert zu sein auf den mitotischen Prozeß. Sobald die exakt symmetrische Verteilung der gespaltenen Chromosomen erfolgt ist, schließt eine relativ rasch verlaufende anaphasische Chromosomenverteilung auf zwei Tochterkerne an, und die übrigen Cytoplasmaanteile werden ungefähr dupliziert auf die entstehenden Tochterzellen verteilt.

Rasch erfolgt bei den Tochterzellen die Bildung eines neuen Kernraumes und die Sonderung der Reaktionsräume des Kerns und des Cytoplasmas. Zugleich setzt die Zirkulation des Zellsaftes wieder ein unter sehr lebhaften Oberflächenbewegungen der Zellen. Es schließt sich sofort an die Wiederherstellung der endoplasmatischen Kleinfunktionsräume mit ihrem intensiven Stofftransport und -austausch. Eine Phase der scheinbaren „Verflüssigung" des Endoplasmas tritt in Erscheinung.

So tritt bei vielen, insbesondere embryonalen Zellen ein zyklischer Zustandswechsel in den beiden wichtigen funktionellen Hauptphasen der Zelle ein, vom interphasischen Zustand zum mitotischen und weiter zum nächsten interphasischen Zustand (vgl. Abb. 2).

Die *Organoide* der Zelle sind meist aus verschiedenen Makromolekülen aufgebaut. Sie sind sehr oft polymolekular (N. G. ANDERSON). Wir müssen deshalb bei dem tiefgreifenden Phasenwechsel vom interphasischen zum mitotischen Zustand auch einen sehr ausgesprochenen, mehr oder weniger einheitlichen Zustandswechsel im Innern der Zelle vermuten. Dieser dürfte die polyelektrolythaltigen Organoide der Zelle koordiniert in einen entsprechenden physikalisch-chemischen Zustandswechsel versetzen (N. G. ANDERSON). Hier liegt nach unserer Auffassung das Gemeinsame aller mitosebeeinflussenden Stoffe. Sie greifen deutlich ein in den biologischen Zustandswechsel Interphase—Mitose und treffen ihn einigermaßen selektiv, indem sie entweder die einsetzenden Prozesse wieder völlig rückgängig machen oder nur hemmen bzw. in die Länge ziehen oder gänzlich blockieren, bis Cytoklasie einsetzt.

2. Die entwicklungsphysiologische Analyse der Mitose mit Hilfe von Antimitotica

Berücksichtigte zusammenfassende Literatur: J. J. BIESELE, Mitosegifte und Krebs, (1958); F. E. LEHMANN, Antimitotica (1951, 1959); H. LETTRÉ, Antimitotische Stoffe (1952); H. LETTRÉ, Dissoziabilität der Mitose (1961); J. NEEDHAM, Dissoziierungserscheinungen (1942).

Angesichts des Umstandes, daß der Zustandswechsel Mitose-Interphase als relativ einheitliches und eng assoziiertes biologisches Geschehen gezielt anzugreifen und aufzuspalten ist, sollten wir uns nur auf wenige klare, gut reproduzierbare Phänomene beschränken. Deshalb haben wir es bei unseren eigenen Mitoseforschungen vorgezogen, *einzelne* lebende Eizellen mit hochwirksamen Hemmstoffen so zu beeinflussen, daß sie für lange Zeit teilungsunfähig bleiben, aber weiter leben. Nur ein solcher Effekt relativer Dauerblockierung darf als echter antimitotischer Effekt angesprochen werden. Die biologischen Funktionen, welche die Zellen aufrecht erhalten und als "maintenance functions" agieren, müssen weiterlaufen. Keinerlei letale, insbesondere cytoklastische Phänomene sollten auftreten. Es muß also ein relativ selektiver Effekt sein, in dem gewisse mitotische Tätigkeiten stillgelegt werden, während wichtige "maintenance functions" weiterlaufen. Eine Dissoziation (J. NEEDHAM 1943) der "maintenance functions" von "mitotic functions" muß vorliegen. Gut definierte Befunde über eine anhaltende Blockierung der mitotischen Aktivität oder eine Dissoziierung einzelner Zellfunktionen können nur an embryonalen Zellen mit bekanntem Teilungsrhythmus erhoben werden. Deshalb haben wir in erster Linie die Embryonal-Zellen des Keimes von *Tubifex*, eines Ringelwurmes, und des Seeigels *Paracentrotus* als Modell gewählt (LEHMANN und BRETSCHER 1951). Diese selektiv hemmbaren Eier haben zudem für die Zukunft den Vorzug, daß sie cytologisch oder elektronenmikroskopisch untersucht werden können.

So liefert uns heute *die Entwicklungsphysiologie der Mitose*, die besonders mit Antimitotica arbeitet (LEHMANN 1951, 1959), eine Reihe konkreter strukturbiologischer Befunde an Zellorganoiden, die die Physiologie des Zustandswechsels Interphase-Mitose beleuchten. In diesem Sinne sind die Untersuchungen LETTRÉs (1951–1961) und seines Arbeitskreises zu verstehen, ebenso die Studien von BIESELE (1960). Der hier bemerkbare Mangel an mikrocytologischen und molekularbiologischen Befunden braucht nicht allzu schwer als Hindernis ins Gewicht zu fallen, wenn man den Zustandswechsel Interphase-Mitose vor allem als korreliertes Verhalten gestalteter zellbiologischer Einheiten behandelt.

II. Der mitotische Strukturwechsel am Modell „Interphase und Mitose" der Eier von Tubifex und Echinodermen

1. Die Vorbereitung der Zellverdoppelung auf dem Stadium der Interphase

Berücksichtigte zusammenfassende Literatur: N. G. ANDERSON, Theorie der Zellteilung (1956); J. Boss, Physiologie der Kernteilung (1961); D. MAZIA, Zellteilung (1961); G. PALADE und K. R. PORTER, Endoplasmatisches Reticulum (1954); M. M. SWANN, Energiereserven der Mitose (1957/58).

Die lichtmikroskopisch faßbare Struktur, speziell embryonaler Zellen, kann sehr wohl als Ausdruck stationärer dynamischer Zustände von Organoiden biochemischer Natur verstanden werden. Das gilt für alle visuell nachweisbaren Zellstrukturen. Zugleich ist die Vermutung heute berechtigt, daß alle lichtmikroskopischen Gebilde der Zellen als polymolekulare Gefüge oder Komplexe zu gelten haben (N. G. ANDERSON). Dieser Gesichtspunkt ist im Gegensatz zu den geltenden konventionellen Vorstellungen einläßlich zu berücksichtigen.

Der *lebende Zellkern*, der während der Interphase komplexe und hochmolekulare Proteine und Nucleinsäuren als geformte Partikel (möglicherweise als Ribosomen und als Mikrosomen) ans Cytoplasma abgibt, zeigt nur wenige, lichtmikroskopisch sichtbare Strukturen. In besonders günstigen Fällen können in Zellen von Amphibien oder Säugetieren Teile von entspiralisierten Chromonemata und ganze Nucleolen, die sich ins Cytoplasma entleeren (H. LETTRÉ 1961) festgestellt werden. Die Nucleolen stoßen das in ihnen angesammelte polymolekulare, möglicherweise partikuläre Material durch die zweischichtige Kernmembran ins Cytoplasma aus; das ist zugleich ein Hinweis auf die halbflüssige Natur der Kernhülle, die selbst eine polymolekulare Zusammensetzung besitzt und nach Boss (1960) eine nur zeitweilig unmischbare Membran zwischen Kern und Cytoplasma darstellt (l. c., p. 64–65).

Stets in der Nähe des Zellkernes befindet sich beim Seeigelei ein gut strukturiertes Organoid, das *mitotische Zentrum* (MAZIA) oder das „Zentrosom" (DE HARVEN und BERNHARD 1956, Säugetierzellen).

Bei *Tubifex* ist seine Ultrastruktur noch unbekannt.

Der *Kern*, das *mitotische Zentrum* und das den Kern umhüllende *Cytoplasma* bilden bei *Tubifex* eine morphodynamische Einheit, die wir als funktionellen oder „*physiologischen Kernbereich*" bezeichnen (LEHMANN).

Das *Hyaloplasma* oder *Endoplasma* des physiologischen Kernbereichs besteht bei *Tubifex* aus einem fibrillären Reticulum, d. h. aus einem dreidimensionalen Fibrillennetz, vom Charakter eines supramicellaren Gels (Abb. 1). Es weist in unregelmäßigen Abständen glatte vesiculäre Elemente auf von einem Durchmesser von etwa 200 mμ, die reichlich Lipoide

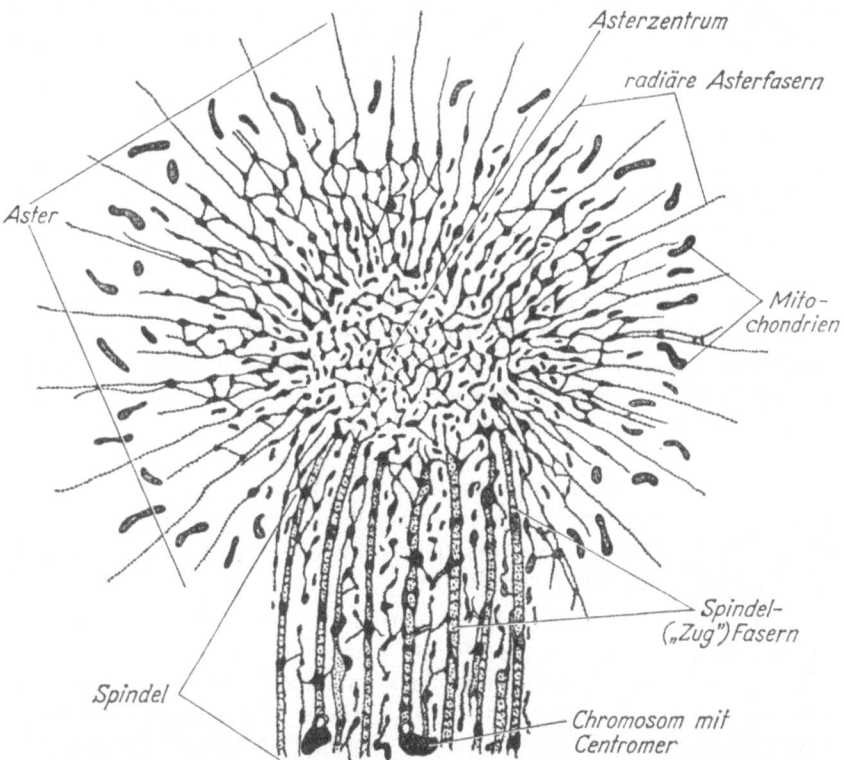

Abb. 1. Mikrocytologisches Schema des Mitoseapparates einer Blastomere von *Tubifex* (eine ungefähr 10000-fache Vergrößerung wird angenommen) (vergleiche ferner die elektronenmikroskopischen Abbildungen von LEHMANN und MANCUSO 1958 und LEHMANN, HENZEN und GEIGER 1962). Die ganze Abbildung umfaßt einen Aster und die damit verbundene Halbspindel. Der Aster enthält ein reticuläres Zentrum mit ungerichteten Fasern und peripher laufenden radiären Asterfasern. In der Peripherie finden sich Mitochondrien. Der Spindelkörper enthält auffallende parallel konturierte Spindel- oder „Zug"-Fasern. An den Zugfasern sitzen kleine Chromosomen mit Centromeren. Alle dargestellten Strukturen lassen sich ohne weiteres auf elektronenmikroskopischen Bildern nachweisen

und Nucleinsäuren enthalten. Das sind die Bestandteile des vesiculären Endoplasmas, das in hochdifferenzierten Zellen, wie beim Pankreas der Säuger ein organisiertes (verzweigtes und schlauchförmiges) System, das „endoplasmatische Reticulum" (nach PALADE und PORTER 1954) bildet. Daneben kommen wesentlich kleinere Partikel von etwa 50 mμ Durchmesser vor: die *Ribosomen*, Bestandteile des granulären Endoplasmas. Meist sind auch *Mitochondrien* vorhanden, die Träger der oxydativen Fermentsysteme. Manches spricht dafür, daß vesiculäre und granuläre Bestandteile des Endoplasmas vom Zellkern gebildet werden.

Das Maschenwerk des Hyaloplasmas besitzt eine *interstitielle Flüssigkeit*. Sie enthält zahlreiche Phosphate, besonders in der Interphase, lösliche Nucleotide, Polypeptide und Aminosäuren. Diese gut verschiebbare Flüssigkeit dürfte nach N. G. ANDERSON entscheidende Faktoren für den Sol- oder Gelzustand des Endoplasmas besitzen. Einerseits sind vorhanden Polypeptide und Mucopolysaccharide von Polyelektrolyt charakter und andererseits kleinere Polyelektrolytmoleküle basischer oder saurer Art. Diese können den Assoziationsgrad der vorhandenen Makromoleküle sehr stark im Sinne einer Sol- oder Gelbildung verändern (N. G. ANDERSON).

Die *interstitielle Flüssigkeit* kann unter besonderen Umständen eine große Menge von Proteinen gelöst enthalten, insbesondere bei Anwesenheit von zahlreichen Polyphosphaten (ANDERSON). Auch der physikalischchemische Zustand der Kernmembran kann durch verschiedene Polyelektrolyte des Zellsaftes im Sinne der Kondensation oder der Solvatisierung beeinflußt werden. Zugleich enthält der Zellsaft eine Energiereserve, vor allem in Form von ATP, um die Strukturveränderungen während der Mitose zu bewerkstelligen (SWANN 1957/1958). Somit scheint dem Zellsaft in den verschiedenen Phasen der Interkinese als vielseitiges Transportmittel eine wesentliche Rolle zuzufallen, obwohl der Wechsel in der Natur der maßgebenden Komponenten histochemisch sehr schwer nachweisbar sein dürfte.

Auch die *Zellmembran*, die in der Interphase vorhanden ist, beteiligt sich als Rinde bei der Mitose. Unter einer sehr dünnen Außenschicht, dem Plasmalemma, findet man eine kondensierte Hyaloplasmaschicht. Diese „Zellrinde" scheint als Ganzes Träger eines stationären Zustandes und einer unsichtbaren morphogenetischen Struktur zu sein. Aus experimentellen Befunden kann ihre Anwesenheit erschlossen werden.

Es zeigen die Zellen in der Endphase der Interkinese oder mit dem Beginn der Zellteilung, strukturell beurteilt, ein relativ wenig geliertes Endoplasma; in diesem kann eine interstitielle Flüssigkeit gut zirkulieren und die Verteilung oder Anhäufung biochemisch wichtiger Stoffe im Sinne einer vorbereitenden Reservoirbildung (SWANN) bilden. Filmaufnahmen lebender Zellen in Gewebekulturen lassen die pulsierenden Bewegungen der Zellen und die Bewegungen des Zellsaftes deutlich erkennen. Ferner weisen verschiedene fragmentarische Befunde darauf hin, daß auch bei den embryonalen Interphasenzellen von *Tubifex* assimilatorische und produktive Funktionen unter Beteiligung des Zellsaftes vorherrschen.

2. Die Schritte der Zellverdoppelung

a) Bereitstellung des Mitoseapparates (Abb. 2, 3).

Berücksichtigte zusammenfassende Literatur: J. Boss, Zellkern (1960); O. Hess, Ungesättigte Fettsäuren bei Tubifex (1959); F. E. Lehmann, Zellkern (1959); D. Mazia, Zellteilung (1961).

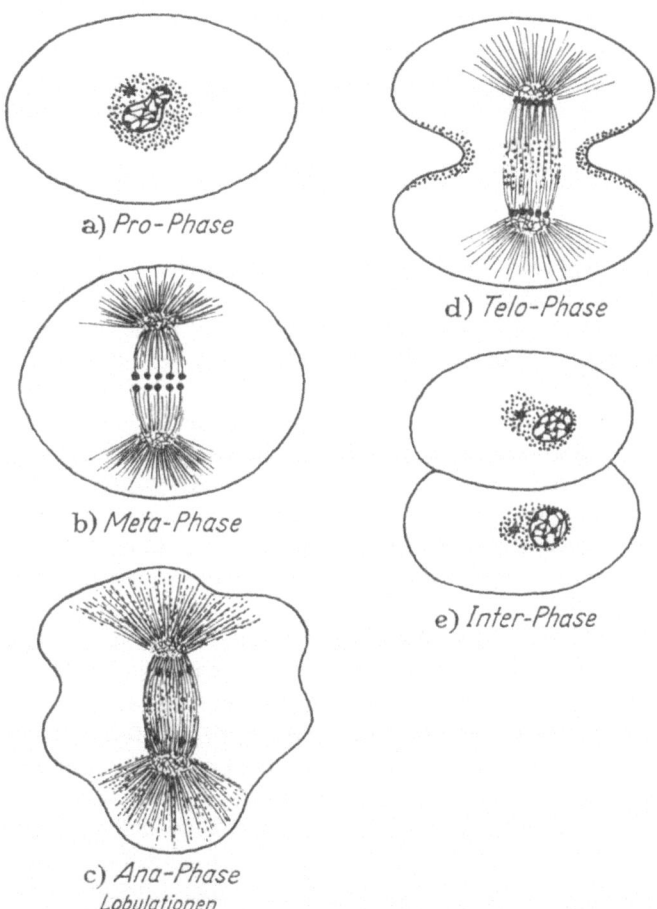

Abb. 2. Cytologisches Schema des Ablaufs der normalen ersten Furchungsmitose (I) bei dem Ei von *Tubifex*. a) Prophasenkern in der Mitte des physiologischen Keimbereiches; b) Mitotischer Apparat auf dem Höhepunkt der Metaphase (Chromosomen in Äquatorialplatte, faseriger Spindelkörper, reticuläres Asterzentrum und radiär angeordnete Asterfibrillen); c) Anaphasestruktur des Mitoseapparates mit gut erhaltenen fibrillären Strukturen. Die Rinde der Zelle zeigt deutliche Lobulationen (Oberflächenunruhe); d) Telophase mit einschneidender Furche. Abbau der Fibrillärstrukturen des Mitoseapparates; e) Wiedererscheinen der Blasenstruktur des Interphasenkernes mit typischer Membran

Während die Interkinese stark auf Stapelung struktureller und biochemischer Reserven eingestellt ist und dementsprechend eine gute

Beweglichkeit der Organoide und des Zellsaftes im Endoplasma gewährleistet, stellt die Phase der Zellverdoppelung wesentlich andere Ansprüche. Nun dominiert die genau geregelte Verteilung der genetischen Informationen auf die Tochterzellen und auch die cytoplasmatischen Bereiche morphodynamischer Gefüge wie der biosomatischen Partikel werden in charakteristischer Menge den Tochterzellen zugeteilt.

Das Strukturgefüge der mitosebereiten Zelle mit einer relativ stabilen Ordnung der verschiedenen Zellbereiche innerhalb des Mitoseapparates zeigt eine zunehmende Konsistenz, der Solzustand des Endoplasmas nimmt ab und nähert sich der Struktur eines typischen Gels. Der Gelzustand kann als charakteristischer Durchdringungszustand angesehen werden, bestehend aus einem dreidimensionalen Reticulum von vernetzten Partikeln und Fibrillen sowie dem Zellsaft, der die Maschen des elastischen Gels erfüllt.

Das gilt insbesondere für den Mitoseapparat des Eies von *Tubifex* (Schema Abb. 1, LEHMANN 1959) oder von Echinodermen (MAZIA 1961). Funktionell sind die Asteren und die Spindeln anzusehen als transitorische gelartige Organoide, die als solche auch mit verschiedenen Methoden isoliert werden können. Diese sind bei der Verankerung des Mitoseapparates in der Zelle und bei der symmetrischen Verteilung der genetischen Informationsträger während der Mitose der Zelle in Funktion. Dabei spielen die Zentren der mitotischen Aktivität (MAZIA 1961), die „Zentrosomen" eine führende Rolle, insbesondere bei der Bildung der transitorischen Organe der Asteren und der Spindeln beim Aufbau ihrer gerichteten submikroskopischen Fibrillärstruktur (LEHMANN und MANCUSO 1957).

Die Umwandlung des physiologischen Kernbereichs der Interphase in die sog. Metaphasenspindel vollzieht sich zunächst nur im Innern der Zelle (s. Schema, Abb. 3). Die Kernmembran verschwindet und die Chromosomen ordnen sich im Innern der Spindel. Zu gleicher Zeit entwickeln sich in den Asteren um die Zentrosomen herum die radiär verlaufenden langen Fibrillen des Hyaloplasmas. Diese können bei *Tubifex* sogar die Kernmembran durchsetzen. Zwischen den beiden Asteren bilden sich die fibrillären Gelfasern der Spindel in entsprechender Weise, vermutlich z. T. aus gelösten Aggregaten des Zellsaftes. Es entsteht ein wohlgeordneter Fibrillenkörper mit Gelcharakter, der submikroskopische komplexe Fibrillen und Zellsaft enthält. Ribonucleinsäure ist lokalisiert in zahlreichen Ribosomen. Nun erscheinen die kondensierten Chromo-

---

Unterschrift zur nebenstehenden Abbildung

Abb. 3. Phasenspezifisches Auftreten ungesättigter Lipoide während der beiden Meiosen und der ersten Furchungsmitose [nach O. HESS (1959)]. Die Silberreaktion der ungesättigten Fette tritt vor allem intensiv auf dem Stadium der anaphasischen Lobulationen auf. In der ersten Zeile der Abbildung sind die ungesättigten Lipoide während der ersten Meiosephase dargestellt. In der zweiten Zeile der Abbildung ist die Verteilung der ungesättigten Lipoide während der Lobulationen der zweiten Meioseteilung abgebildet. In der dritten und vierten Zeile ist die Verteilung der ungesättigten Lipoide während der Interphase und der Mitose I zu sehen.

Die Physiologie der Mitose

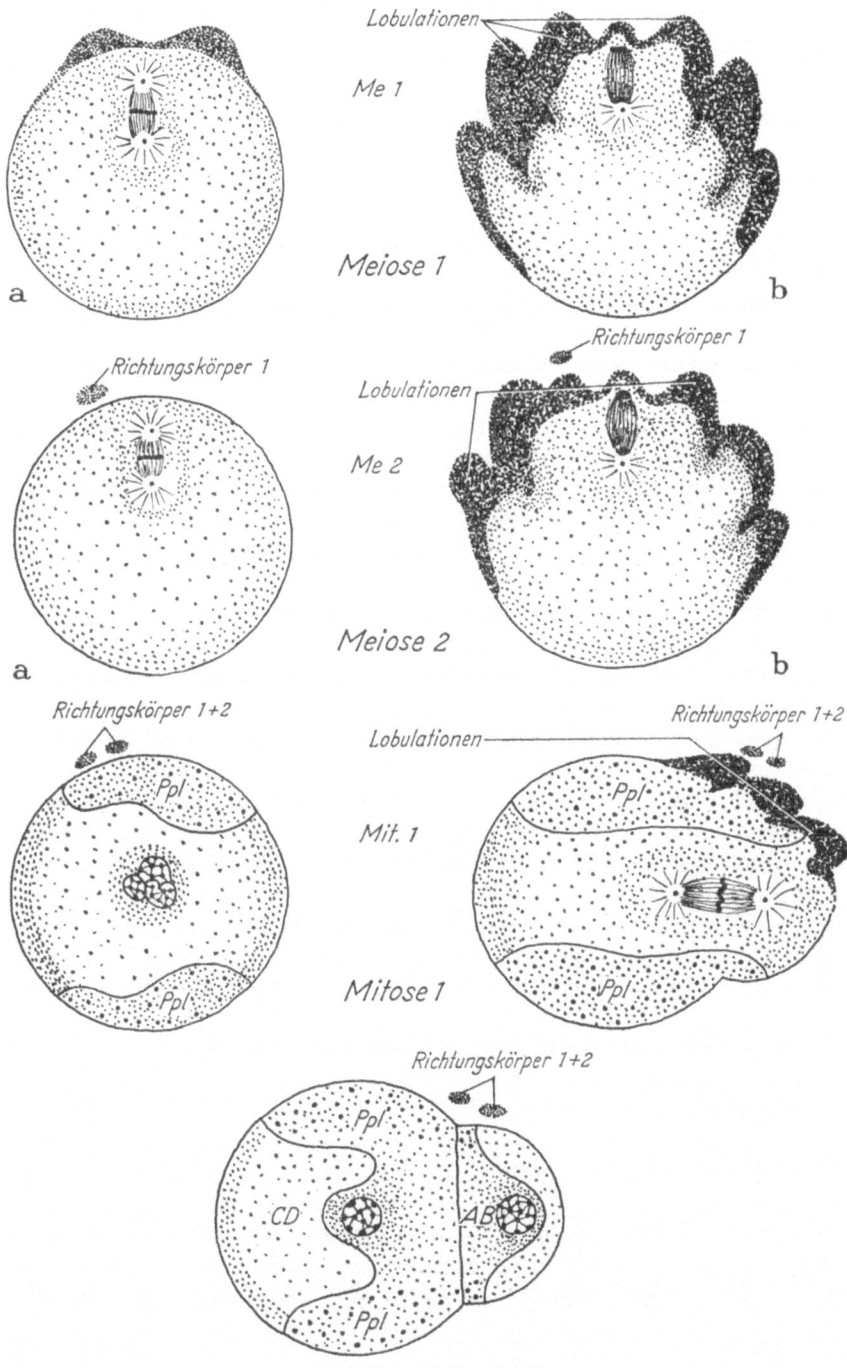

Abb 3. (Unterschrift s. S. 126)

somen als feulgen-positive Körper, im Zusammenhang mit Spindelfasern. Reichliches hyaloplasmatisches Material häuft sich an in der Nachbarschaft des Zellkerns. Elektronenmikroskopische Bilder und Angaben von MAZIA lassen vermuten, daß das Hyaloplasma einen großen Teil der Spindel und der Asteren liefert. Es ist anzunehmen (N. G. ANDERSON 1956), daß die Bildung der Fibrillen beeinflußt wird durch bestimmte Fermente, die in kleinsten Granula lokalisiert sind, durch chemische Wirkungen des Zellsaftes und durch Wirkstoffe, die von vorgebildeten Orten der Aktivitätszentren (Centrosomen) ausgehen und eine gerichtete Aggregation der Fibrillenanteile hervorrufen (ANDERSON, WAUGH; zit. nach ANDERSON II 1956).

Die Bildung des Mitoseapparates mit der Spindel und den Asteren ist die Grundlage für ein orientiertes Gel, das im Lebendzustand durch seine Doppelbrechung gekennzeichnet ist. Die Elektronenmikroskopie bestätigt diese Befunde (LEHMANN und MANUSCO 1958, MAZIA). Schon die einzelnen Elementarfasern des Mitoseapparates sind komplexe Strukturen, die Fibrillen, Chromidien und Mikrosomen im gleichen Verband enthalten. So handelt es sich hier nicht um ein Gel in klassischem Sinn der physikalischen Chemie, etwa ein makromolekulares Reticulum, sondern vielmehr um eine „mikrobifibrilläre, supramicelläre Struktur mit gewissen Kennzeichen eines Gels". Vermutlich dürfte man (s. Versuche von MAZIA) in diesem Reticulum reichlich S—S-Bindungen finden, und es ist denkbar, daß die hier vorkommenden fibrillären Proteine eine gewisse Ähnlichkeit haben mit den Proteinen contractiler Zellen. Man könnte auch im Hinblick auf die vielen anwesenden Polyelektrolyte annehmen, daß die ATP wichtig sei für die Orientiertheit der Spindelanteile. Während der Anaphase scheinen nicht nur Myosin-artige Proteine des Hyaloplasmas in Funktion zu treten, sondern auch ungesättigte Fettsäuren (O. HESS 1959). Das Erscheinen und das Verschwinden von ungesättigten Fettsäuren verdienen ein besonderes Interesse gerade im Hinblick auf die Eigenart der angewandten mitotischen Wirkstoffe und die Verformung der Rinde der Ovocyte und späterer Mitosestadien (Abb. 3).

b) Das Teilungsgeschehen der Anaphase (Abb. 2, 3).

J. Boss, Kernmembran (1960); H. HOFFMANN-BERLING, Contractiles Eiweiß undifferenzierter Zellen (1956).

Sie unterscheidet sich durch lebhafte Bewegungen und Formveränderungen vom Metaphasestadium. Die Chromosomen bewegen sich nun im Innern der Spindel gegen die Pole. Die Spindelfasern verlängern sich stark. Nach O. HESS (1959) findet man in der gleichen Phase eine große Menge ungesättigter Lipide im Zellsaft, die sich in der Zone bilden, wo sehr starke Lappenbildungen erfolgen. Wir vermuten, daß hier eine Beziehung besteht zwischen diesen Substanzen, die nach ROBERTS (1961) eine wichtige Rolle spielen, und der vorübergehenden Verformung der Eioberfläche. Man könnte vermuten, daß im Augenblick der Anaphase in der Rindenschicht ausgedehnte Bewegungen induziert werden. Die genauere Natur der strukturellen Faktoren, welche die Zellteilung beeinflussen, ist noch nicht bekannt, aber es darf mit einiger Sicherheit vermutet werden, daß als Träger die feinstrukturellen Anteile der Rinde und des Hyaloplasmas in Frage kommen. In gewisser Hinsicht besteht hier eine auffallende Analogie zur Induktion der Pinocytose im Plasmalemma der Amöbe.

c) **Die Reorganisation der Tochterzellen.** Die eigenartige Entstehung der Kernmembran gibt nach Boss (1960) wertvolle Anhaltspunkte. Von den einzelnen Anaphase-Chromosomen ausgehend, erfolgt eine Neubildung der bläschenförmigen Caryomeren, die schließlich zu einer einzigen Blase mit einer einheitlichen Kernmembran verschmelzen. Man darf nach Boss vermuten, daß die Kernmembran in dieser Phase positiv geladen sei auf ihrer, dem Cytoplasma zugewandten Seite. Zugleich müssen Cytoplasma und Nucleoplasma während einer kürzeren Periode unmischbar sein. Es verhalten sich allerdings die genannten Komponenten später als mischbare Flüssigkeiten, wenn sich der Kerninhalt hydratisiert. Wird jetzt durch die Verletzung der Kernmembran eine Mischung von Kerninhalt und dem Cytoplasma erzwungen, so kann (zit. nach Boss) eine irreversible Desorganisierung der Zellstruktur erfolgen. Die physiologische Abtrennung des Kernraumes erfolgt also zunächst phasenspezifisch und bleibt erhalten während der ganzen Interphase.

III. Biologie antimitotischer Stoffe am Modell der Eier von Tubifex oder der Echinodermen

1. Kritische Vorbemerkungen zur „Mitosegift"-Forschung 1935—1960
(Eine Präzisierung der Problemstellungen)

Besonders berücksichtigte Literaturangaben: A. P. DUSTIN, Colchicin (s. WOKER 1944); F. E. LEHMANN, Mitostatica (1942, 1947); H. LETTRÉ, Colchicinanaloge (1952); D. MAZIA, Physiologie der Mitose (1961); J. NEEDHAM, Dissoziation biologischer Prozesse (1943); H. P. WOKER, Colchicin (1944).

a) **Colchicin und Mitosegifte.** Die Arbeiten von A. Dustin (Brüssel 1935—1939) und auch diejenigen seiner Schüler LITS (1936) und DELCOURT (1939) setzten eine große Welle von Untersuchungen über die Mitosegiftwirkung von Colchicin in Gang. In den USA erschienen kurz danach verschiedene Arbeiten über Colchicin (BRUES and COHEN 1936, B. R. NEBEL 1938/1939, KEPPEL and DAWSON 1939, K. M. WILBUR 1940) ebenso auch in Deutschland (BROCK, DRUCKREY und HERKEN 1939, LETTRÉ 1942) und seitens unserer Forschungsgruppe an einem neuen Testobjekt *(Tubifex)* ab 1942 (LEHMANN u. Mitarb.). Colchicin scheint nach allen vorliegenden Angaben die Mitose selektiv zu blockieren (Pflanzen) oder teilungsbereite tierische Zellen zum Zusammenbruch zu bringen, ohne die interphasischen Zellen letal zu treffen. Die Dissoziierbarkeit der mitotischen Funktionen (NEEDHAM 1942, s. auch LETTRÉ) von den übrigen zellerhaltenden Funktionen war eine sehr wesentliche Entdeckung, die viele neue Einsichten in die Biologie der Mitose versprach.

Würdigt man die Ergebnisse der daran anschließenden internationalen Erforschung der Zellteilungsgifte während eines Vierteljahrhunderts, dann erweisen sich die vorliegenden Fortschritte als weniger fundamental, als man seinerzeit hoffen durfte. Als positiv ist zu beurteilen die Ausweitung unserer Einsichten in die Zahl und die Eigenart chemischer Verbindungen, die als selektive Mitosegifte bei pflanzlichen und tierischen Zellen wirken. Außer dem Colchicin sind zahlreiche andere Stoffe als Mitosegifte erfaßt worden. Prinzipiell stehen also heute der Mitosebiologie viele chemische Werkzeuge zur Verfügung, die eine experimentelle Analyse der Mitose gestatten.

b) „Mitosegifte" und Tumorbiologie. Aber gerade der Umstand, daß relativ viele Stoffe gefunden wurden, die bei allen möglichen pflanzlichen und tierischen Zellen die Mitose störten, erwies sich in der Folge als eine Hauptursache für die Unübersichtlichkeit der Mitoseforschung. Eine gewisse Einengung der Fragestellung erfolgte, als sich die Krebsforschung sehr bald der Mitosegifte bemächtigte, um mit ihrer Hilfe das Tumorwachstum selektiv zu treffen. Trotz riesigen Anstrengungen, besonders auch in den angelsächsischen Ländern, wollte es nicht gelingen, unter Hunderten von Zellteilungsgiften Stoffe zu finden, die imstande gewesen wären, das Krebswachstum auf die Dauer und selektiv still zu legen (Carcinostatica). Wohl wurden in einigen Fällen therapeutisch wertvolle Verlangsamungen und Nekrotisierungen im Tumorwachstum gefunden, aber unsere Unkenntnis der Wachstumsbiologie der Tumoren, ebenso wie auch der Mangel an vertieften Erfahrungen mit der Stoffwechselbiologie und der Immunbiologie der tumortragenden Säugerorganismen verhinderten bisher eine erfolgreiche Entwicklung einer experimentell fundierten Chemotherapie von Tumoren.

c) Antimitotica und normale Mitosen. Noch fataler ist die Lage auf dem Gebiete der normalen Mitosebiologie, die als Grundlagenforschung der allgemeinen Biologie gepflegt werden sollte. Hier steht an sich eine Unzahl von Versuchsobjekten und Mitosegiften zur Verfügung. Allerdings bietet ein ungezieltes Herumprobieren den heutigen Forschern kein lockendes Ziel mehr. So ist es auch zu erklären, daß heute der große Impuls der vierziger Jahre auf dem Gebiete der Mitosegifte umschlägt in eine Resignation, die sachlich auch nicht zu rechtfertigen wäre.

d) Die Notwendigkeit differenzierter Wirkungsbilder von Antimitotica.
Dabei haben schon die ersten Versuche mit selektiv wirkenden Mitosegiften für die Forschung neue, hoffnungsvolle Breschen geschlagen. Wenn jetzt Fortschritte zu erzielen sind, so gilt es in erster Linie, anspruchsvolle Fragestellungen an ausgewählten Modellobjekten auszubauen, die genauer präzisierbare Antworten gestatten.

Unsere heutigen Vorstellungen vom Mitosegeschehen sind veraltet. Sie sind zu morphologisch und zu wenig dynamisch. Heute ist der Moment gekommen, eine Revision wichtiger Leitideen anzubahnen; es ist das jetzt möglich dank den von MAZIA geleisteten experimentellen Vorarbeiten über die Biologie des Mitoseapparates beim Seeigel, dank den neuen physiko-chemischen und biochemischen Feststellungen von N. G. ANDERSON über den biochemischen Zustandswechsel der Proteine während des Mitosegeschehens und dank den Arbeiten von SWANN, ZEUTHEN und BRACHET über die biochemisch-dynamischen Aspekte der Mitose. Heute erscheint uns die Periode Interphase-Mitose-Interphase usw. als ein biologisches phasisches Geschehen, das nur in synoptischer Weise unter Erfassung aller Aspekte (auch der mikrocytologischen, LEHMANN und MANCUSO 1957) gekennzeichnet werden kann. Alle Mitosegifte greifen im Prinzip in die Einheit dieses phasischen Zellgeschehens ein, und zwar können sie es in selektiver Weise beeinflussen, ohne die vitalen Lebenserhaltungsfunktionen der Zelle auffällig zu schädigen. Mit dieser Einsicht allein können wir uns aber nicht zufrieden geben. Es muß vielmehr gefordert werden, daß der phasische Ablauf Interphase-Mitose-Interphase an den Zellen direkt verfolgt werden kann. Das ist bei den meisten Gewebekulturen technisch zwar schwierig, aber nicht unmöglich, bei der Erforschung tierischer Eier jedoch leicht realisierbar. Fundamentale Mitoseversuche müssen also zunächst einmal an tierischen Eiern mit individuellen Beobachtungsmöglichkeiten ausgeführt werden. Deswegen bietet sich heute neben dem bekannten Ei der marinen Seeigel (LEHMANN und BRETSCHER 1951) auch das Ei des Süßwasserwurmes *Tubifex* als besonders geeignetes Versuchsobjekt für anspruchsvolle Mitosestudien. Zudem stehen die *Tubifex*-Eier auch während des ganzen Jahres zur Verfügung, der Experimentator ist nicht abhängig von jahreszeitlich gebundenen Laichzeiten.

Anhand unserer nun zwanzigjährigen Erfahrung kann leicht belegt werden, daß differenzierte Studien der Mitosevorgänge mit Hilfe von Mitosegiften in diesem Sinne technisch möglich sind.

e) Phasenspezifische Reaktionsbilder. Ferner müssen auch die physiologischen Reaktionen des phasischen Zustandswechsels in den sich teilenden embryonalen Zellen gegenüber einem gegebenen Wirkstoff (die phasenspezifischen Reaktionen) sehr viel genauer als bisher gekennzeichnet werden, weil heute auch die Variabilität bestimmter

Entwicklungsphasen zahlenmäßig besser zu erfassen ist. Damit wird eine in jeder Hinsicht statistisch genauer fundierbare „Wirkungsanalyse" möglich und gestattet präzise Vergleiche mit den Reaktionen von embryonalen *Tubifex*-Zellen auf andere Wirkstoffe (vgl. WOKER, HUBER, ROETHELI). Im Laufe der Jahre hat sich ergeben, daß das „Wirkungsbild" oder „Wirkungsspektrum" für jeden Fall sehr typisch, meistens sogar in seiner Gesamtheit unverwechselbar zu erfassen ist. Solche „differenzierten Wirkungsbilder" kennzeichnen die Biologie der betreffenden Stoffwirkungen umfassender als bisher und lassen präzisierbare Rückschlüsse auf die veränderten Faktoren des Mitosegeschehens zu.

Bis heute haben wir differenzierte Wirkungsanalysen an *Tubifex*-Eiern erhoben: mit Colchicin, Benzochinon und Naphthochinon, Phenanthrenchinon und zum Teil auch Stilboestrol, ferner mit einigen höheren Chinonen.

2. Typische Perioden von Zustandsbildern bei der Erfassung von Wirkungsspektren

Berücksichtigte zusammenfassende Arbeiten: W. HUBER, Naphtho- und Phenanthenchinon beim Tubifex-Ei (1947); A. ROETHELI, Naphtho- und Phenanthenchinon bei der Meiose (1949, 1950); H. P. WOKER, Colchicin und Tubifex-Mitose (1943).

Bei umfangreichen Versuchen mit Mitosegiften müssen Kriterien gewählt werden, die eindeutig und rasch festgestellt werden können. Bei den embryonalen Zellteilungen folgt eine ganze Reihe von Erscheinungen aufeinander. Diese Abfolge sollte in möglichst natürlicher Weise in kleinere Abschnitte zerlegt werden können.

1. Bei der Furchung beginnt man am besten mit der Telophase der Zygotenbildung bzw. mit der Telophase der Furchungsteilung: hier liegen Cytoplasma und Kern getrennt vor und der Produktionsstoffwechsel der Zelle liegt in seiner Anfangsphase.

2. Der Aufbau des Stadiums Pro-Metaphase verlangt wesentliche strukturelle Wandlungen von der Zellstruktur. Das Cytoplasma erfährt eine durchgreifende Strukturierung und zugleich Gelierung, die Zelle rundet sich maximal ab. Die trennende Kernmembran verschwindet. Eine Vielheit verschiedener Prozesse ist in der Metaphase miteinander assoziiert. So sind wohl die Einzelprozesse auch nur beschränkt zeitlich koordinierbar. Eine Dissoziation von mitotischen Teilprozessen ist deshalb mit Antimitotica, die relativ selektiv auf Teilprozesse einwirken, besonders leicht zu erwarten.

3. In der Periode Anaphase-Telophase erfolgt ein tiefgreifender Strukturwandel in der mitotischen Zelle. Nun tritt eine Duplizierung der Cytoplasma- und Kernstrukturen in Erscheinung und es erfolgt eine mehr oder weniger deutliche räumliche Teilung der beteiligten Apparate. Die

Gesamtkonsistenz der Zelle wird etwas geringer, es erfolgt ein teilweiser Abbau der vorhandenen Gelstrukturen und der Zellsaft nimmt deutlich zu. So erhält die Zelle als ganzes eine flüssigere Konsistenz. Ein Zusammenwirken verschiedener assoziierter Prozesse ist hier ebenfalls anzunehmen, wobei wir mit einer zeitlich nur begrenzten Koordinierbarkeit der Teilprozesse rechnen dürfen. Während der Telophase entsteht wieder ein getrennter Raum für den Zellkern und für das Zellplasma.

4. Nach der Telophase geht die ganze Zelle wiederum über in den Arbeits- und Produktionsstoffwechsel. In dieser Periode scheint es möglich zu sein, daß Verlängerungen oder Verkürzungen des Funktionszustandes ohne Schwierigkeiten eingefügt werden können. Das ganze Stoffwechselgetriebe bleibt auf alle Fälle auf Produktions- und Strukturstoffwechsel eingestellt.

IV. Das klassische Mitostaticum Colchicin (ein Tropolon) und sein Wirkungsbild
(Tab. 1)

Berücksichtigte zusammenfassende Literatur: A. ESCHENMOSER, SCHREIBER et al., Totalsynthese des Colchicins (1961); H. LETTRÉ, Wirkungsähnlichkeit von Colchicinanalogen (1952); P. PAUSON, Tropolone (1955); R. SCHINDLER, Biologie verschiedener Colchicinderivate (1962).

Eine wesentliche Anforderung an einen zellbiologischen Mitosetest besteht darin, daß möglichst in vivo ein antimitotischer oder noch besser ein mitostatischer Effekt mit eindeutigen Kriterien festgestellt werden sollte. Für das Modell des *Tubifex*-Keimes greifen wir deshalb auf die Colchicin-Wirkung zurück (WOKER, LEHMANN und HADORN). Denn hier erfolgt eine eindeutige Dissoziierung von Mitose- und allgemeinen Überlebensfunktionen. So resultiert ein tagelanges Weiterexistieren Colchicin-blockierter Eier verbunden mit einer Stillegung sämtlicher mitotischer Erscheinungen. Das Tropolonderivat Colchicin wirkt ebenfalls beim *Tubifex*-Ei als typisch antimitotische Substanz. Zugleich läßt sich unter variierten Bedingungen ein ganzes Spektrum von weiteren Effekten erfassen. So resultiert ein relativ mannigfaltiges Wirkungsbild eines mitostatischen Stoffes. Ähnliches gilt auch für das Seeigelei.

1. Dauerbehandlung
(Abb. 4)

Gegenüber Zellen von Amphibien (Konzentration 1:50000 bis 1:100000) und Säugetieren sind die Furchungszellen von *Tubifex* etwas weniger empfindlich (WOKER).

1. Die Furchung wird gar nicht gestört und es erfolgt normale Entwicklung bei Konzentrationen schwächer als 1 : 1000000.

2. Die Furchung wird gestört, die Entwicklung der Keime geht aber abnorm weiter und es erfolgt schließlich ein Stillstand oder ausnahmsweise normale Embryobildung (zwischen 1:40000 und 1:100000).

3. Die Furchung steht spätestens im zweiten Cyclus still und die Keime werden maximal vierzellig. Hier liegt die Konzentration des

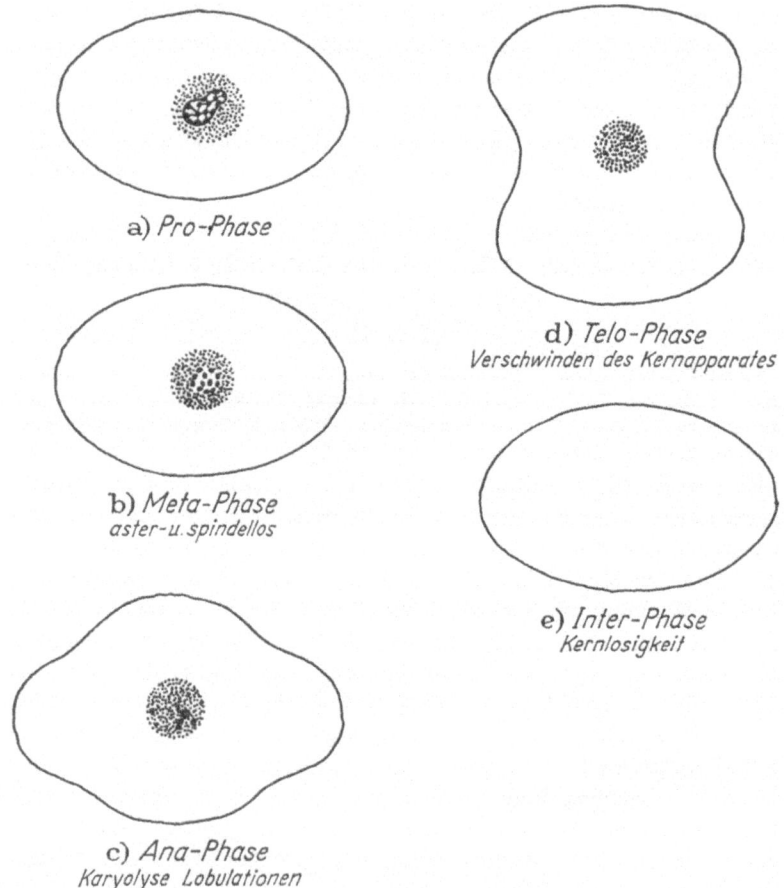

Abb. 4. Mitoseablauf bei Colchicin-behandelten Keimen. Nach Verschwinden der Strukturen des Prophasenkernes treten nie Asteren oder Spindeln auf. Auch Chromosomen fehlen. Einzig unregelmäßige Chromatinblöcke finden sich. In der Anaphase erfolgt eine regelrechte Caryolyse, wobei das basophile Kernmaterial verschwindet. Es folgt eine Interphase ohne cytologisch nachweisbare Kernstrukturen (vgl. Abb. 2).

mitostatischen Bereiches vor (1:500 bis 1:30000). Bis zum Beginn des zweiten Mitosecyclus nimmt die Empfindlichkeit des *Tubifex*-Eies zu. Die Stadien der Meiose sind ziemlich unempfindlich gegenüber dem Colchicin (sogar in 1:500). Die erste Furchungsteilung wird in der Hälfte aller Fälle nicht beeinflußt; in der anderen Hälfte treten alle Grade von Colchicin-Störungen auf. Die zweite Furchungsteilung wird in allen Fällen wesentlich betroffen. Die phasenspezifische Empfindlichkeit der Mitosestadien ist hier am größten.

Die von der Reifung bis zur zweiten Furchungsteilung zunehmende Empfindlichkeit beruht nach unseren weiteren Feststellungen auf der zunehmenden Durchlässigkeit der Eirinde für Colchicin (LEHMANN und HADORN 1946). Selbst die Prophase des Einzellers reagiert nicht mit Block auf stärkste Behandlung. Erst die Prophase des Zweizellers kann nach 50 min dauernder Kurzbehandlung regelmäßig blockiert werden.

Aus dem Vergleich der Colchicinkeime mit der Reaktion der Benzochinonkeime ergibt sich eindeutig (LEHMANN und HADORN), daß Colchicin wesentlich schlechter in die *Tubifex*-Eier eindringt als Benzochinon: am schlechtesten zu Beginn der Reifungsteilungen und am besten während der zweiten Furchungsphase. Dieser Umstand ließ sich auch mit Hilfe von Direktbestimmungen über die Absorption kleinster Colchicin-Mengen aus einer gegebenen Lösung belegen (LEHMANN und HADORN 1946). Beim Colchicin muß offenbar ein starkes Konzentrationsgefälle von außen nach innen auftreten (beim Colchicin in der Größenordnung von 1:4000). Nur wenn dieser Konzentrationsgradient vorliegt, dringen ausreichende Mengen antimitotischer Substanz ins Ei-Innere ein.

Die scheinbare Unempfindlichkeit der *Tubifex*-Eier gegenüber dem Colchicin beruht also offensichtlich in erster Linie auf der Undurchlässigkeit der Eirinde. Ähnlich ist auch die Epidermis von *Xenopus*-Larven für Colchicin sehr schlecht durchlässig (M. LÜSCHER 1946).

2. Kurzbehandlung
(WOKER, Abb. 4)

Die phasenspezifisch besonders empfindliche zweite Furchungsteilung des *Tubifex*-Eies konnte ungefähr ermittelt werden mit Hilfe von Dauerbehandlung, die auf verschiedenen Phasen des ersten und zweiten Furchungscyclus einsetzte. Besonders aufschlußreich waren die Resultate mit „Kurzbehandlung" und mit einer relativ starken Konzentration (1:500). Hier konnte sich die Einwirkung des Mitostaticums auf zeitlich begrenzte Abschnitte des zweiten Furchungscyclus erstrecken. Dabei ergab sich, daß die Vorbereitungsphase oder die Periode der Interphase *vor* Einsetzen der zweiten Furchungsteilung eigentlich als „kritische" oder „sensible" Phase gelten mußte. Jüngere oder ältere Stadien sind ausgesprochen weniger ansprechbar. In der kritischen Phase selbst genügt schon eine Behandlungsdauer von 50 min in einer Konzentration von 1:500, um das Einsetzen der Mitose zu verhindern. Eine nur 10 min dauernde Behandlung in der gleichen Periode gestattet immer noch eine normale Entwicklung. Die in der kritischen Phase betroffenen Prozesse zeigen Verschwinden von Chromosomen und Spindeln bis zum völligen Unsichtbarwerden feulgen-positiver Kernstrukturen. Die Kernbereiche werden chromatinleer, erst nach Tagen erscheinen unregelmäßige Brocken von feulgen-positivem Material. Diese „Pseudo-Kerne" sind nie in der Lage, richtige Mitosen zu bilden. Binnen 50—40 min kann also die mitotische Aktivität des Kernapparates durch Colchicin irreversibel ausgeschaltet werden. Trotzdem laufen die Bewegungen der Oberfläche unabhängig weiter.

Eine analoge Situation liegt bei teilungsbereiten Zellen des *Xenopus*-Schwanzes vor (LÜSCHER 1946). Auch hier scheint der Mitoseapparat unter Colchicin-Einfluß zusammenzubrechen und sich nicht mehr erholen zu können. Dieser Zusammenbruch endet regelmäßig in der Zell-Nekrose. Die geschädigten Metaphasenstrukturen können sich nicht mehr in normale Ruhekerne zurückverwandeln, sie werden schließlich resorbiert.

Die Kurzbehandlung demonstriert also das phasenspezifische Vorhandensein eines colchicinempfindlichen Apparates in der Prophase. WILBUR (1940) gelangte am Seeigelkeim zu analogen Feststellungen. Wird der Apparat ausgeschaltet, so ist der typische mitotische Zustandswechsel nicht mehr möglich. Allerdings können die cellulären Erhaltungsfunktionen ein Weiterleben noch für Tage gestatten, ebenso können auch manche Zellbewegungen noch längere Zeit erhalten bleiben.

Zugleich ist das Einsetzen des normalen ana-telophasischen Zustandswechsels nicht mehr möglich. Die Bestandteile des abnorm gewordenen metaphasischen Kernmaterials verschwinden jedenfalls lichtmikroskopisch vollständig. Die mikrocytologischen Befunde sind uns noch nicht bekannt. So läßt sich auch nicht sicher entscheiden, ob die Centrosphären in dieser Periode ebenfalls irreversibel zusammenbrechen oder submikroskopisch weiterexistieren. Auf alle Fälle steht fest, daß das Chromosomenmaterial des *Tubifex*, das auch während der normalen Mitose sichtbar nachzuweisen ist, bei mitostatisch behandelten Furchungszellen für längere Zeit gänzlich unsichtbar werden kann (WOKER 1944).

3. Wirkungsverwandtschaft des Colchicins mit verschiedenen Tropolonen
(Tab. 1)

Berücksichtigte wichtige Publikationen: A. ESCHENMOSER, SCHREIBER et al., P. PAUSON u. a. (1961); R. SCHINDLER, Cytologische Effekte des Colchicins (1962).

Das Mitostaticum Colchicin ist zwar von sehr verschiedenen Autoren an zahlreichen pflanzlichen und tierischen Objekten geprüft worden. Trotz den umfangreichen seinerzeitigen Bemühungen von LETTRÉ

Tabelle 1. *Mito- und morphostatische Wirkungen einiger Tropolon-Derivate*
1.1. Colchicin nach Versuchen an Tubifex
1.2. Demecolcin: Wirkungsbreite im Regenerationstest (R)
1.3. Purpurogallin: Wirkungsbreite im Regenerationstest

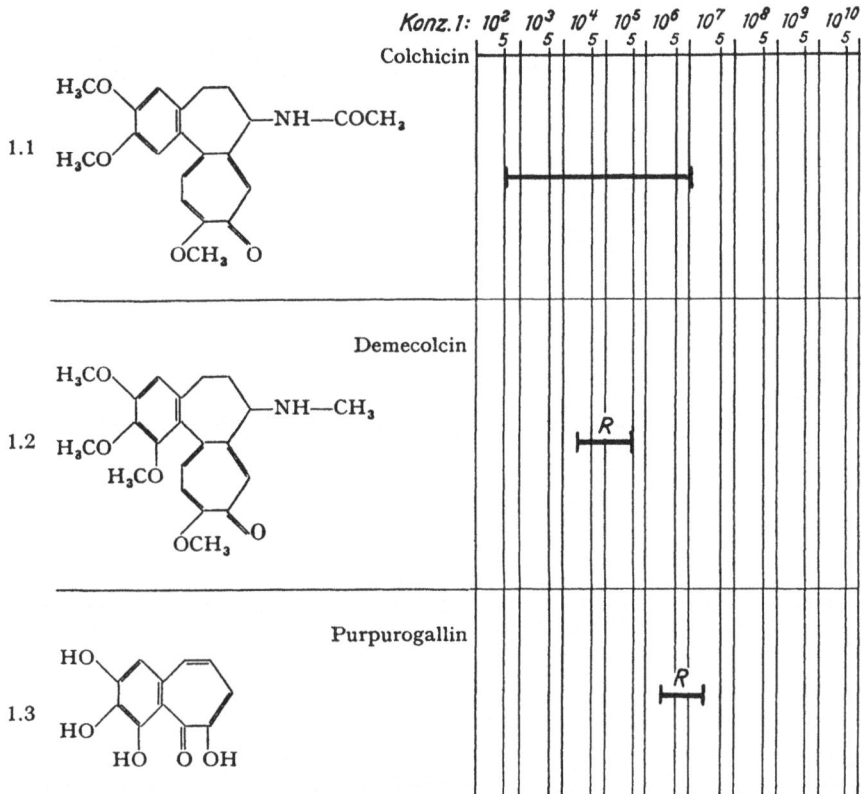

liegen keine neueren Anhaltspunkte für die Wirkungsverwandtschaft des Colchicins mit anderen Stofftypen aromatischer Natur vor. Nun geben verschiedene neuere Befunde (s. Tab. 1.1) am regenerierenden Schwanz der *Xenopus*-Larve Hinweise auf eine Wirkungsverwandtschaft zu verschiedenen Tropolonderivaten (ESCHENMOSER; für die chemische Struktur von Derivaten s. SCHINDLER, PAUSON 1955; für die biologischen Wirkungen s. LEHMANN und GEIGER 1955 und SCHINDLER 1962). Colchicin und Demecolcin enthalten zwei siebengliedrige Ringe im Molekül, von denen einer ein Tropolonring ist. Im Regenerationstest erwiesen sich Colchicin als antimigratorisch *und* cytoklastisch, Demecolcin (Tab. 1.2) vor allem als antimigratorisch (LEHMANN 1954). Auch Tropolon oder einige Benztropolone, ähnlich wie das Purpurogallin (Tab. 1.3) und dessen Trimethyläther wie auch das unsubstituierte Azulen hemmen die Regeneration deutlich (LEHMANN und GEIGER 1955). Somit ist heute im allgemeinen wohl eine gewisse Wirkungsverwandtschaft des Mitostaticums Colchicin mit anderen Tropolonen zu vermuten. Freilich steht die entscheidende Nachprüfung am *Tubifex*-Test noch aus. Sollte hier eine weitere Bestätigung erbracht werden können, so müßten das Colchicin und das Demecolcin einer Spezialgruppe von Mitostatica zugewiesen werden, die den Tropolonen nahestehen. Eine Wirkungsverwandtschaft zu substituierten aromatischen Aminen, Sterinen oder mehrkernigen Chinonen, wie sie unter anderem ursprünglich von LETTRÉ vermutet wurden, wird damit unwahrscheinlich. Ein besonderer biologischer Effekt mancher Tropolonderivate kann vermutet werden, nämlich eine Wirkung auf den Centrosphären-Apparat. Auch ein eigenartiges biochemisches Wirkungsmuster scheint vorzuliegen, das sich vor allem in der Dissoziierung der allgemeinen "maintenance functions" unter spezifischen Bildern mitotischer Strukturen äußert.

V. Vergleich der Wirkungsbilder verschiedener Chinone

Berücksichtigte wesentliche Literatur: E. CLAR, Aromatische Kohlenwasserstoffe (1941); G. DOMAGK, PETERSEN u. GAUSS, Carcinostatische Iminobenzochinone (1954); W. HUBER, Mitose unter Einfluß von Naphtho- und Phenanthrenchinon (1947); F. E. LEHMANN, Zellteilungshemmende Chinone (1942), Beeinflussung der Zellteilung (1947), Kernapparat und Antimitotica (1951); A. MARXER, Iminobenzochinone (1953); J. S. MITCHELL, Naphthohydrochinon als Radiosensibilisator (1953); R. MEIER und B. SCHAER, Mitose von Fibroblasten (1947); A. ROETHELI, Meiose und Phenanthrenchinon (1949/50).

In den Jahren 1942 bis 1947 haben wir außer dem Colchicin eine Reihe verschiedener Chinone untersucht, die sich in der Folge als ausgesprochen antimitotisch erwiesen haben. Im Gegensatz zum Colchicin, das relativ gut wasserlöslich ist, aber schlecht in die Rinde des *Tubifex*-Eies eindringt (LEHMANN und HADORN 1946), sind alle Chinone wenig wasserlöslich, dringen aber rasch durch die Ei-Rinde und wirken in relativ kleinen Konzentrationen antimitotisch. Aufgrund der charakteristischen zellbiologischen Wirkungen können wir zwei Hauptgruppen unterscheiden:

Die niedrigen Chinone mit 1—2 Benzolkernen zeigen eine Reihe besonderer Eigenschaften. Bei den Derivaten des Benzols und des Naphthalins ist die Ortho-Gruppierung immerhin zu reaktiv. Hier haben wir deshalb nur die Chinone in Para-Stellung verwendet (Tab. 2).

Höhere Chinone haben sich nur dann als wirksam erwiesen, wenn im Gesamtmolekül eine charakteristische angulare Konfiguration (CLAR 1941) auftrat. Die Ortho-Chinongruppe fand sich in diesem Falle stets in 1,2-Stellung. Insbesondere folgende Chinone zeigten die typischen

Tabelle 2. *Mitostatische Wirkungen einiger Derivate des Benzochinons* (gestrichelt). *Im ganzen überschneiden sich hier die cytolytischen Wirkungen der betreffenden Derivate mit den mitostatischen Effekten* (Linie)

2.1. Chinon
2.2. Chloranil
2.3. 4-Methoxy-6-oxy-2,5-toluchinon. Hier ist ein kleiner, *rein* mitostatischer Bereich ohne Cytolyse nachweisbar

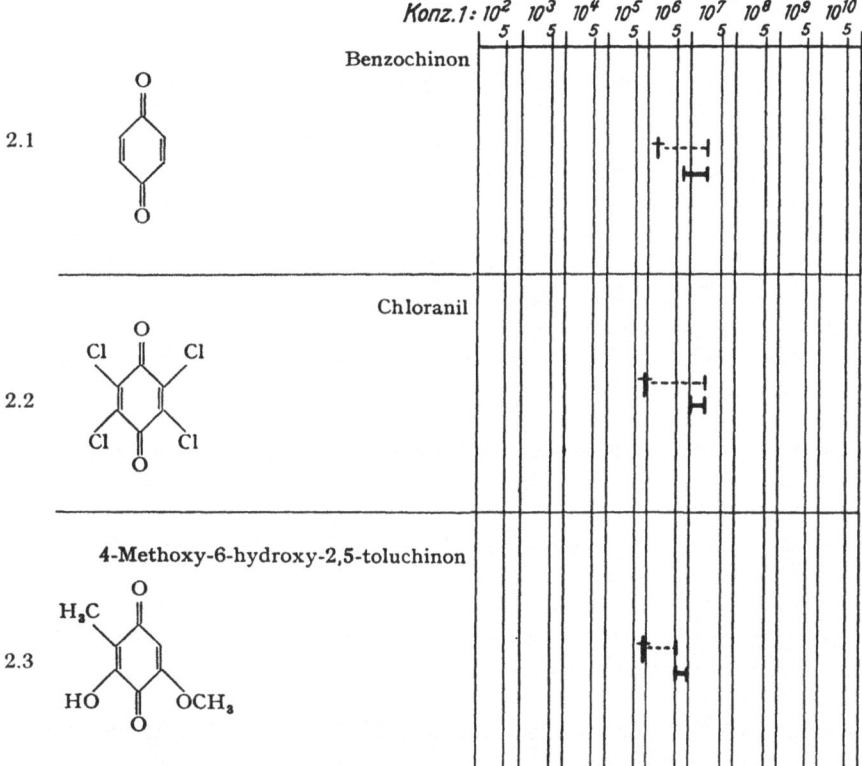

Wirkungen annelierter Benzolkerne: Phenanthrenchinon und einige Derivate, Acenaphthenchinon und Tetraphenchinon (CLAR). Wohl waren diese Chinone alle schwer wasserlöslich, aber sie waren trotzdem noch im Löslichkeitsbereich sehr stark antimitotisch.

Die Gesamtheit der Chinonwirkungen umfaßt ein breites Wirkungsspektrum scheinbar verschiedener antimitotischer Effekte. Die niedrigen Chinone (des Benzols und des Naphthalins) produzierten in erster Linie Störungen in der Beweglichkeit des Plasmalemmas und des Endoplasmas und schienen zunächst den Kernapparat weniger zu verändern, während die höheren Chinone ähnlich wie das Colchicin den Spindel- und Kernapparat, also den Nucleofusorial-Apparat irreversibel zur Auflösung brachten. Immerhin ergab sich bei näherer Untersuchung, speziell für das Naphthochinon, daß hier schwächere Konzentrationen hauptsächlich corticoplasmatisch wirkten und daß erst bei höheren Konzentrationen auch nucleofusoriale Effekte erschienen. Die nucleofusorialen Effekte waren immer irreversibel. So scheint es, daß die Gesamtheit der antimitotischen Chinone eine besonders große Mannigfaltigkeit von strukturellen Effekten umfaßt.

Der biochemische Aspekt der antimitotischen Chinonwirkungen ist noch ungenügend geklärt. Die hohe Wirksamkeit auch relativ kleiner Mengen von Chinon (LEHMANN und HADORN 1946) läßt eine gute Lipoidlöslichkeit und eine starke Interferenz mit energieübertragenden Systemen vermuten. Vor allem dürfte die Energetik der Fibrillenbildung und der Rindenverformung betroffen sein. Da bereits bekannt ist, daß Mitochondrien reichlich Ubichinon (s. KARLSON 1961) enthalten, wäre eine Störung der Energieübertragung durch von außen eindringende Chinone denkbar. Dabei sind deutliche Unterschiede in der Wirkung von Benzochinon im Vergleich zum höher molekularen Tetraphenchinon gegeben. Die Besonderheiten der Molekularstruktur scheinen gerade bei der mitostatischen Wirkung sehr wesentlich zu sein für die Eigenart des mitostatischen Effekts. Das läßt sich sogar an Molekülen zeigen, die selbst keine chinoide Struktur besitzen, wie Phenanthren oder Azulen. Diese Körper verändern Zellteilung oder Regeneration (Phosphatidblock nach HIRT).

Somit kann heute zwar eine relativ spezielle Wirkung aromatischer Verbindungen, insbesondere von Chinonen auf die Dynamik der Mitose vermutet werden. In welcher Weise aber die Strukturdynamik und die Energieübertragung im Cytoplasma mitotischer Zellen gekoppelt sind, kann heute trotz einiger suggestiver Hinweise noch nicht mit Sicherheit vermutet werden.

Hier sind auch Reaktionen von Chinonen mit Cytochrom b (SMITH und LESTER 1961) oder von SH-tragenden Proteinen als Modelle (GUTMANN und NAGASAWA 1960) sehr naheliegend und durch einzelne Experimente als möglich erwiesen worden. Aber diese Befunde lassen noch keine zwingenden Schlüsse zu.

1. Verwandte des Benzochinons
(LEHMANN 1942, 1945; LEHMANN und HADORN 1946 und LEHMANN 1951).

(Tab. 2)

Beim Benzochinon erweist sich die Kurzbehandlung mit ihrem genau definierten Beginn und Ende als weit überlegen. Bei Dauerbehandlung spielt das Phänomen der Cytolyse eine sehr störende Rolle. Sobald *Tubifex*-Eier während längerer Zeit einer blockierenden Konzentration von Benzochinon ausgesetzt werden, erfolgt bei einem gewissen Prozentsatz von Keimen auch die Cytolyse, d. h. die Zellrinde bricht aus uns noch unbekannten Gründen strukturell zusammen, und der Keim geht zugrunde.

Bei Kurzbehandlung kann die Cytolyse weitgehend umgangen werden. Besonders wenn vom Einzeller I/6 ausgegangen wird, kann die Zahl der durch Schockbehandlung blockierten Keime nahezu 100% erreichen. Gerade dieser Umstand belegt, daß der Mitosestop nach Kurzbehandlung nicht sehr viel mit der Cytolyse zu tun haben kann.

Vor allem ist festzuhalten, daß Kurzbehandlung mit Benzochinon eine dauernde und irreversible Blockierung des Mitosevorgangs bewirken kann. Es müssen also im enzymatischen Funktionssystem der Furchungszellen Veränderungen entstehen, die auch nach Weiterzucht der Keime in Salzlösung keine Erholung des geschädigten Mitoseapparates mehr zulassen. So bleiben Keime, die als Einzeller in die Lösung von 1:8 oder bis 1:20 Millionen kamen, unverändert als Ein- oder Zweizeller bestehen. Noch nach 24 Std besitzen sie im Zellinnern Ruhekerne oder Mitosestadien. Sie sind also noch vital.

Im ganzen genommen bewirkt das Benzochinon sehr viel deutlichere cortico-plasmatische Störungen, während der Nucleofusorialapparat erst bei stärkeren Konzentrationen ebenfalls geschädigt erscheint. In dieses Bild paßt es auch, daß etwa als Folge von Kurzbehandlung kernlose oder polyploide Keime auftreten.

2. Naphthochinon
(Abb. 5, Tab. 3)

Im Gegensatz zu Benzochinon läßt sich für Naphthochinon einmal ein schmaler Bereich rein antimitotischer Konzentrationen (von 1:3 bis 1:9 Mill.) und eine Kurzbehandlung mit rein antimitotischen Effekten nachweisen (HUBER 1947).

Für Naphthochinon ist die Wirkungsbreite gegeben durch die Konzentration, bei der Furchungsteilungen ohne Cytolyse sofort blockiert werden und andererseits durch die Konzentration, bei der die Entwicklung eben noch normal verläuft.

Der antimitotische Bereich liegt zwischen 1:3000000 und 1:9000000 (Tab. 3.1). Sein Quotient beträgt also 3. Der Bereich der Furchungsstörungen (der Anormogenesen) geht von 1:10 bis 1:17000000. In den einzelnen Bereichen herrscht eine ansehnliche Variabilität, d. h. bei jeder Konzentrationsstufe kommen verschiedene Variationstypen nebeneinander vor. Überlebende blockierte Einzeller sind dementsprechend in den fraglichen Konzentrationen im wechselnden Prozentsatz anzutreffen.

Tabelle 3. *Mitostatische Wirkungen von Naphthochinonen*

3.1. 1,4-Naphthochinon
3.2. 1,4-Amino-naphthol HCl
  Beide Stoffe zeigen einen relativ kleinen mitostatischen Bereich.
  Das gleiche gilt für
3.3. 1,2-Naphthochinon

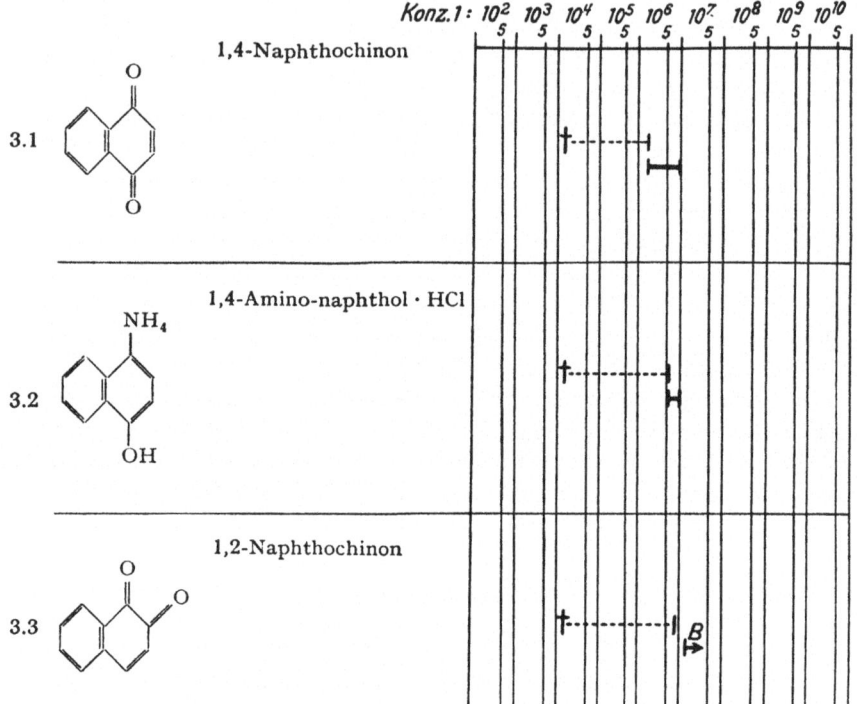

Sehr charakteristisch ist der progressive Stillstand der Furchung, der sich als konzentrationsabhängig erweist. Bei den betroffenen Keimen wird die Oberflächenunruhe phasenspezifisch dann vor allem verlangsamt, wenn sich die Keimoberfläche stark vergrößern sollte. Die normale Verformung der Eirinde wird nach allen unseren Erfahrungen durch Naphthochinon besonders stark betroffen. Die Teilung des Zellplasmas kann ebenfalls durch Naphthochinon stark verändert werden, während die Teilung der Zellkerne im Innern des Keimes unter Umständen ungestört vor sich gehen kann. Hier erfolgt also eine deutliche Dissoziierung der Kernteilung von der Plasmateilung.

Bei starker Einwirkung (sowohl bei Dauer- als auch bei Kurzbehandlung) wird auch der nucleofusoriale Apparat verändert. Hier werden die Spindeln bei 4—5stündiger Einwirkung in ihrer Größe reduziert und die Chromosomen werden pyknotisch. Bei der Kurzbehandlung ergibt sich, daß nur eine Einwirkungsdauer von weniger als 5 min keine Veränderungen schafft. Wurden dagegen Einzeller während 65 min behandelt, so blieben alle Einzeller stehen, lebten aber weiter. Der Ablauf der Zellteilungen ist irreversibel blockiert. In diesem Falle

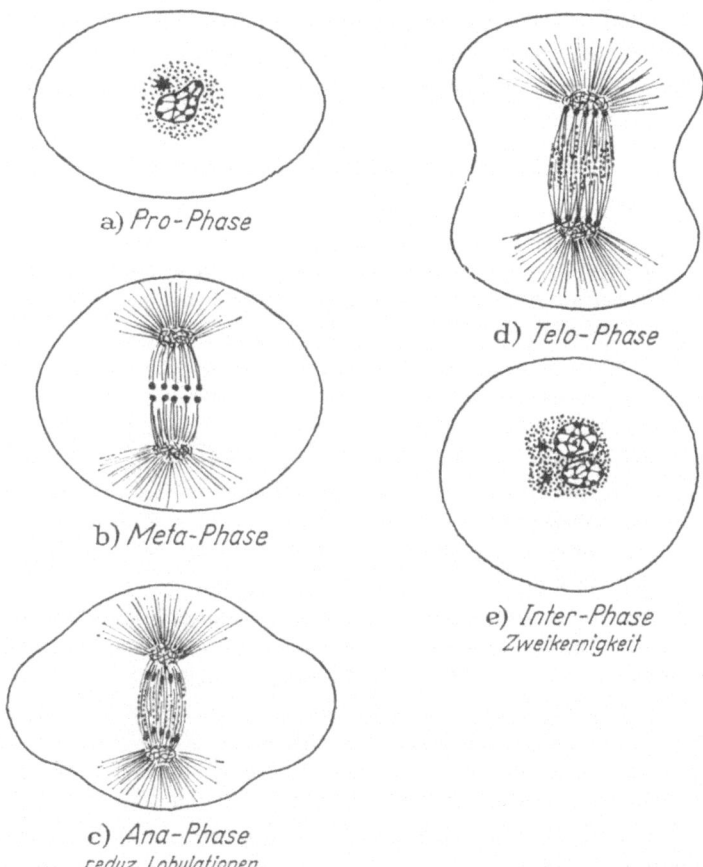

Abb. 5. Mitoseablauf nach Behandlung mit Naphthochinon. Prophase und Metaphase zeigen keine auffallenden Abnormitäten. In der Anaphase bleibt der nucleofusoriale Apparat normal, hingegen sind die Lobulationen in der Rinde des Keimes sehr stark reduziert. In der Telophase unterbleibt die Bildung der einschneidenden Furchen, so daß in der Interphase zwei Kerne in einer Zelle auftreten, da das Durchschneiden der trennenden Furche nicht erfolgt ist (vgl. Abb. 2)

erfolgt eine Dissoziation des mitotischen Zustandswechsels von den strukturerhaltenden Funktionen der überlebenden Zellen.

Der Grad der Störungen ist bei Naphthochinonbehandlung deutlich abhängig von der Stärke der Einwirkung (Konzentration und Dauer).

1. Grad: schwächste Stufe. Störungen der Furchung und der weiteren Entwicklung.

2. Grad: Antimitotische Effekte, wobei vor allem eine Hemmung in der Phase der cortico plasmatischen Funktionen auftritt (Riesenspindeln, Doppelkerne und kernlose Zellen).

3. Grad: Nach stärkerer Einwirkung von Naphthochinon auf die mitotische Zelle wird auch beim nucleofusorialen Apparat eine deutliche Wirkung sichtbar. Es kommt zu einer irreversiblen Einstellung dieser Funktionen (Ausfall fibrillärer Strukturen im Bereich von Spindel und Aster).

3. Dreikernige antimitotische Chinone

a) **9,10-Phenanthrenchinon (Phe-Chi)** (Abb. 6, Tab. 4). Das Wirkungsspektrum des Phe-Chi unterscheidet sich deutlich von demjenigen des Na-Chi. Die Wirkungsbreite erstreckt sich über $1:6 \cdot 10^6$ und $1:200 \cdot 10^6$. Der antimitotische Bereich liegt zwischen $1:17 \cdot 10^6$ und $1:25 \cdot 10^6$. Die Wirkung von Phe-Chi variiert innerhalb größerer Konzentrationsbereiche zwischen cytolytischen, antimitotischen und normogenetischen Effekten, die sehr oft auch nebeneinander auftreten können.

Das corticale System wird durch Phe-Chi weniger plötzlich betroffen. Bei Na-Chi-Behandlung wird der Cortex sofort stillgelegt, während es bei Phe-Chi meist noch zu einer Abschnürung einer Zelle kommt. Die Oberflächentätigkeit und die Verformung der Rinde wird durch Phe-Chi viel weniger betroffen als durch Na-Chi. Na-Chi greift sehr stark in die anatelophasischen Oberflächenvorgänge ein und kann sie bei starkem Effekt blockieren. Dagegen verhindert Phe-Chi erst die anschließende Furchenbildung, so daß nach anfänglicher Oberflächenunruhe doch keine endgültige Zellteilung stattfindet. Im Anschluß daran, daß parallel damit ein weitgehender Verlust des Kernapparates auftreten kann, erfolgt zuerst ein Verschwinden der Spindel und später die Ablösung des Asters von der Spindel. Dadurch wird aber die Zellteilung nicht aufgehalten, diese kann auch bei defektem Kernapparat fortschreiten. In diesem Falle läßt sich also die Zellteilung von der Kernteilung dissoziieren.

Bei Phe-Chi verschiebt sich das Gewicht der antimitotischen Störungen auf den nucleofusorialen Apparat. Beim cortico plasmatischen Apparat ist die dehnbare Rinde wesentlich beweglicher als bei Na-Chi. Der Akzent der Störungen verschiebt sich deutlich in andere Wirkungsbereiche, aber ohne daß eine scharfe Trennung der cortico plasmatischen von nucleofusorialen Vorgängen möglich wäre.

Noch deutlicher sind die Unterschiede in der mitostatischen Reaktion auf Na-Chi und Phe-Chi während der zweiten Meioseteilung (RÖTHELI 1950) festzustellen. Hier zeigt sich deutlich, daß Phe-Chi

viel stärker nucleofusorial wirkt als Na-Chi. Eine Behandlung von
1:1 · 10⁶ während 20 min bewirkt eine Blockierung und leichte Auflösung
der ungeordneten Spindelanteile in der Metaphase. Werden die Keime
jetzt in Zuchtlösung zurückversetzt, dann erfolgt eine merkwürdige

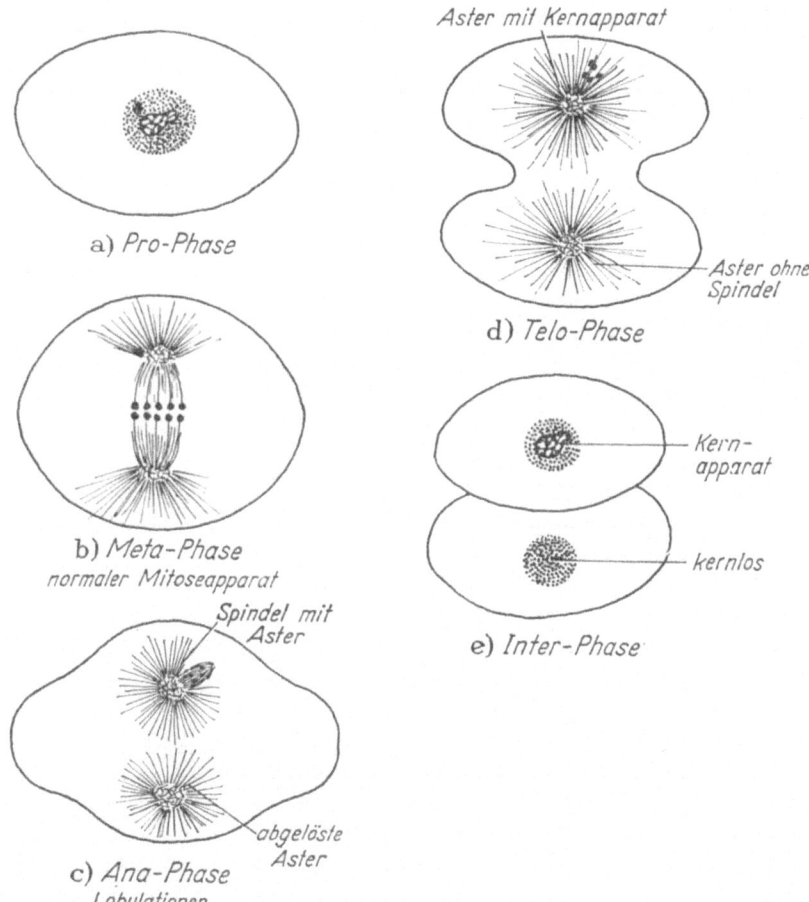

Abb. 6. Mitoseablauf nach Behandlung mit Phenanthrenchinon. Pro- und Metaphase sind nicht wesentlich abnorm. In der Anaphase trennen sich häufig einzelne Asteren vom Mitoseapparat. Es kann zur teilweisen oder gänzlichen Lösung von Spindel und Asteren kommen. Die Lobulationen bleiben hier sehr kräftig. In der Telophase können sich auch nur asterhaltige Zellen bilden, die später keinen Kern zeigen werden. Kernapparat und Aster zusammen bilden späterhin einen Interphasenkern (vgl. Abb. 2)

„cytoplasmatische Erholung von Asteren und Spindeln", wobei diese
wieder funktionstüchtig werden können. Analog wie bei den Versuchen
mit hohen Drucken (PEASE 1946, MARSLAND 1956b), wo eine vorübergehende Auflösung der Gelstruktur erfolgt, bewirkt Phe-Chi eine Auflockerung der reticulären, vor allem aber der geordneten Gelstrukturen

des Hyaloplasmas (insbesondere des astralen und des fusorialen). Läßt die gegen die Gelstruktur wirksame Konzentration von Phenanthrenchinon nach, genügen die im Cytoplasma noch vorhandenen astralen und fusorialen Tendenzen für einen neuen Aufbau der vorhanden gewesenen Gelstrukturen; manchmal erfolgt die Neubildung nicht einmal am genau gleichen Orte. Es müssen also während der Spindelbildung schwache, aber deutlich wirksame physiko-chemische Kräfte vorhanden sein, die eine geordnete Fibrillärstruktur erzwingen. Das konnte bei entsprechenden Experimenten mit Na-Chi bis jetzt nicht nachgewiesen werden.

Auch alle anderen Befunde RÖTHELIs weisen darauf hin, daß die geordnete fusoriale und astrale Fibrillärstruktur wesentlich durch Phe-Chi verändert werden kann. Keime, die länger als 40 min mit Phe-Chi $1:1 \cdot 10^6$ behandelt wurden, verlieren irreversibel ihre nucleofusorialen Strukturen. In dieser Hinsicht steht das Phe-Chi dem Colchicin näher als das Na-Chi. Dabei ist die chemische Struktur des Phe-Chi in einigen Punkten dem Tropolonderivat Colchicin unähnlicher als den verwandten Chinonen. Die Gründe für eine relative biologische Wirkungsähnlichkeit von Colchicin mit höheren Chinonen sind unbekannt, verdienen aber volle Aufmerksamkeit, besonders im Hinblick auf die Eigenart anderer Phenanthrenderivate.

b) Phenanthrenchinonderivate (Tab. 4). Das Phenanthrenchinon selbst hat einen sehr kleinen mitostatischen Bereich, der zwischen $1:7$ und $1:25 \cdot 10^6$ liegt. Einige von uns geprüfte substituierte Derivate haben eine größere antimitotische Wirkungsbreite. Das Pimanthrenchinon (4.4) hat einen wirksamen Bereich zwischen $1:200000$ und $1:50 \cdot 10^6$. Auch das Retenchinon (4.3), das zwischen $1:200000$ und $1:700000$ antimitotisch wirkt, wurde in Versuchen geprüft. Das Dibromphenanthrenchinon (4.2) ist zwischen $1:200000$ und $1:2 \cdot 10^6$ antimitotisch. Alle untersuchten Phenanthrenchinonderivate haben gemeinsam eine sehr starke nucleofusoriale Wirkung. Der Kernapparat bricht im Verlaufe der Mitosephase zusammen und kann von der Zelle nicht rekonstruiert werden. Die Beweglichkeit der Eirinde bleibt zum großen Teil erhalten, nur die eigentliche Zelldurchschnürung, die von Wirkstoffen des Metaphasenkernes abhängt, ist stark beeinträchtigt.

c) Herauf- und Herabsetzung der antimitotischen Eigenschaften des Phenanthrenmoleküls durch bestimmte Substituenten (Tab. 4). Die bisher erwähnten Phenanthrenderivate hatten sämtlich chinoide Struktur und einen ziemlich breiten antimitotischen Wirkungsbereich von stark nucleofusorialem Charakter. Diese Derivate zeichneten sich alle aus durch eine relativ geringe Wasserlöslichkeit. Ferner wurde eine Reihe von Substitutionsprodukten des Phenanthrenchinons geprüft, die als gut wasserlöslich bekannt waren. Diese zeigten fast keine mitostatischen Effekte.

Tabelle 4. *Mitostatische Wirkungen verschiedener Phenanthrenchinone* (s. Text)
4.1. 9,10-Phenanthren-Chinon
4.2. 3,6-Dibromphenanthren-Chinon
4.3. Retenchinon
4.4. Pimanthrenchinon

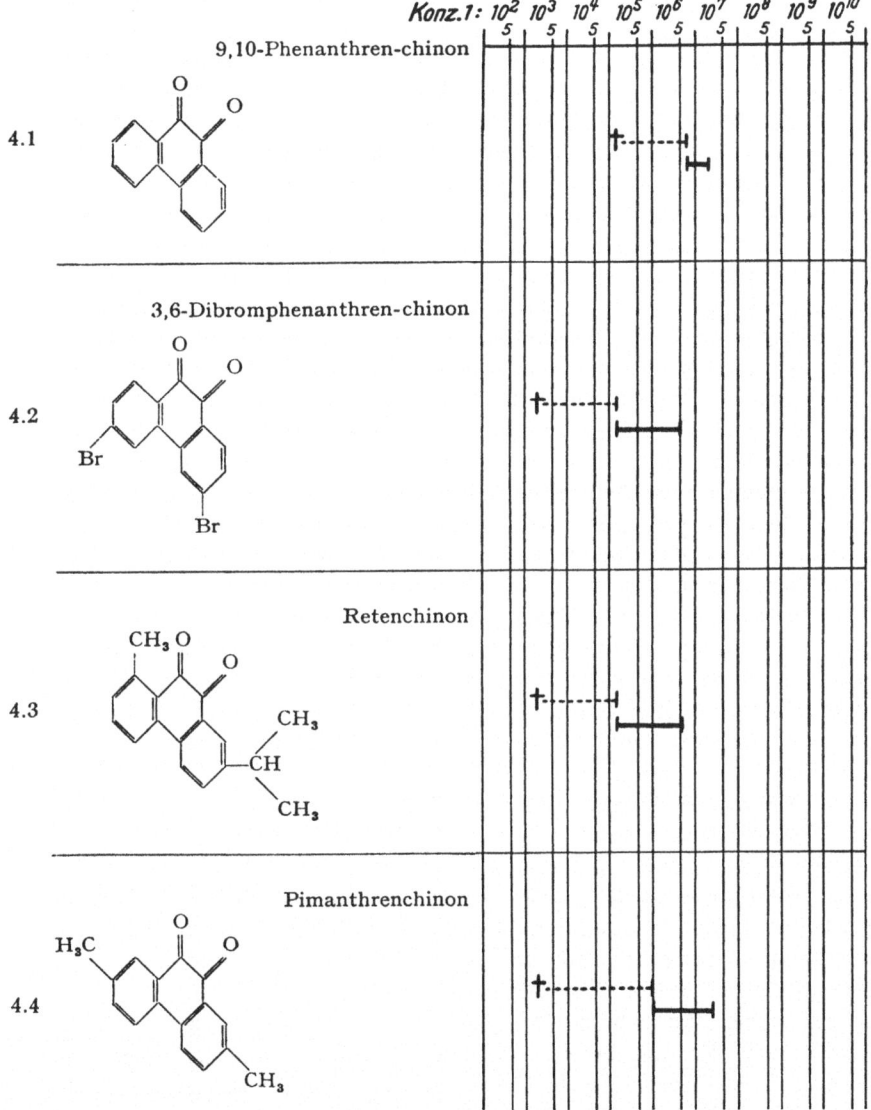

Im Hinblick darauf, daß chinoide Strukturen bei der Energieübertragung mit lipophilen Strukturen wie beim Ubichinonsystem der Mitochondrien eine Rolle spielen, könnte auch bei der antimitotischen Wirkung von Phenanthrenverbindungen eine Wirkungsbedingung auf dem chinoiden Charakter und der Lipophilie von Phenanthrenverbindungen beruhen. Demgegenüber dürften speziell hydrophile Substituenten den antimitotischen Charakter von Phenanthrenverbindungen geradezu herabsetzen.

Zur Bedeutung des lipophilen Charakters des Phenanthrenmoleküls selbst ist folgender Versuch aufschlußreich. Wird Phenanthren in einer Konzentration von 1:100000 in Lösung gebracht (seit Jahren wird Desoxycholsäure zur Löslichmachung von Sterinen verwendet), dann übt eine solche gemischte Lösung, die als nicht sehr reaktiv vermutet werden darf, sehr deutliche antimitotische Effekte auf das corticoplasmatische System mitotischer Zellen aus, während die Zellkerne nicht betroffen erscheinen. So behandelte Zellen können stundenlang weiterleben, verlieren aber ihr Teilungsvermögen. Desoxycholsäure allein ist in Lösung unwirksam. Somit kann für den antimitotischen Effekt des Phenanthrenchinons eine Komponente physiko-chemischer Natur vermutet werden, die vor allem auf die typische Phenanthrenstruktur angewiesen ist und zugleich mit einer chinoiden Struktur und einer besonderen Affinität zu lipoiden Räumen ausgestattet ist. Werden diese Bedingungen erfüllt, so sollten Wirkstoffe solcher Art mitotische Störungen hervorrufen, indem sie in lipophile subcelluläre Reaktionsräume des Mitoseapparates eindringen und dort durch ihren chinoiden Charakter tiefgreifende Störungen in der Energieübertragung erzeugen.

So wäre es auch zu erklären, daß lange nicht alle organischen Moleküle mit Chinonstruktur antimitotisch wirksam sein können, sondern daß sie zusätzliche physiko-chemische Bedingungen, z. B. als „Lecithinblocker", zu erfüllen haben. Ferner ist auf die sterische Ähnlichkeit einiger Sterinhormone mit den Phenanthrenderivaten hinzuweisen (CLAR s. S. 101).

d) Anthracen-Derivate. Das 9,10-Anthrachinon ist wirkungslos, es trägt bezeichnenderweise auch keine (angulierte) Ordnung von Benzolkernen. 9,10-Anthrachinon ist ein typisches Para-Chinon. Auch das 1,2-Anthrachinon wurde geprüft. Es erwies sich als sehr cytolytisch bis $1:10 \cdot 10^6$ und wirkte auch leicht antimitotisch. Die von uns geprüften Anthrachinonderivate sind im ganzen genommen deutlich weniger wirksam als die Phenanthrenderivate gleicher Konzentration.

e) Acenaphthenchinon (Tab. 5.1) hat einen relativ breiten antimitotischen Wirkungsbereich zwischen 1:100000 und 1:200000. In bezug auf seine nucleofusoriale Wirkung ist es den Wirkungen der Phenanthrenderivate relativ ähnlich. Die spezielle molekulare Reaktionsstruktur des Acenaphthenchinons kann heute noch nicht genauer erfaßt werden, besonders nicht im Hinblick auf die subcellulären Reaktionsräume des Gefüges im mitotischen Apparat, in dem es sich mit einiger Wahrscheinlichkeit auswirken wird. Heute können wir nur die auffallende Verwandtschaft in der antimitotischen Wirkung mit verschiedenen höheren Benzolderivaten feststellen. Immerhin stehen heute 20 Jahre nach den Versuchen von 1942 sehr empfindliche zellbiologische Methoden zur Verfügung, welche ohne weiteres erlauben würden, aufschlußreiche Experimente an *Tubifex*-Eiern durchzuführen. Das von uns geprüfte Aceanthrenchinon ist im Löslichkeitsbereich wirkungslos.

4. Vierkernige antimitotische Chinone
(Tab. 5)

Lassen sich schon bei dreikernigen Chinonen Typen mit starken und solche mit schwachen antimitotischen Eigenschaften nachweisen, so scheint diese Möglichkeit erst recht bei verschiedenen Konfigurationen vierkerniger Chinone zu bestehen. Wir sind nicht in der Lage gewesen, sehr große Zahlen verschiedener Typen von Chinonen zu testen, aber wir haben einige Gegensätze in ihren Wirkungsspektren verglichen. Vor allem haben wir uns mit Chrysen-Chinon und Tetraphenchinon (1,2-Benzanthracenchinon) befaßt.

a) Chrysenchinon (Tab. 5.3). Chrysenchinon läßt sich in einer Konzentration von 1:100000 in Zuchtlösung auflösen, wobei eine maximale Anfangskonzentration von Aceton (1:1000) erforderlich ist. Chrysenchinon wirkt mäßig mitostatisch. Dagegen ist sein antimitotischer Bereich ziemlich umfangreich. Die Konzentrationen $1:1 \cdot 10^6$ bis $1:3 \cdot 10^6$ sind deutlich antimitotisch und nicht sehr cytolytisch. Schwächere Konzentrationen bis $1:60 \cdot 10^6$ stören die Entwicklung wesentlich. Erst Verdünnungen schwächer als $1:60 \cdot 10^6$ lassen normale Entwicklung zu. Ein Zusatz von Desoxycholsäure zu Chrysenchinon erlaubte es, einen kleinen mitostatischen Wirkungsbereich von $1:1$ bis $1:3 \cdot 10^6$ festzustellen.

b) Demgegenüber ist das **Tetraphen- (1,2-Benzanthracen) 3,4- chinon** (Tab. 5.2) weitaus das wirksamste der von uns geprüften Chinone. Es blockiert die Teilung des *Tubifex*-Eies im Bereich von $1:1 \cdot 10^6$ bis $1:500 \cdot 10^6$, geht also über $2^1/_2$ Zehnerpotenzen. Es wirkt antimitotisch, und zwar sehr stark nucleofusorial, ähnlich wie auch das Colchicin. Die geschaffenen Veränderungen sind auch hier irreversibel.

Nach unseren vergleichenden Versuchen kommen beim Tetraphenchinonmolekül verschiedene Umstände zusammen. Es gleicht etwas dem sehr wirksamen Phenanthrenchinonmolekül, trägt aber eine etwas längere hydrophobe Benzolkette. Es sei daran erinnert, daß schon die kohlenwasserstoffsubstituierten Phenanthrenderivate etwas wirksamer sind als das unsubstituierte Chinon. Da aber das Chrysenchinon (Tab. 5.3) seinerseits bei weitem nicht die Wirkungen des Tetraphenchinons erreicht,

150 F. E. Lehmann

5.1. Acenaphthen-Chinon am wirksamsten ist
5.2. Tetraphenchinon geringe Wirkung zeigt
5.3. Chrysenchinon

Tabelle 5. *Höhere Chinone*

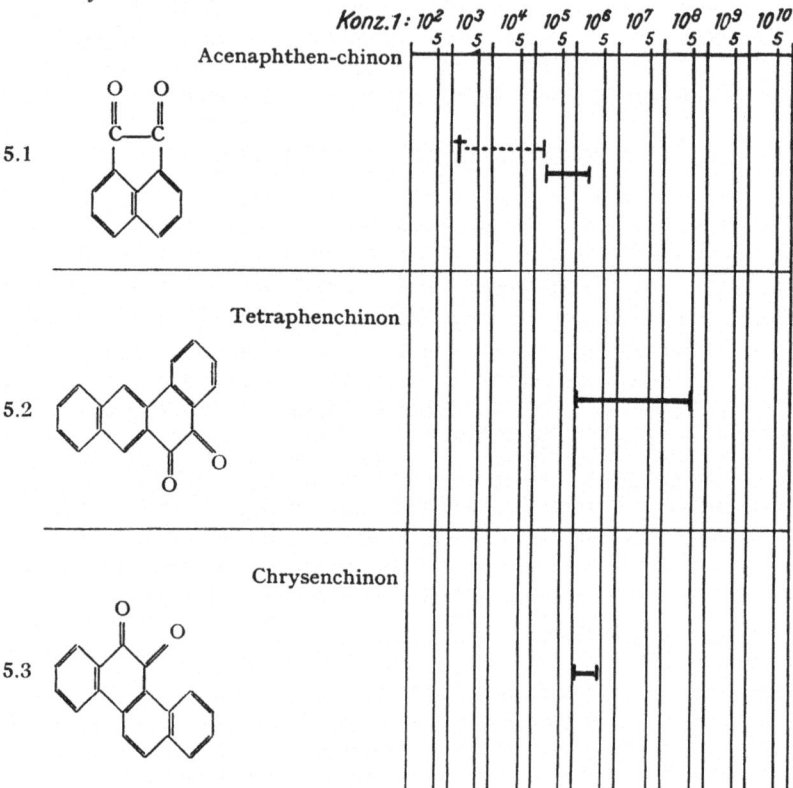

muß es die spezielle Konfiguration des Tetraphenmoleküls sein, die so außerordentliche Wirkungsgrade erzielen läßt, denn die Teilung des *Tubifex*-Eies kann ohne weiteres bei Chrysenchinon im Bereich von $1:500 \cdot 10^6$ erfolgen. Auch hier ist es nicht bekannt, wie weit das Ubichinonsystem der zahlreichen *Tubifex*-Mitochondrien mitbetroffen ist.

VI. Heterocyclische Antimitotica als vermutliche Analoga biologisch wichtiger Metaboliten

Berücksichtigte wichtige Literatur: P. Karlson, Einführung in die Biochemie (1961); H. Erlenmeyer, Isosterie (1948).

Die Forschungen der Jahre nach 1925 haben eine oft bestätigte Einsicht für die biologische Wirkung verschiedener organischer Molekül-typen erbracht. Es wurde eine ganze Zahl von organischen Verbindungen bekannt, die eine partielle Ähnlichkeit mit normalerweise vorkommenden Metaboliten besitzen (vgl. ERLENMEYER 1948 u. a.). Aufgrund dieser teilweisen Ähnlichkeit kann die eigenartige Wirkung von einer ganzen Anzahl von sog. „Analoga" im intermediären Stoffwechsel erklärt werden, und ein gezielter Einsatz von gewissen Antimetaboliten wird aufgrund dieser Eigenschaften möglich. So kommt es, daß diese „Analogen" als allgemeine Störfaktoren im intermediären Stoffwechsel wirken können; sie können aber gerade so gut als relativ spezifische Antimetaboliten gut umschriebene biochemische oder auch morphogenetische Effekte erzeugen.

So bewirkt das von ERLENMEYER u. a. synthetisierte *Aminoketon E 9*, ein leucinanaloger Stoff, im Regenerationsexperiment bei *Xenopus*larven eine wesentliche Steigerung der Kathepsinaktivität speziell im Regeneratsgewebe. Diese induzierte Kathepsinaktivität scheint eine Verschiebung im Proteinumsatz des Regenerates und des Stumpfes zu erzwingen. Daraus dürfte eine Hemmung des Regeneratwachstums resultieren. Ähnliche Feststellungen sind bezüglich der sauren Phosphatase ebenfalls mit Aminoketonen gemacht worden. Im einzelnen ist wohl die Kinetik der Kathepsininduktion noch nicht geklärt, aber es erscheint uns als bemerkenswert, daß eine aminoketonartige, zu Leucin analoge Verbindung bei der Synthese des Kathepsins in vivo eine Rolle spielen dürfte. Diese eigentümliche Wirkung des Aminoketons E 9 ist bis jetzt der einzige uns bekannte Modellfall geblieben. Vergleicht man die antimitotischen Effekte einer Reihe von organischen Stoffen, so muß auffallen, daß die meisten von ihnen in den Verwandtschaftskreis von normalen Metaboliten fallen. Wir möchten also die Vermutung aussprechen, daß die von uns als wirksam befundenen Antimitotica zum Verwandtschaftskreis von Stoffwechselanalogen des intermediären Stoffwechsels gehören. Im folgenden möchten wir folgende Gruppen etwas genauer erörtern:

1. Einige *Isatinderivate* als chinoide Derivate des Indols, das im Zusammenhang mit dem Tryptophanstoffwechsel steht.

2. Verschiedene *Chinoxaline*, deren Analogiebeziehung zu gewissen Derivaten der Pteridine vermutet werden kann.

3. Für einige *Diphenylimidazole* nehmen wir weniger eine ausgesprochene Wirkung von Analogen als dynamischer Antimetaboliten an. Vielmehr vermuten wir hier das Vorliegen besonders strukturierter lipotroper Substanzen, die aufgrund ihrer sterischen Konfiguration besonders leicht in Lecithinkomplexe eindringen und als „Phosphatidblocker" wirken können (HIRT und BERCHTOLD 1961). Bei der weiten Verbreitung lipoider Substanzen vom Lecithintypus im submikroskopischen Gefüge der Zellen ist eine solche Annahme besonders wahrscheinlich.

1. Isatine als Indolderivate
(s. Tab. 6)

Tabelle 6. *Mitostatische Wirkungen verschiedener Isatine*
6.1. Das unsubstituierte Isatin wirkt deutlich mitostatisch
6.2. Das 5-Dimethylaminoisatin zeigt eine relativ große Wirkungsbreite. Das gleiche gilt für
6.3. N-Methyl-, 5-dimethylamino-isatin

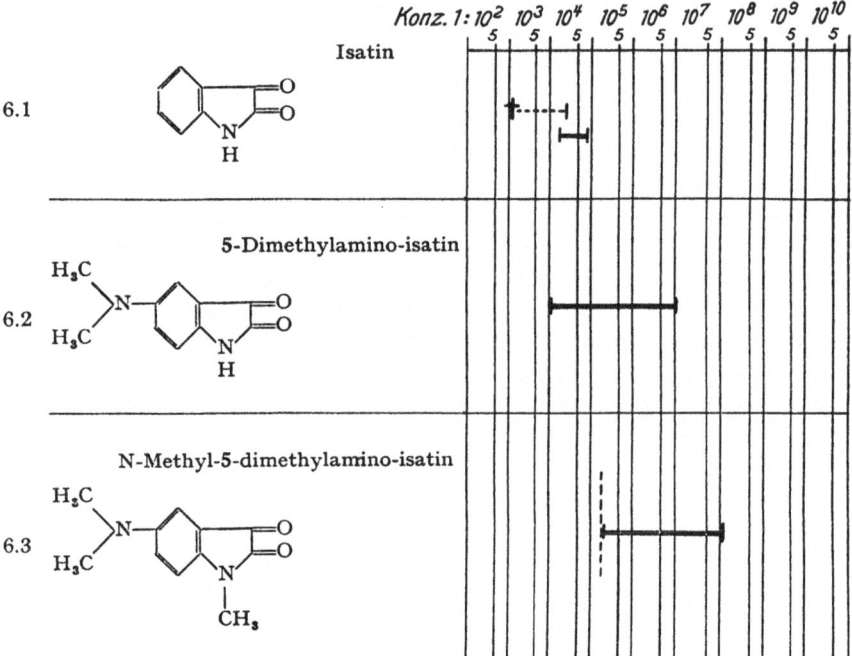

Das *Isatin* (6.1) steht als oxydiertes Indolderivat dem Funktionskreis der Aminosäure Tryptophan besonders nahe. Verschiedene Isatine sind Antimitotica von großer Wirkungsbreite beim Ei von *Tubifex*. Das gilt besonders für zwei Dimethyl-amino-isatine (Tab. 6.2 und 6.3), die beide eine auffällig große Wirkungsbreite besitzen. Die feinstrukturellen und biochemischen Auswirkungen der Mitostatica sind allerdings noch nicht genauer bekannt.

2. Chinoxaline als vermutliche Pteridin-Analoge
(Tab. 7.1, 7.2)

Zahlreiche Chinoxalinderivate sind im mitostatischen *Tubifex*-Test als wirksam befunden worden (s. Tab. 7.1, 7.2). Ferner ist für Chinoxalin und Chinoxalin 3576 der Ciba eine starke morphostatische Wirkung im

Xenopus-Regenerationstest festgestellt worden. Nach unseren Befunden antagonisieren hier die Verbindungen Adenin, Aminopterin und Folsäure die Chinoxalinwirkung bis zu einem gewissen Grade. Die Vermutung liegt nahe, daß die Chinoxalinderivate mit dem Purinstoffwechsel

Tabelle 7. *Eine Reihe von Chinoxalinen ist mitostatisch und auch morphostatisch im Xenopus-Test. Hier sind die mitostatischen Wirkungen auf das Tubifex-Ei angegeben.*
7.1. Das 6- oder 7-Äthoxy-2-oxychinoxalin zeigt bei Tubifex eine große Wirkung. Auch das
7.2. 6- oder 7-Äthoxy-2-oxy-3-phenylchinoxalin besitzt ebenfalls eine große Wirkungsbreite.

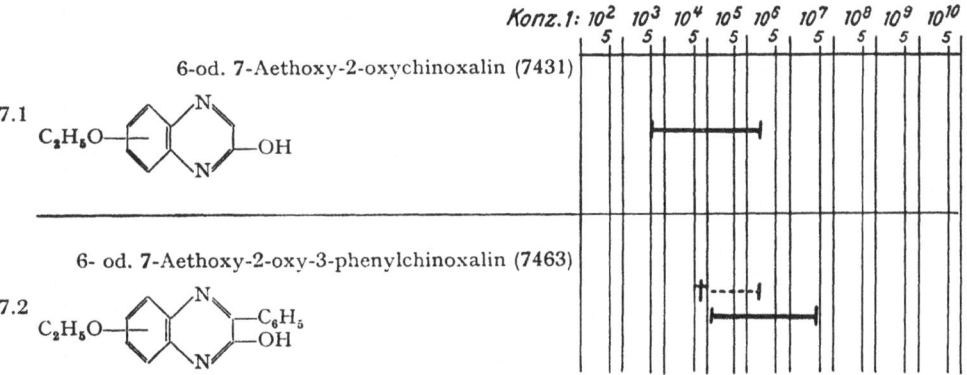

aufgrund von Analogieprinzipien interferieren (LEHMANN 1957). Die Strukturformel der Chinoxaline könnte sehr wohl an eine Interferenzwirkung mit dem Purin-Umsatz denken lassen. Jedoch stehen biochemische Befunde noch aus.

3. Diphenyl-Imidazole als vermutliche strukturell-lipotrope Mitostatica (Tab. 8.1–8.2)

Verschiedene submikroskopische Befunde sprechen dafür, daß die zahlreichen submikroskopischen Zellstrukturen wie Mitochondrien oder die Ribosomen und die Mikrovesikeln des Endoplasmas zum Teil aus eng assoziierten Ribonucleoproteinen und Lecithinen bestehen. Das scheint besonders auch bei Mitosestrukturen der Fall zu sein (Patricia HARRIS 1961). Neueste Experimente von HIRT und BERCHTOLD (1961) sprechen dafür, daß geeignet aufgebaute Moleküle in solche Mischgefüge eindringen können und dort bestimmte Stellen besetzen. Dadurch könnte die Strukturbildung der Reaktionsräume wesentlich beeinflußt werden, indem eine charakteristische „Phosphatid-Blockierung" vor sich gehen könnte. Bei den von uns als mitostatisch befundenen Diphenyl-Imidazolen könnte die von HIRT und BERCHTOLD erwogene „Phosphatid-Blockierung" realiziert sein. Wir möchten es aber offen lassen, ob sich für die konkreten Einzelfälle, die wir untersucht haben, eine plausible Erklärung für mitostatische Effekte geben lassen kann, die sich auf die Annahmen von HIRT und BERCHTOLD mit plausiblen Argumenten zugunsten von ,,Phosphatid-Blockern" stützen darf.

Tabelle 8. *Mitostatische Wirkung verschiedener substituierter Imidazole*
8.1. 2,4-Diphenyl-imidazol
8.2. 4,5-Bis-(3', 4'-methylen dioxyphenyl)-imidazol Hydrochlorid

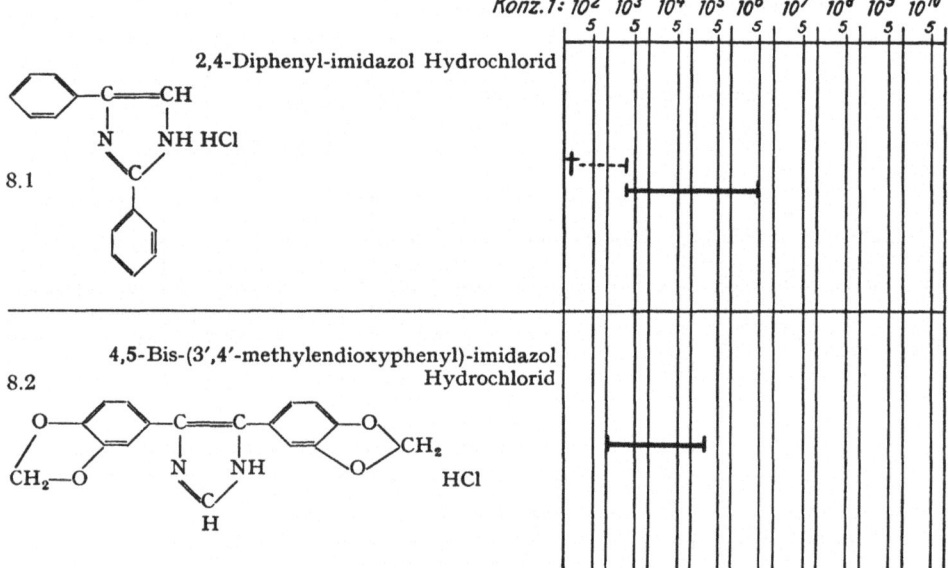

VII. Diverse Verbindungen
mit mitostatischer oder morphostatischer Wirkung
(s. Tab. 9)

Im Rahmen dieser Übersicht, die sich in erster Linie mit aromatischen oder heterocyclischen Verbindungen mitostatischer Natur befaßt, ist nachdrücklich hervorzuheben, daß heute schon eine ganze Reihe zum Teil sehr wirksamer aliphatischer Verbindungen existiert. Wir verweisen in diesem Zusammenhang auf den Abschnitt VIII, in dem einige allgemeine Überlegungen über die biochemische Natur von Mitostatica und Morphostatica angestellt werden. Es scheint hier eine Art von Wirkungsverwandtschaft vorzuliegen, die sich aber im jetzigen Moment noch nicht mit allen wünschbaren Einzelheiten belegen läßt. Immerhin ist es jetzt schon angebracht, Mitostatica und Morphostatica als relativ

Tabelle 9. *Morphostatische Wirkung diverser Hemmstoffe*

9.1. Das Amino-Keton E 9 von ERLENMEYER als Repräsentant eines nicht cytoklastischen Hemmstoffs

9.2. β-Mercaptoäthanol, ein von MAZIA eingeführter Hemmstoff

9.3. E 96, ein schwefelhaltiges Purin-Analogon hergestellt von v. HAHN

9.4. DL-α-Liponsäure mit ihrer regenerationshemmenden Wirkungsbreite (dargestellt mit R)

9.5. Nicotinsäureamid als morphostatischer Metabolit im Regenerationstest der Xenopuslarve (s. LEHMANN 1962)

9.6. Das Methyl-bis- (β-Chloraethyl)-Amin-Chlorid als Beispiel eines radiomimetischen Morphostaticums (NIEUWKOOP und LEHMANN 1952). Ein Hemmbereich wird bei 9.6 nicht angegeben. (R=Ausdehnung des morphostatischen Hemmbereiches bei Xenopuslarven)

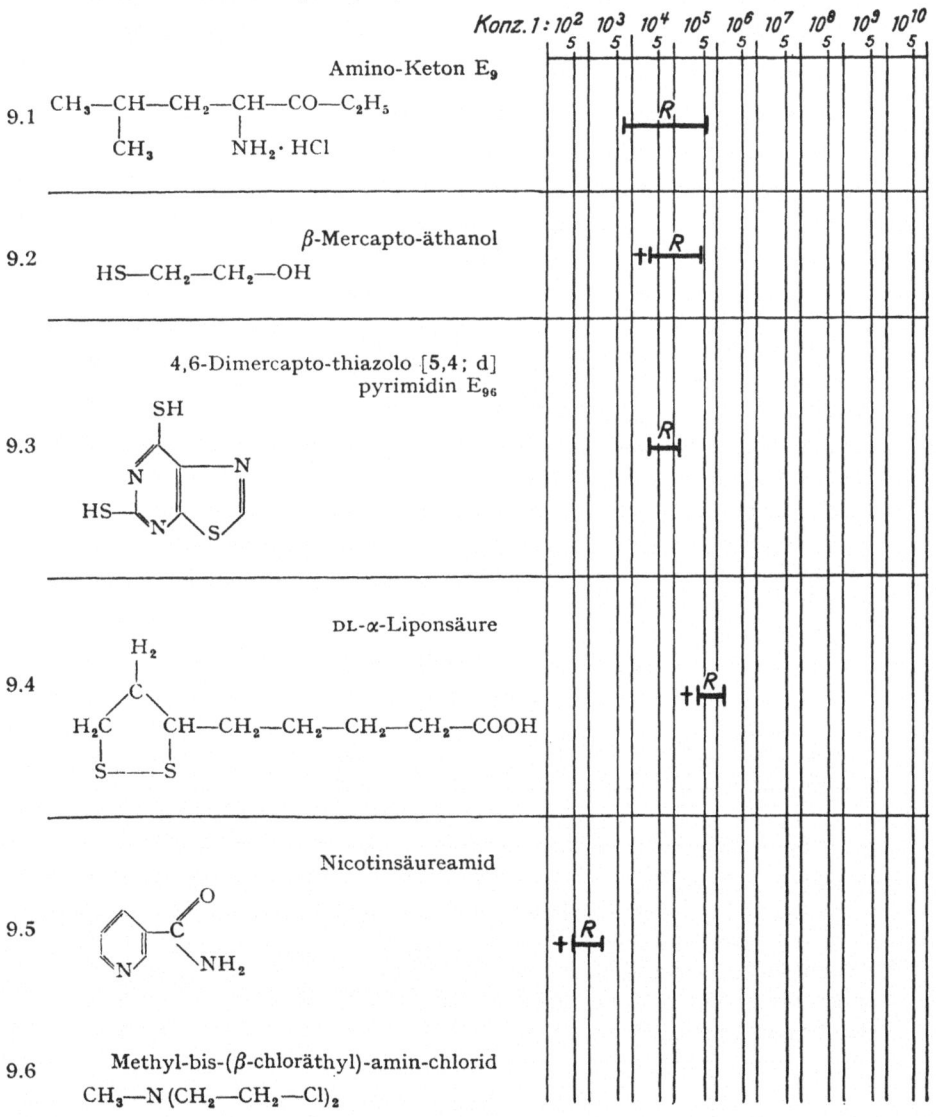

wirkungsverwandt zu betrachten und miteinander in Beziehung zu setzen. Für die Erfassung von Mitostatica halten wir uns an den Mitosetest der Eier von *Tubifex* oder von Seeigeln. Für die Erfassung morphostatischer Wirkungen ziehen wir den Regenerationstest des *Xenopus*-Schwanzes heran (R).

1. Wirkungen von Aminoketonen
(Tab. 9.1)

Der Verfasser hat einige von ERLENMEYER synthetisierte Aminoketone geprüft. Diese sind vor allem sehr wirksame Regenerationshemmer, aber sie geben auch deutliche mitostatische Effekte bei Seeigeleiern, wenn sie in starken Konzentrationen angewandt werden (LEHMANN und BRETSCHER 1951). Die Aminoketone aktivieren bei gehemmten *Xenopus*-Regeneraten das Kathepsin in sehr auffallender Weise.

2. SH-haltige Morphostatica
(Tab. 9.2–9.4)

Schwefelhaltige Proteine spielen in lebenden Zellen eine besonders wichtige Rolle. Im Zusammenhang damit ist es wesentlich, daß verschiedene SH-substituierte Morphostatica die Schwanzregeneration der *Xenopus*-Larve stark hemmen. Es handelt sich dabei um das β-Mercaptoäthanol (Tab. 9.2) und das 5,7-Dimercaptothiazolo-(5,4d)-pyrimidin (von HAHN und LEHMANN 1960) (Tab. 9.3). Die genaueren biochemischen Effekte, die bei der Morphostase erscheinen, sind noch unbekannt. Ferner wurde Liponsäure (Tab. 9.4) auch in ihrer Kombination mit Nicotinsäureamid (Tab. 9.5) als sehr morphostatisch befunden (LEHMANN und SCHOLL 1962).

3. Alkylierende Verbindungen
(Tab. 9.6)

Sehr cytoklastisch wirksam sind ferner die Chloräthylamine, die als Radiomimetica sowohl mitostatisch als auch morphostatisch wirksam sind (Tab. 9.6) (nähere Angaben s. Lit. unter NIEUWKOOP und LEHMANN 1952). Die biochemischen Grundlagen dieses sehr starken Effektes sind zur Zeit noch nicht eindeutig bestimmt worden. Einzig steht fest der hochgradig zellnekrotisierende Effekt auf teilungsbereite Embryonalzellen. Wir unterscheiden ausdrücklich zwischen solchen cytoklastischen Erscheinungen, die mit schweren Schädigungen ganzer Bereiche verbunden sind, und morphostatischen Effekten, bei denen keine gröberen Zellnekrosen auftreten.

VIII. Mitostatica und Morphostatica

Die allgemeine Biologie bietet verschiedene Beispiele dafür, daß die Entwicklung vielzelliger Organismen in hohem Maße auf Zellteilung und Wachstum angewiesen ist. Aber Zellteilung und Wachstum sind keine obligaten Attribute des Lebens, ebensowenig beim Leben von der eigenen Substanz wie auch beim Überleben unterkühlter oder ausgetrockneter Mikroorganismen. Sobald es aber um echte Vermehrung oder Neubildung organismischer Materie geht, sind die Phänomene der Replikation von Zellorganoiden oder von einzelnen Zellen, die zwei Tochterzellen bilden, unerläßlich. Bei der Fortpflanzung und Entwicklung vielzelliger Organismen sind deshalb Mitose und Zellwachstum regelmäßig beteiligt. Vor rund 100 Jahren herrschte bei den Embryologen allgemein die Vorstellung, daß die embryonale Entwicklung vor allem durch Mitose und Wachstum aufrecht erhalten werde (W. HIS 1874). So ergab sich die naheliegende Idee, daß man mit Hilfe chemischer Faktoren über Störungen der Zellteilung und des Wachstums direkt in die Morphogenese eingreifen könne. Dieser historisch verständliche, aber molekularbiologisch nicht mehr haltbare Irrtum hat eine tiefgreifende Fehlentwicklung auf dem Gebiete der Morphostatica und Mitostatica auch im Zusammenhang mit der Tumorforschung eingeleitet.

Wie schon nach den Überlegungen von J. NEEDHAM (1943) nicht anders zu erwarten war, gelang es zwar, die Zellteilung und die vitalen Überlebensfunktionen voneinander zu dissoziieren; die Entwicklung des Colchicins führte zu einer ganzen Reihe von Mitostatica, welche Zellteilungs- und Überlebensfunktionen voneinander lösten oder auskuppelten. Aber es gelang nicht, das Tumorwachstum mit seiner ungezügelten Zellvermehrung unter chemische Kontrolle zu bringen.

Die Analyse des Regenerationswachstums beim Schwanz der *Xenopus*-Larve führte auf ein weiteres wesentliches Faktorensystem in der Morphogenese. Zunächst gelang der Nachweis, daß das Regenerationswachstum bei *Xenopus*-Larven selektiv gehemmt werden konnte, ohne daß cytoklastische oder mitostatische Effekte auftraten. Eine wesentliche Herabsetzung des morphogenetischen Stoffwechselpotentials durch Aminoketone oder Chinoxalin (LEHMANN und v. HAHN 1958, LEHMANN 1962) genügte zur Veränderung der Aktivität von Proteasen und Phosphatasen. Nun erfolgte eine sehr starke Morphostase. Damit war im Prinzip erkannt, daß Wachstumsvorgänge, wie bei der Regeneration, durch Beeinflussung verschiedener Enzymsysteme selektiv gehemmt werden können, ohne daß eine totale Hemmung der Mitosen erforderlich gewesen wäre. Eine wesentliche Erkenntnis war, daß die Kombination synergistischer Morphostatica besonders wirksam gegenüber dem MSP war. Eine metabolische Hervorrufung der Morphostase ist damit im

Prinzip möglich geworden. Es gibt bekanntlich verschiedene Beispiele aus der normalen Wachstumsbiologie, wo das Wachstum bestimmter Organe durch autochthone Stoffe des Trägerorganismus selektiv gehemmt oder gefördert werden kann (TARDENT u. EYMANN 1958).

Heute lassen sich die vermutlich eng verwandten enzymatischen Grundlagen der Mitostase und der Morphostase noch nicht in befriedigender Weise erfassen. Ein einläßlicher Vergleich von selektiven Mitostatica und Morphostatica verspricht hier für die Zukunft aufschlußreiche Hinweise.

So sind Aminoketone, das Mercaptoäthanol, die Chinoxaline und gewisse Chinone morphostatisch bei der *Xenopus*larve und mitostatisch bei den Eiern des Seeigels und des *Tubifex*. Jedoch ist noch nicht bekannt, wie weit in diesen Fällen partikelgebundene Stoffwechselvorgänge durch die hier genannten Wirkstoffe umgesteuert werden. Hier bleibt ein fundamentales Forschungsgebiet für die biochemische Entwicklungsphysiologie offen. Erst wenn hier neue Ergebnisse gewonnen sind, besteht auch die Hoffnung, in der Tumorbiologie (z. B. Chemotherapie) weiterzukommen.

Immerhin kann heute ein bemerkenswerter Umstand festgehalten werden, nämlich der, daß ein Träger antimitotischer und morphostatischer Effekte im lebenden Substrat der morphogenetischen Leistungen von Zellen und Blastemen gesucht werden muß: *im aktiven Hyaloplasma der Zellen.* Es bedarf besonderer morphogenetischer Leistungen bei der Regeneration, bei der Mitose und beim Wachstum. Das aktive Hyaloplasma muß strukturell wichtige Stoffgefüge aufbauen und zugleich biochemisch aktive Substanzen bereitstellen. Es ist nicht überraschend, daß der Embryonalextrakt des Hühnerkeimes besonders reich an induzierenden Faktoren ist (TIEDEMANN 1959). Alles spricht dafür, daß ein solchermaßen aktives Protoplasma ein sehr hohes morphogenetisches Stoffwechselpotential besitzt. So ist auch zu erwarten, daß Morphostatica und Mitostatica sich bei ihren biologischen Wirkungen auf das aktive Hyaloplasma überschneiden. Synergistische Kombinationen von Wirkstoffen, die gemeinsam in den Umsatz der Proteine und der Purine eingreifen, versprechen besondere Effekte auf die Morphogenese. Angesichts der engen Kupplung biochemischer und morphogenetischer Effekte auch im submikroskopischen Bereich ist allerdings eine ins einzelne gehende Analyse im jetzigen Augenblick noch nicht gegeben, aber es können heute schon die biochemischen und strukturellen Komponenten des embryonalen Hyaloplasmas einer genauen Erforschung unterzogen werden.

Literatur

ANDERSON, N. G.: Cell division. I. A theoretical approach to the primeval mechanism, the initiation of cell division and chromosomal condensation. Quart. Rev. Biol. 31, 169—199 (1956).

ANDERSON, N. G.: Cell division. II. A theoretical approach to chromosomal movements and the division of the cell. Quart. Rev. Biol. **31**, 243—269 (1956).
BIESELE, J. J.: Mitotic poisons and the cancer problem. Amsterdam-NewYork: Elsevier Comp. 1960.
BOSS, J.: The origin of the nucleus after mitotic cell division. In: New approaches in cell biology. Edit. P. M. B. WALKER. New York: Academic Press 1960.
CLAR, E.: Aromatische Kohlenwasserstoffe. Polycyclische Systeme. Berlin: Springer-Verlag 1941.
DOMAGK, G., S. PETERSEN u. W. GAUSS: Ein Beitrag zur experimentellen Chemotherapie der Geschwülste. Z. Krebsforsch. **59**, 617—622 (1954).
ERLENMEYER, H.: 5. Les composés isostères et le problème de la ressemblance en chimie. Bull. Soc. Chim. Biol. **30**, 792—805 (1948).
HAHN, H. P. v., u. F. E. LEHMANN: Verschiedenartige synergistische Effekte zweier SH-substituierter Morphostatica (β-Mercaptoaethanol und 5,7-Dimercaptothiazolo-(5,4-d)pyrimidin). Rev. Suisse Zool. **67**, 353—371 (1960).
HARRIS, P.: Electron microscope study of mitosis in sea urchin blastomeres. J. biophys. biochem. Cytol. **11**, 419 (1961).
HARVEN, E. DE, et W. BERNHARD: Etude au microscope électronique de l'ultrastructure du centriole chez les vertébrés. Z. Zellforsch. **45**, 378—398 (1956).
HESS, O.: Phasenspezifische Änderung im Gehalt an ungesättigten Fettsäuren beim Ei von *Tubifex* während der Meiosis und der ersten Furchung. Z.Naturforsch. **14b**, 342—345 (1959).
HIRT, R., u. R. BERCHTHOLD: Biophysikalische Studien mit synthetischem Lezithin als Weg zu neuartigen Chemotherapeutica. Experientia (Basel) **17**, 418 (1961).
HIS, W.: Unsere Körperform. Leipzig: Verlag F. C. W. Vogel 1874.
HOFFMANN-BERLING, H.: Das kontraktile Eiweiß undifferenzierter Zellen. Biochim. biophys. Acta **19**, 453—463 (1956).
HUBER, W.: Der normale Formwechsel des Mitoseapparates und der Zellrinde beim Ei von *Tubifex*. Rev. Suisse Zool. **53**, 468—474 (1945).
— Über die antimitotische Wirkung von Naphthochinon und Phenanthrenchinon auf die Furchung von *Tubifex*. Rev. Suisse Zool. **54**, 61—154 (1947).
HUGHES, A.: The mitotic cycle. New York: Acad. Press Inc. 1952.
INOUÉ, S., and K. DAN: The effect of colchicine on the microscopic and submicroscopic structure of the mitotic spindle. Exp. Cell Res., Suppl. **2**, 305—318 (1952).
KARLSON, P.: Kurzes Lehrbuch der Biochemie. 2. Aufl. Stuttgart: Thieme-Verlag 1961.
KORBASHI, N., and K. NAKAMURA: The cleavage inhibition and abnormal cleavage of sea-urchin eggs induced by demecolcin II. Zool. Magazine **66**, 376—383 (1957).
KÜHN, A.: Vorlesungen über Entwicklungsphysiologie. Berlin-Göttingen-Heidelberg: Springer-Verlag 1955.
LEHMANN, F. E.: Prüfung zellteilungshemmender Stoffe an einem neuen Testobjekt. Verh. Ver. Schweiz. Physiol. Juni 1942.
— Chemische Beeinflussung der Zellteilung. Experientia (Basel) **3**, 223—232 (1947).
— Der Kernapparat tierischer Zellen und seine Erforschung mit Hilfe von Antimitotica. Schweiz. Z. Path. Bakt. **14**, 487—508 (1951).
— Synergistische und antagonistische Hemmstoffkombinationen bei der Schwanzregeneration der *Xenopus*-Larve. Helv. physiol. Acta **15**, 341—443 (1957).
— Die Schwanzregeneration der *Xenopus*-Larve unter dem Einfluß phasenspezifischer Hemmstoffe. Rev. Suisse Zool. **64**, 533—546 (1957).
— Functional aspects of submicroscopic nuclear structures in *Amoeba proteus* and of the mitotic apparatus of *Tubifex* embryos. Exp. Cell Res., Suppl. **6**, 1—16 (1958).

LEHMANN, F. E.: Synergie et antagonisme des substances antimitotiques et morphostatiques et leur influence sur l'activité morphogénique de l'hyaloplasme embryonaire. Coll. internat. Centre nat. rech. scient. (Montpellier 17—21 Mai 1959) 88, CNRS Paris 1960.
— Action of morphostatic substances and the role of proteases in regenerating tissues and in tumour cells. Adv. Morphogen. 1, 153—187 (1960).
— Zellbiologische und biochemische Probleme der Morphogenese. 13. Mosbacher Colloquium. Berlin-Göttingen-Heidelberg: Springer-Verlag 1962.
—, u. G. ANDRES: Chemisch induzierte Kernabnormitäten. Rev. Suisse Zool. 55, 280—285 (1948).
—, u. A. BRETSCHER: Antimitotische und entwicklungshemmende Stoffwirkungen auf den Seeigelkeim. Arch. Klaus-Stift. Vererb.-Forsch. 26, 459—465 (1951).
—, u. W. GEIGER: Zur Wirkungsphysiologie verschiedener Hemmstoffe aus dem Verwandtschaftskreis des Colchicins. Arch. Klaus-Stift. Vererb.-Forsch. 30, 521—526 (1955).
—, u. H. HADORN: Vergleichende Wirkungsanalyse von zwei antimitotischen Stoffen, Colchicin und Benzochinon, am *Tubifex*-Ei. Helv. physiol. pharmacol. Acta 4, 11—42 (1946).
—, M. HENZEN and F. GEIGER: Cytology and microcytology of living and fixed cytoplasmic constituents in the eggs of *Tubifex* and the cell of *Amoeba proteus*. Symp. "Ultrastructure" Bern, Sept. 1961 (1962).
—, u. V. MANCUSO: Der fibrilläre Feinbau des Mitoseapparates von *Tubifex* nach Behandlung mit verschiedenen Fixiermitteln. Rev. Suisse Zool. 65, 360—370 (1958).
LETTRÉ, H.: Some investigations on cell behavior under various conditions. A review. Cancer Res. 12, 847—860 (1952).
— Cytotoxic agents of the purine and the sterol group. Exp. Tumor Res. 1, 329 to 359 (1960).
— Mitose und Dissoziabilität einzelner Mitoseschritte. Forsch. Fortschr. dtsch. Wiss. 35, 39—44 (1961).
—, u. E. HARTWIG: Vergleich ringgeschlossener und ringoffener Verbindungen vom Colchicin-Typ auf ihre antimitotische Wirkung. Hoppe-Seylers. Z. physiol. Chem. 291, 164 (1952).
—, and R. LETTRÉ: A cytological problem: Permanence of the chromosomal spindle fiber during interphase. Nucleus 2, 23—44 (1959).
LEWIS, W. H.: Cell division with special reference to cells in tissue cultures. Ann. N. Y. Acad. Sci. 51, 1287—1294 (1951).
LÜSCHER, M.: Die Wirkung des Colchicins auf die an der Regeneration beteiligten Gewebe im Schwanz der *Xenopus*-Larve. Rev. Suisse Zool. 53, 683—734 (1946).
— Die Hemmung der Regeneration durch Colchicin beim Schwanz der *Xenopus*-Larve und ihre entwicklungsphysiologische Wirkungsanalyse. Helv. physiol. pharmacol. Acta 4, 465—494 (1946).
MARSLAND, D.: Protoplasmic contractility in relation to gel structure: temperature-pressure experiments on cytokinesis and amoeboid movement. Internat. Rev. Cytol. 5, 199—227 (1956).
MARXER, A.: Über die 2,5-Bisäthylenimino-hydrochinon, eine carcinostatisch wirksame Verbindung. Helv. chim. Acta 38, 1473—1489 (1955).
MAZIA, D., and TH. BIBRING: The multiplicity of the mitotic centers and the time-course of their duplication and separation. J. biophys. biochem. Cytol. 7, 1 (1960).
— — Mitosis and the physiology of cell division. In: BRACHET, J., and A. E. MIRSKY: The Cell. vol. III. London-New York: Academic Press 1961.

MEIER, R., et. B. SCHÄR: Différenciation de l'action antimitotique sur la cellule animale normale, in vitro. Experientia (Basel) 3, 358—366 (1947).
MITCHELL, J. S.: Clinical assessment of tetra-sodium 2-Methyl-1:4- Naphthohydroquinone diphosphate as a radiosensitizer in the radiotherapie of malignant tumours. Brit. J. Cancer 7, 313—328 (1953).
NEEDHAM, J.: Biochemistry and Morphogenesis. Cambridge: University Press 1942.
NIEUWKOOP, P. D., u. F. E. LEHMANN: Erzeugung von zell-letalen Schädigungsmustern bei *Triton*-Keimen durch ein Chloraethylamin (Nitrogen-Mustard). Rev. Suisse Zool. 59, 1—21 (1952).
PALADE, G. E., and K. R. PORTER: Studies on the endoplasmic reticulum. I. Its identification in cells in situ. J. exp. Med. 100, 641—656 (1954).
PAUSON, P. L.: Tropones and tropolones. Chem. Rev. 55, 9—136 (1955).
PEASE, D. C.: Hydrostatic pressure effects upon the spindle figure and chromosome movement. II. Experiments on the meiotic division of *Tradescantia* pollen mother cells. Biol. Bull. 91, 145—169 (1946).
PETERSEN, S., W. GAUSS u. E. URBSCHAT: Synthese einfacher Chinon-Derivate mit fungiziden, bakteriostatischen oder cytostatischen Eigenschaften. Angew. Chem. 67, 217—231 (1955).
RÖTHELI, A.: Auflösung und Neubildung der Meiosespindel von *Tubifex* nach chemischer Behandlung. Rev. Suisse Zool. 56, 322—326 (1949).
— Chemische Beeinflussung plasmatischer Vorgänge bei der Meiose des *Tubifex*-Eies. Z. Zellforsch. 35, 62—109 (1950).
SCHÄR, B., P. LOUSTALOT u. F. GROSS: Demecolcin (Substanz F), ein neues, aus *Colchicum autumnale* isoliertes Alkaloid mit starker antimitotischer Wirkung. Klin. Wschr. 3/4, 49—57 (1954).
SCHREIBER, J., W. LEIMGRUBER, M. PESARO, P. SCHUDEL, T. THREFALL u. A. ESCHENMOSER: Synthese des Colchicins. Helv. chim. Acta 44, 541—597 (1961).
SWANN, M. M.: The control of cell division. I. General mechanisms. Cancer Res. 17, 727—757 (1957).
— The control of cell division: A review. II. Special mechanisms. Cancer Res. 18, 1118—1160 (1958).
TARDENT, P., and H. EYMANN: Some chemical and physical properties of the regeneration-inhibitor of *Tubularia*. Acta Embryol. Morph. exp. (Palermo) 1, 280—287 (1958).
TIEDEMANN, H.: Neue Ergebnisse zur Frage nach der chemischen Natur der Induktionsstoffe beim Organisatoreffekt Spemanns. Naturwissenschaften 46, 613—623 (1959).
VELDSTRA, H.: Synergism and potentiation with special reference to the combination of structural analogues. Pharmacol. Rev. 8, 339—387 (1956).
WILBUR, K.: Effects of colchicine upon viscosity of the *Arbacia* egg. Proc. Soc. exp. Biol. (N. Y.) 45 (1940).
WOKER, H.: Phasenspezifische Wirkung des Colchicins auf die ersten Furchungsteilungen von *Tubifex*. Rev. Suisse Zool. 50, 237—243 (1943).

On the Migration of Insects

By ERIK TETENS NIELSEN

Molslaboratoriet Femmöller/Dänemark

With 6 Figures

Contents

I. Introduction. 162
II. Definition 163
III. Investigational methods. 164
IV. Types of migration 168
    a) Locusts 168
    b) *Ascia monuste* 171
    c) The monarch 174
    d) The bogong moth 177
    e) The sunn 178
V. General discussion 178
    A. The urge to migrate. 179
        a) Periodicity of the migratory urge 179
        b) Occurrence of the migratory urge between the individuals of a species 181
        c) Release of the migratory habit 182
    B. The migratory flight. 185
        a) Windborne flights 186
        b) Random selected direction 186
        c) Definite direction 188
VI. Conclusion 189
Addendum 189
Literature 192

I. Introduction

The enormous literature written on the subject of insect migrations has already been reviewed in a number of excellent monographs, the most complete — for its day — being the one by FRAENKEL (1932), and the most recent, the one by WILLIAMS (1958).

In the present study no attempt has been made to add another monograph to the literature but the intention of this review is to analyse some of the main factors as they are known today, and to try to arrive at some general idea of this habit.

Obviously this can be achieved only by a careful sifting of such observations as may be considered well-established facts from the fragmentary knowledge which may or may not be relevant but at the present moment cannot add to any understanding. I shall return to this in section III.

II. Definition

It is unfortunate that the term "migration of insects" has a meaning quite different from the much better known "migration of birds".

Although the mechanisms of neither of the two habits are well understood, this much is certain: The avian migration is a seasonal displacement related to the changing conditions through the year, repeated as long as the individual lives.

It is true that in insects a seasonal influence has been established in a few cases. It is, thus, possible that the migrations of the monarch butterfly, the bogong moth, and of the sunn bug are of a type similar to bird migration. But even these three examples (which are all that at present are known) may be different. Maybe some displacements which usually are considered non-migratory should be remembered in this connection, e.g. the larvae of beetles such as *Melolontha* which during the winter descend from the upper layer of the soil where they get the food from plant roots during the other seasons.

The insects are mostly too shortlived to be influenced by seasonal changes, however, they may in their daily habits show a displacement which might be comparable to bird migrations, as e.g. in the circadian movements of the larvae of *Corethra* which during daytime live in the lower part of the pelagium and during the night hours stay near the surface.

Also adult insects are known to have circadian displacements: A butterfly, *Ascia monuste*, which I observed in Florida, had its natural habitat in the extensive growth of *Batis maritima* (fam. Batidae) in the coastal salt marshes and in the drier part of the mangrove (the black mangrove-buttonwood transition zone). The number of flowering plants in the *Batis* areas being rather limited often necessitated rather long daily excursions for the nectar feeding.

Such daily excursions might be comparable to the daily flights so often seen in crows and other Avidae; but it has also some similarity to the migration of birds.

Neither the range, nor the purpose, nor the frequency of such displacements has any importance for the definition of what is a migratory movement of an insect, but solely this: that the insect leaves its home-range.

The "homerange" is a term here used to indicate the area within which an individual is able to consume all the normal reflexes of its life. To *Ascia* a breeding area, a feeding area with flowering plants, and a connecting air corridor are all parts of the homerange. To the crows the feeding places in the meadows and the roosting places in the woods are both included in their homerange. To the stork, the winter quarter in South Africa is one part of the homerange, the farmer's roof and the meadow in northern Europe is another.

The insect migration is typically of a much more adventurous nature: The individual leaves the homerange by a displacement which may or may not bring it to a new homerange. If it could be permitted to compare the circadian feeding flights of *Ascia* and of the crows with the daily commuting of the suburbanites between home and office, the flight of the stork with people spending their winter vacation at the coast of the Mediteranean or in Florida; we must look at the insect migrations as the displacements of the Longobards, the Huns, the Conquistadors, and the North American pioneers.

It could be objected that the migration itself is a reflex, the consummation of which is a part of the normal life; the point is that even the stork — to keep to the metaphor above — is leaving with a return ticket; it goes to a certain area and will, barring accidents, return to the point of origin.

But a locust or any other typically migratory insect in the sense in which the term is used here does not have a return ticket, in fact, its one-way ticket does not show any special destination at all.

There are few cases in which there is a possibility for a more regular seasonal flight in insects; they will be discussed below.

III. Investigational methods

By far most of the descriptions of insect migrations are (1) observations of large numbers of insects all flying in the same direction. Eventually, as the interest for this phenomena increased, such observations were made more systematically, and, especially through the efforts of C. B. WILLIAMS an enormous material of observations has been collected. It was hoped that with a sufficient network of observers some pattern of the flight would appear. Also other methods have been used to obtain evidence for migratory flights: (2) the sudden appearance and (3) disappearance of large numbers of easily recognizable insects, (4) the appearance of insects at places far from possible breeding places, (5) species which are not supposed to be able to stay all through the year at the place where they in certain seasons are abundant. During the evaluation of the material (6) the successive occurrence over a certain area has often been used as evidence for migratory activity; and as method (7) can finally be mentioned recaptures of marked individuals.

For the study of the migratory problem these methods are of very different value.

(1) The first one, the single observation of unidirectional flight, will only tell that the species in question is making such flights. Continuous observations might make it likely that it really is a migration; but e.g. the flight in the air corridor between the feeding area and the breeding area may easily be mistaken for a migratory flight. One such flight was daily going on close to my working place, and an observer passing this place every afternoon would undoubtedly have been completely convinced that a migration was taking place there every day during 6—8 weeks.

The hope that it should be possible to get further insight by pooling such information has by and large not been fulfilled.

(2) Much more dangerous is the idea that the sudden appearance of an insect should be considered evidence for an invasion of a migrant. Some of the special cases may perhaps indicate a possibility for such an explanation but it is much too vague to be taken seriously. It is normal for insects to appear suddenly; often the hatching of adults may take several days, but they may often keep resting e.g. in case of adverse weather conditions, and then suddenly in a favorable weather appear in large numbers.

(3) Disappearance of insects can never be taken as evidence of migratory activity. In a population of unknown age individuals usually disappear because they die off. In many insects the majority will die off in an amazingly abrupt way. Not even the sudden disappearance of a synchronized brood shortly after the hatching can be taken as evidence. In some insects, such as mosquitoes, the newly hatched individuals are resting at places where they easily can be seen. After a day or two they select resting places so well hidden that very thorough examination is necessary to find them.

(4) There are cases where the occurrence of insects may be an indication of a migration. But insects found at lighthouses and on ships out at sea may be interpreted as evidence of a passive transport rather than a proof of the migration. Even large insects may be caught in the up-draft of a thunder storm or be blown out to sea by a gale. It is true that it may happen more often to migratory than to non-migratory species but there is no proof in such findings.

(5) A special case of (2), the sudden appearance of a species, is the one where it is considered an established fact that the species has not been present before in any stage. I am here thinking of such cases as a number of common butterflies in Britain and Denmark which have never

been found hibernating and, therefore, are believed every year to arrive at these places from Central Europe, producing a generation and then dying out again.

Although I am extremely sceptical about negative evidence, I must admit that the unanimous opinion of many excellent lepidopterists has nearly silenced my scepticism. The "nearly" refers to the lack of observational evidence.

The large number of observations of individual flights in Northern Europe do not agree with the theory because they do not show any migrations going to Denmark and only a few to Britain. Such is the case of the most prominent of these species, the common *Pieris brassicae* which seem — if anything can be deducted from the records — to make a south-going migration from Central Europe in the season (July—August) when the migrations invading Southern Scandinavia and Britain should be taking place.

(6) The successive occurrence of an insect from low latitudes to high ones during the spring is often taken as proof of a north-going migration. It might be a result of a migration but could just as well — or better — be a result of the later hatching date caused by the lower temperatures of the higher latitudes. A flower may be blooming in Provence in January, in Paris in February, in Holland in March, and in Denmark in April without anybody thinking of the possibility of the plant having migrated.

Records showing that there is an abundance of individuals at one time at one place (A) and after a time interval another concentration at another place (B) can only be evaluated as evidence if the following facts are known and in agreement with the observed times: (1) The duration of a new generation at place A; (2) the speed of flight under the conditions prevailing during the interval; and (3) the duration of the migratory activity in the insect species in question.

All the methods mentioned so far can only give the information that some migratory activity may have taken place. An analysis of migrations demands knowledge of the following points:

(1) The normal lifehistory of the species, including duration of development at least under the prevailing conditions, reactions to physical factors, longevity, etc.

(2) A number of migrations of identifiable individuals should have been observed and followed from start to finish or at least over a major part of the distance covered by the migration so that it can be shown how long time the individual is migratory.

(3) An analysis of the conditions under which the migratory activity is released, and the migration starts.

(4) The fixation of the course, and the influence of external factors on the flight.

Most of these points will be discussed below, this section is only concerned with the question of how a migratory flight can be identified.

One method is the direct observation by following the migratory animals; this is possible in migrations comprising a very large number of individuals. When a cloudlike formation of thousands of millions of locusts as a unit passes over the country, it is easy to follow.

Even less spectacular migrations may be followed by car if roads are available within the area or by detouring ahead of a migration, meeting it at an anticipated place.

Obviously the most valuable means is to mark the migrants. The marking meets with a number of difficulties. Most methods suggested incorporate the disadvantage of having to catch the animals and mark them individually. The simplest of these methods is to print on the wing by means of a rubber stamp (ANDERSON); the most useful is to attach a label to the edge of a wing, as used by URQUHART in his study of the monarch butterfly. On the label is printed an instruction to the finder to return the wing to the Toronto Museum. This method combined with a tremendous organisation with more than 300 cooperators resulted in a large number of returns.

To follow a single migration it is an advantage to mark the migrants during the flight. This can be done by spraying flying butterflies with alcoholic solutions of dye (NIELSEN 1960).

Another marking method is to tag the individuals by means of radioisotopes as P^{32} and then make recaptures with traps to get an idea of the pattern of a migration.

Each of the methods has its own advantages and limitations. For individual marking, the labelling is, of course, the best one; but the catching and handling of large numbers of individuals is a disadvantage; it is in many cases not known whether the individuals caught have passed the age in which they are migratory; and finally the success depends on the presence of people interested enough to return the wing. This can be achieved when the migrant is a large well known animal, when there is an elaborate organisation behind the experiment and it has been given a certain amount of publicity.

By introducing radioactive material into the animals with the food, handling of the individuals may be avoided and very large numbers of animals can be marked. By tagging the animals in the immature stages one can be certain that they are marked when they are in the migratory phase of their life. The limitations of this method is that the marking is not individual and especially, that the result depends on the efficiency of trapping methods which are always selective and also need a complicated organisation to accomplish a result. It is usually expected by the most efficient methods to obtain a return of one of each 10 000 marked individuals released.

By coloring the migrants in flight, it is certain that only migrants are marked; also it is advantageous that a fairly large number may be marked in a very short time. For the vast majority of the animals the marking does not cause any serious disruption in the flight. The method is valuable especially for direct following a migration.

IV. Types of migration

Among the large number of insects which has been shown to be migratory only very few have been investigated to such an extent that a causal analysis of the behavior may be justified. A few of these have been selected as types because we at least know enough about them to be able to understand the differences between them. There are most likely several other types, so far they are so incompletely known that they are hardly recognizable; a few examples shall be given.

The vast majority of migrants have here to be omitted; and even of the types selected only a short summary can be given of what is known about the migrations as far as it is relevant for the general understanding.

a) Locusts. The long struggle of mankind — since the dawn of history — against the plague of invading locust migrations made very little progress until UVAROV in 1921 advanced his phase theory and in 1928 published his book on locusts and grasshoppers. Since then the group of outstanding biologists which Sir BORIS UVAROV collected to form the Anti-Locust Research Centre has made enormous progress both in the fundamental scientific insight and in the attempt to control the locusts.

Of the hundreds of species of grasshoppers a few have developed a special phase which among other characteristics has a strong tendency to gregarious behavior. It is called a phase because the gregarious individuals develop from the solitary individuals by a so far unknown process under the influence of external factors, especially crowding. All kinds of intermediate forms exist.

The tendency to move over long distances is found both in locusts and in solitary grasshoppers but it is stronger in the gregarious phase. Already the immature stages, the hoppers, are joining one another and forming bands in which the individuals move in the same direction. This direction is influenced by the wind, most clearly seen in small bands with less than 20 000 individuals which by and large are moving with the wind while medium and large bands often take a random course which is kept for hours or days by the tendency of each individual to align itself with the others, a stabilization KENNEDY (1945) termed gregarious inertia.

The adult locusts gather together in what usually are called swarms, the size of which is most conveniently given in terms of square kilometers. Swarms covering $1-10$ km^2 are considered small, large swarms may extend over 1000 km^2.

The shape of the swarm varies from the stratiform type close to the ground and only a few meters high with densities of $1-10$ locusts per m^3, to cumuliform swarms in which the individuals are distributed up to several thousand meters but much less dense, the number of locusts being of the order of one per $10-1000$ m^3.

The difference between the swarm types has been shown by RAINEY to be a result of atmospheric conditions. After rain and in overcast weather when the airflow is essentially horizontal the locusts move along close to the ground in stratiform swarms; in sunshine when the air is turbulent, and the airmasses heated at the surface of the ground rise, the locusts will already in a height of 30 m be in an up-draught strong enough to carry them soaring effortless as big birds or glider planes do. The highest flying locusts observed from light planes have been found close to maximum height of the convection currents. Very strong up-draughts (over 20 km/hour) will carry the locusts even with the wings closed and may transport them to most unlikely places such as the snow of high mountain tops.

The direction of the movement of the swarms was for a long time puzzling the observers. The flight is only unidirectional over short distances and shows unexpected turns. Attempts to explain the general trend of the direction with prevailing winds failed.

By analysis of the actual wind structure by means of pilot balloons, however, was found a definite relation between wind and flight direction. At take-off and landing and in wind of low velocities the direction is against the wind; in all other cases it is with the wind.

An example — slightly schematized after an observation by RAINEY will illustrate this: In Fig. 1, a locust swarm with a diameter of 10 km passes at 09h00' point A. The wind is towards the east with a velocity of 12 km/h and the cruising air-speed of the swarm is 15 km/h. 5 hours later, the airmasses will have moved $5 \times 12 = 60$ km to point B. If the locusts had flown with a constant, uniform orientation in the same direction they would have moved 90 km further in relation to the air and have arrived at point C, 150 km from point A. If they had flown against the wind, the track would have been 90 km to the west less the 60 km the air has moved to the east, in other words 30 km to the west (Fig. 2, point D). If they had moved to the north, they would have been at a point (E) 90 km north of point B (Fig. 3). Whatever direction they would have flown they would have arrived at a point on a circle with point B as center and a radius of 90 km.

If their movements had been simply random flights the center of the swarm would have been at point B (Fig. 4). If the movements had been a series of successive straight lines with random changes of orientation at experimentally distributed intervals averaging 4 minutes the

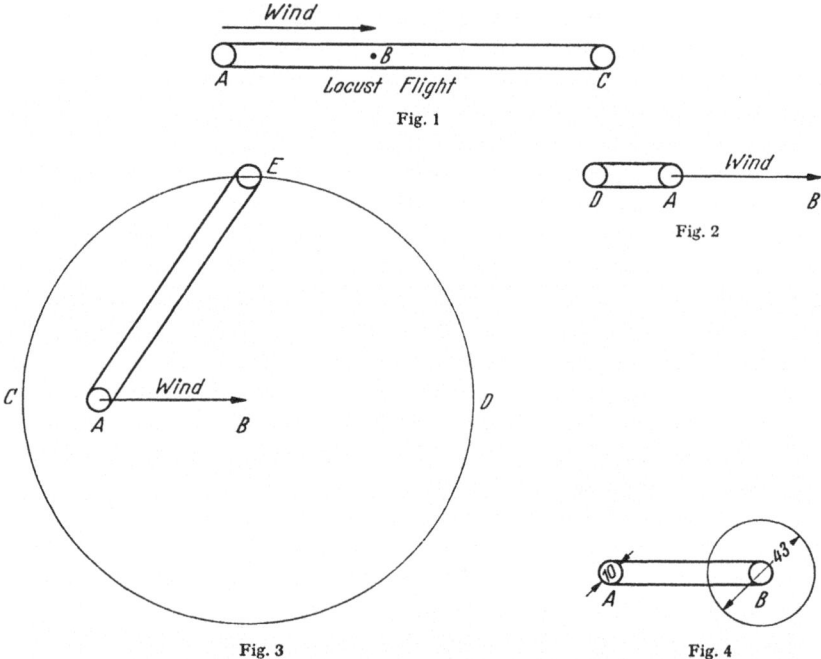

Figs. 1—4. Possible and actual displacements of a locust swarm covering an area of 10 km/diameter indicated by a circle A. The figure is sligthly schematized after RAINEY. By active flight with an airspeed of 5 km/h in a wind of 12 km/h the swarm after 5 hours' flight would have arrived at point C (Fig. 1) by flying with the wind, to point D (Fig. 2) by flying against it, or to any other point on the large circle in Fig. 3.
The swarm was actually found at point B which shows that it had been moved passively by the wind (Fig. 4).
If the flight had consisted of successive straight-lined flights with random changes, the diameter of the area occupied by the swarm would have been extended to e.g. 43 km. As it actually was found to remain the same size, the migrants must have kept together by centripetal flights

diameter of the swarm should have diffused out to 43 km. Actually the diameter had not changed essentially since departure from point A.

It must therefore be concluded that the movements have not been random but the swarm is kept together by some centripetal force, an effect of a tendency to aggregate which also can be directly observed: stragglers venturing too far out from the swarm return towards the center.

It has often been noticed that swarms have a tendency to move from places where the rainy season is finished to places where it is beginning. As the swarms appear after a period of enough rain to produce large amounts of food, the first point is easily understood. If the swarms always are flying down-wind they will end in a zone of convergence where surface winds are moving in from several directions causing a rising of air with a tendency to cloud formation and rain.

Towards evening the swarm settles down either because it becomes too cold or as an effect of hunger or fatigue. In the morning the take-off begins at a certain temperature.

Beside the many interesting details of the habits and reactions of locusts, most of which has to be left out here, the following main points of the migratory habit of locusts should be emphasized:

(1) The urge to migrate is present both in hoppers and in adults.

(2) The migration is a passive transport by wind, but modified by three active elements:

(3) The take-off.

(4) The aggregation reflex keeping the swarm together.

(5) The landing.

There is no reason to doubt that the type of migration is the same in hoppers and in adults.

It should further be noted that practically all the information about locust migrations relates to the gregarious, swarm-forming phase. Very little is known about the migrations of solitary grasshoppers.

b) Ascia monuste. This Pierid is closely related to the cabbage butterfly both in appearance and in behavior. It is essentially a neotropical species which in Florida where I have observed it (NIELSEN and NIELSEN 1950, NIELSEN 1960) is found especially along the coast. It has already been mentioned that the main breeding areas are *Batis*-covered marshes which mostly are situated some distance from the places where the butterflies find their food. *Batis* marshes form well defined biotopes separated from one another by other types of vegetation. *A. monuste* is therefore occurring in discrete units, populations, based on the breeding areas.

In Florida the species is close to the natural limits for its occurrence: after a cold winter it is abundant only around the southern tip of the peninsula, after mild winters, populations are extending all along the Atlantic coast and north of Tampa on the west coast. In such years a number of small isolated populations are also found inland, dependent on a variety of plants as food for the larvae.

By means of marked individuals it was found that in the large coastal populations each butterfly spends a little more than an hour in the feeding area every day, females mostly in the morning, males later in the day. The daily period of activity is between 08h and 16h and is rather independent of meteorological factors. Non-migrating butterflies marked in one feeding area will during the following days be found in increasing numbers in the neighboring feeding sites up to a couple of kilometers from the place of marking.

Both pupation and emergence have a daily maximum during the normal period of activity. In most of the larger coastal populations the emergences are synchronized, concentrated to a few days, followed by a period until the next generation appears. This period lasts during the spring and summer four to six weeks. Most of the year the number of individuals is at a low level but there is once a year an enormous increase resulting in two or three generations forming an outbreak. These outbreaks occur nearly on date every year in each population but at different seasons in different populations. — Females have a normal lifespan of 7—10 days, males of 5—7 days.

There are no migrations from the small inland populations nor from the populations in the quiescent stage. Emigrations take place only during the outbreaks; the range of the migratory flights is directly proportional to the size of the outbreaks.

It was found that the migratory urge is present only in a certain age, about 18 to 30 hours after the emergence of the adult. Migrations are commenced only during the main hours of activity, about 09h to 14h.

Males may copulate when they are a day old, females as soon as they have emerged. The ovaries are not fully developed until the females are 30—40 hours old. Therefore, many males and all females in a migration have copulated, and the ovaries are under development.

The migratory flight is normally straightlined, one to four meters above the virtual surface. If there are topographical guide-lines such as roads, coastline, etc. the flight will follow these if they deviate less than 15—20° from the predetermined course. The migrations appear as narrow streams varying from a couple of meters to 10—15 m. A stream may be divided into several parallel streams for later again to be united into one stream. The number in a stream passing the observer has been found to vary between 0.2 per minute to an estimated 5000 per minute. The air-speed varies considerably but the ground speed is normally 12—14 km/hour.

Determination of the course is made at the beginning of the flight. It is at least in some cases set by the direction of the flight along the feeding area — the butterflies usually feed before the take-off. Imitation of individuals already in flight may also play a role. Wind has no other effect than determining the height above the ground or moving the streams to the sheltered side of hedges and dunes, etc.

On the east coast of Florida where most of the observations were made, the migrations moved along the row of narrow islands paralleling this coast. From the outbreak centers here, migratory streams would often emanate simultaneously in both directions (essentially north and south). — In many cases migrations in opposite directions were observed between two populations.

As already mentioned, the butterflies do not start a migration until they are 18 hours old, and the migrations commence only between

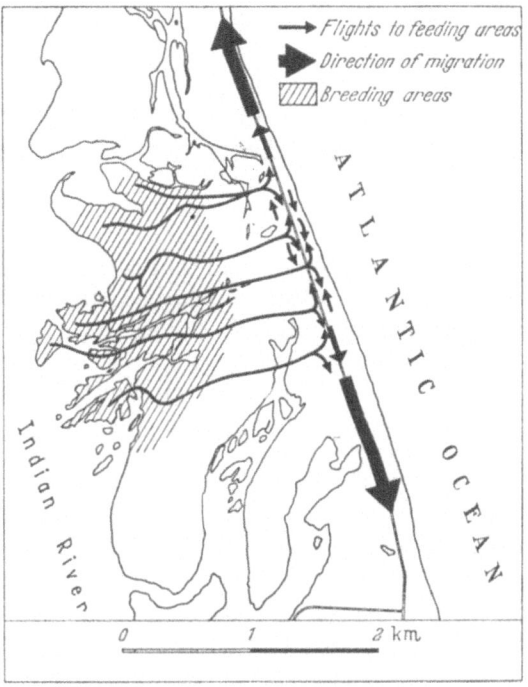

Fig. 5. The beginning of the migratory flight of *Ascia monuste* in Florida. The butterflies leave the breeding areas in the morning and after a period of flying around and feeding along the road finally adopt the direction of the migration by continuing the flight along the road (NIELSEN 1960)

09h and 14h. All those individuals which obtain the right age of 18 hours from late in the afternoon until the next morning will then be ready to leave at the same time. It has been found that the number of migrants leaving an outbreak during the first hour (09h—10h) as an average is 19 times larger than the average for the following hours.

This maximum of intensity will later in the day be noticeable in a distance from the outbreak area at a time corresponding to the distance and the flight velocity. In some cases it was possible to trace a migration back to its place of origin by the hour of the day when the maximum passed a certain point, and in many cases the maximum helped identify a particular migration.

The departures continued to about 14h; and at the same time the migrants en route would normally also stop the flight to feed and to find a place to rest for the night if they had not already done so at another breeding area.

Migrations from small outbreaks with few individuals last only a few hours and end in one of the first breeding areas the migrants come to, some 20–30 km from the site of the outbreak; the average migrations is a full day flight of 40–60 km. At least two migrations have lasted one full day and part of the next one with a total of 12–15 hours flight and covering a distance of up to 160 km.

During the shorter migrations the butterflies do not stop for food but during the long ones they sometimes will make hasty visits to flowers.

A migration will often pass through another population and usually the stream will be found to continue on the other side with unchanged intensity. In some cases, however, a stream enters such an area but does not appear on the opposite side, and that is the usual way in which evidence was found for the end of a migration. In three cases it has been observed that a migration made a sudden turn and flew against the wind coming from a breeding area a couple of kilometers away.

c) **The monarch.** One of the most renown insect migrants is *Danais plexippus*, the monarch. It is distributed through Southern Canada, the United States, and Northern Mexico.

It is a large and beautiful butterfly well known to the public. For a long time it has been maintained that it made regular seasonal migrations, and much work has been done to prove it. Unfortunately these efforts are often rather biased which makes it quite troublesome to find out what really is known about the habits. The recent book of URQUHART gives very detailed information about a number of the data on the monarch.

Of these data the most pertinent are: Although it seems occasionally to breed in many places there are only two main breeding areas: (1) one in the northeastern States and southern Canada including the Big Lakes' area. The western border is a little west of Mississippi and stretching south to 32° n. lat., about the latitude of Savannah, Georgia, and Montgomery, Alabama. (2) Beside this large area there is a smaller one in California, in the Saltina and San Joaquin Valleys (URQUHART, p. 66). The populations breeding in California seem never to have been studied. In the eastern area, egglaying females appear during the spring, in the southern part in April, in the Lake region not until May-June. It is presumed that there are 1–2 generations in the north, and 3–4 at the most favorable places. None of these individuals are migratory.

In September and October migrations take place, beginning in the north and gradually extending over most of the United States although most heavily in the breeding areas. The migrations are generally going towards the southwest, sometimes towards south or southeast. They usually occur over a very wide front.

URQUHART has given a list of the returns from his tagging experiments; there is no information about the not returned tagged specimens, but the returns show that there is a migration from NE to SW which, of course, was well-known beforehand.

Along the Gulf Coast in Florida and the southern part of the United States south of 32° n. lat. and east of Rocky Mountains there seems to be a permanent rather small and erratic population which to a large extent (if not completely) is dependent on immigrations in the fall. Breeding through the winter is slow, most of it occurring in the spring. There are very few butterflies in the south during the summertime. As far as I can interpret these facts they show that most of the migrants will die during or shortly after the migration, but a few will hibernate or establish a shortlived population which will be killed off the following summer. It is possible that in some of these areas, such as in Florida, there is endigenous, nomadic populations which have a summer diapause. Regular migrations have not been observed in Florida.

What has made the monarch famous, beside the spectacular fall migration in the eastern States is the overwintering along the Pacific coast south of San Francisco.

DOWNES (1942) has studied the hibernating monarchs and found that most of the females arriving in the fall are virgins with immature ovaries. From January copulations are increasing and in February all females examined had copulated; in March the ovaries had matured.

DOWNES did not know the origin of these overwintering butterflies but as URQUHART mentions some nearby valleys as intensive breeding areas, it is most likely that they are coming from these places. That they should have arrived from more distant points by a southwest migration is not likely as the place of departure then would have been the northwestern States in which there is very little breeding.

What has hampered the research of the monarch, is that so much of the work was dominated by the hypothesis that in the monarch there is an example — unique among insects — of a seasonal migration to and from a northern breeding area, as in birds: In the fall the monarchs are supposed to leave the northern breeding grounds, migrate to the south or southwest and hibernate there; next spring the same individuals supposedly return to the north. This northgoing migration has never been observed but the gradual appearance further and further to the north from March to June was taken as a proof of the return migration.

The gradual appearance of the monarch may be caused by a migration but it can never be used as evidence for it.

It is not even likely to be the case: The breeding begins at lat. 32–35° in March-April, and at lat. 42–45° in May-June (URQUHART, p. 62). To use averages we shall say that if this difference was caused by the flight of migrants it would have taken a butterfly 61 days (April 1 to June 1) to fly from $33^1/_2$° to 45° n. lat., a distance of 1375 km. If the ground speed is estimated to be 15 km/h (the smaller *Ascia monuste* travels 12–14 km/h) and the migrants are flying 8 hours a day, the daily travel will be 120 km, and the total distance would be covered in 12 days.

The 120 km/day is a likely figure even for long trips. The returns of marked monarchs may, of course, have been delayed any number of days before somebody happened to pick them up; on the other hand, transport by a vehicle cannot be excluded either. The three fastest returns in the table are: 690 km in 7 days (97 km/day), 1690 km in 17 days (99 km/day), and 1230 km in 10 days (123 km/day).

The gradual appearance of the monarch towards north lasting a couple of months or more is in better agreement with climatic changes than with the two weeks or less it takes a migratory butterfly to cover the distance.

URQUHART has tagged a (not indicated) number of hibernating butterflies in California. 29 of them were recovered, half of these at the point of release. The distribution was:

N	NE	E	SE	S	SW	W	NW
4	5	0	4	toward ocean			1

However, there is nothing known about the probabilities for recovery which undoubtedly have been different in the different directions. Three butterflies were recovered less than 20 miles away and they were not found until 7, 8, and 9 days after the release. The other returns are from an average distance of 280 km with a median of 210 km. The time before they were recovered was 62 days as a mean, 53 as a median. Except for a single individual found 900 km toward SE four months later, all the records represent not more than two days' flight. There is not in this material any evidence for a north going return flight.

There is no way to disprove the hypothesis of a return flight; the only way to prove it is by marking an individual at the northern breeding ground, re-mark it during the hibernation and recover it again in the north. With the technique used so far the chances of obtaining such a result are infinitesimal.

There is, however, another problem in the behavior of the monarch which is open for study: it is the fact that the fall migration more or less definitely goes towards the south (or southwest). It represents a highly important problem but has been overshadowed by the, at present, unsolvable one of the return flight.

There is no reason to look for the explanation of the direction of the fall migration in the movements of airmasses; the migrants keep close to the ground and the movements seem to be quite independent of the wind; in many ways the migration seems to be orientated as that of *Ascia monuste* but instead of a choice of flight directions the monarch has only the one to the south.

From URQUHART's marking experiments is seen that there are actually migrants already in July, but they have a rather random distribution: If the directions at the take-off was equally distributed over eight possible directions, $37^1/_2\%$ would have left towards SE, S and SW. In July there were 59% in these directions, in August 84%, and in September 82% of the migrants were recovered in these directions. In August, however, less than half of the refound butterflies had moved more than one km away, in September 86%. Evidently a factor (or factors) occurs in August-September which initiates the south-going migration. As long as no work has been done on this it would be senseless to make guesses about the nature of these factors.

Even if a return flight of the monarch has not been proved it does, of course, not mean that the possibility of a return in the spring to the breeding areas is excluded. There are two other cases of insects behaving in a similar manner, where a true seasonal migration, as bird migrations, is possible even if definite evidence is still lacking.

d) The bogong moth. One is the bogong moth, the noctuid *Agrotis infusa*, in Australia. According to the observations of COMMON (1954) the larvae are found abundantly over large areas in lowland pastures of New South Wales during the winter. In the spring the adults appear and aggregate during early summer on the mountains in large assemblages of individuals called "camps". On the lower mountains the camps seem mostly to be temporary, and the final camps are found at sheltered places, as crevices and caverns where there are granite outcrops on the top of the mountains. The aboriginal Australians used to gather at these places to feast on them. The moths are staying here all summer but they are not in diapause; part of them are morning and evening flying out to perform a swarmlike flight.

Copulations take place after they have left the summer "camps". They do not feed during the summer but they have an enormous fat reserve. Migrations to the mountains in the spring have been observed but the flights in the fall seem to be a more general dispersal.

At the breeding grounds in the lowlands it is possible for this species to produce several generations during the summer; but it is believed that food might be scarce during this season because the pastures then are dominated by perennial grasses unpalatable to the larvae. The moths make their return when the annual Dicotyledones on which the larvae feed have germinated in the fall.

e) The sunn. The other insect which has been described to have a somewhat similar lifecycle is the sunn, a pentatomid bug, *Eurygaster integriceps*. It is distributed from southern Russia over Turkey, Syria, Iraq, and Iran.

ZWÖLFER (1930) has given an account of the habits in Turkey essentially confirmed by reports of ALEXANDROW in Iran and MEYMERIAN in Iraq. The picture of the habits is very clear but to what extent it is supported by observations is not known.

According to these descriptions the copulation and egglaying take place in March and April on different weeds. The nymphs move at once to grasses especially to wheat where they cause considerable damage. The development under the conditions of northern Iraq takes about a month. The adult bugs congregate in swarms which move around feeding on the now nearly ripe wheat. They cause still more damage. When the wheat — or what is left of it — is harvested and the natural vegetation withers in June, the swarms, often united into very large swarms, migrate high up in the mountains, more than 100 m above sea level, where they spend the summer mostly on north-exposed slopes. In October when the rain begins, they again become active and move down to the foothills where they hibernate at sheltered places on southexposed slopes. In the spring they return to the lowland to complete the lifecycle. Both males and females participate in the two migrations, aestivation and hibernation, both sexes are sexually immature and do not feed during these nine months.

It is probably the most perfect seasonal migration described but additional observations are needed for confirmation; to the insect physiologist this amazing insect offers a wealth of problems.

Especially in Syria the sunn is said to occur on the plains so far away from the mountains that they aestivate in a state of semi torpor without migrating. The mortality is high but some are always surviving.

V. General discussion

The three examples of main types of migrations given above cover, as far as I know, all the elements known as part of insect migrations. These elements are present in other insect migrations but the combinations of them differ; examples will be given below.

The first step of an analysis of the migratory habit is to distinguish between two groups of problems. The first one is: why do insects migrate? and the second one: how is the migratory flight performed?

A. The urge to migrate

The first group of problems is to illuminate the problem of why insects do migrate. By this I am not thinking of any teleological explanation but: what are the mechanisms which forces an insect to undertake a migratory flight?

Before going into this problem it might, however, be necessary to deal with the question of the "purpose" of the migration, the "usefulness" of this habit. Many biologists have a strong tendency to explain animal behavior in relation to its "selective value" or "usefulness"; insect migration being a spectacular and in many respects enigmatic habit is especially inciting for such guesswork. There is probably no migration for which it is not possible to find an explanation, the validity of which is completely out of reach of analysis by experimental or observational means.

In this review it has been tried at all times to keep the feet on solid facts, and there is no reason to go into teleological speculations as to the "usefulness" of migration.

a) Periodicity of the migratory urge. Until rather recently it was a general misconcept that migratory insects are migrating all their life. Many experiments have been performed in which a large number of individuals of unknown origin and age are caught, marked, and released without any thought of whether they had passed the migratory period of their life or not. It is a misconcept which is a rudiment of the general idea, especially common among technicians such as engineers and physicians, that insects are automats, always reacting in the same way: They labor under the misapprehension that biting flies will always bite, and that any collection of random caught insects will always show how far such animals may move around.

Eventually we know that everything in the life of an insect occurs with intervals or only once in the life of the animal. There is not known any case of an insect repeating a migration. The period may occupy a large or small fraction of its life but always only a fraction, and only once.

The migratory urge appears nearly always in imagines. Beside the locust hoppers there are a few rare exceptions, the most prominent being that of the army-worms. The European ones are composed of fantastic aggregations of larvae of the dipterous *Sciara* living among decaying leaves. The American army-worm is an aggregation of the larvae of the noctuid *Leucania unipuncta*. These aggregations are, however, only occurring occasionally, not as in locust hoppers as a normal part of the behavior. It is normal for many larvae like caterpillars, after they have finished eating, to move around ending up at a suitable place for pupation.

This cannot be considered a migration but the appetential prelude to the pupation. The characteristic behavior of army-worms is probably caused by the development of a strong tendency to aggregate in certain cases during mass occurence; but the movements are probably not migratory as they do not cause the animals to leave the home range. There are also reports on mass occurrence of e.g. caterpillars of the migratory *Pieris brassicae*, but there is no reason to consider these movements more than the normal behavior of mature larvae; they may occur in incredibly large numbers, and they may be a spectacular sight — stopping railroad trains by crossing the tracks, etc. — but there is no indication of their being especially socially aggregated, and still less that they are migratory. The only insects which definitely are migratory in the immature stages are locust hoppers.

In some insects the migration begins very soon after emergence when the chitin has hardened (the teneral period); this is the case of the migratory aphids. In most cases, however, there is a period from emergence to the beginning of the migratory activity. In the following we shall refer to this time-lapse as the preliminary, sedentary period.

In many insects the sexual organs are only partly developed at the emergence of the imago; there is a preoviposition period or diapause before the sexual organs become mature. "Diapause" is a better word for this period than "preoviposition period" as also males may have a delayed development of the sexual organs. In order to distinguish this period from the diapause of the total development of the immature stages, the best term would probably be: sexual latency.

It is an important question whether there is a relationship between the preliminary sedentary period and sexual latency. In the few cases where we have any information about this matter the relationship varies; that, of course, does not mean that there is no connection.

In locusts the sexual latency may last from six days to ten months. In the typical migratory phase the migrations will begin a week or two after emergence comprising both males and females. The sexual organs develop during the flight which seems to come to an end when the copulation and the oviposition take place.

In *Ascia* the males are fully developed and the females have copulated, but the ovaries are maturing during the flight; the preliminary sedentary period is about 18 hours, and the animals have usually fed before taking off.

In the migratory mosquitoes there are probably similar conditions, but the preliminary sedentary period is only six hours; the migrants may or may not have fed on nectar before the flight but not on blood. Autogenous species which can develop eggs without a bloodmeal are not migratory; in species in which some individuals are autogenous the unravelling of the complicated relationship between these factors may also throw some light on the motivation for the migratory urge.

Most of the monarchs arriving at the overwintering sites are sexually immature; copulation and maturing of the eggs occur in January-March. Some of the migrants have, however, partly developed eggs already in the fall and retain them during the winter, and still others will lay eggs already during fall and early winter. Migrants with fully or nearly fully developed eggs drop out of the flight and some breeding occur at least at some of the overwintering places.

The aestivating bogong moths are sexually immature and copulations do not take place until fall.

Also the sunn bugs — according to our present conception — will first copulate after they have returned to the lowlands.

It is remarkable that the sexual development — at least the mating — is postponed to the next season because that means that the males must survive too. Several explanations are possible but they are of no value with the modest amount of facts we have now. WILLIAMS (1958, p. 182) has quoted a few cases of migrating females laying eggs during the flight; I shall later return to this point. To summarize the preceding:

The migratory urge appears in insects at a certain time ordained for each species, usually some time after the emergence and before they have become sexually mature. Egglaying females do not start on a migration and it is likely but not yet proved that the males migrate when of the same age.

b) Occurrence of the migratory urge between the individuals of a species. There is no insect in which all the individuals migrate. It is true that in the typical gregarious phase, locusts will probably all take part in the migrations; but in the non-gregarious phase of the species, they will usually not migrate although it might happen. It should be remembered that the most essential difference between the phases is in the point of gregariousness; in the occurrence of the migratory urge the difference is quantitative rather than qualitative.

The African migratory locust has since 1871 had two outbreaks, each lasting about 15 years: 1890–1904 and 1928–1942. The Rocky Mountain locust, *Melanoplus spretus*, has since 1880 only occurred in the solitary (or half gregarious) non-migratory form, *M. atlanis*.

There is, however, in the occurrence of migratory individuals an important difference exemplified in the types of *Ascia* and the monarch, resp.: in *Ascia* there will in any brood be a possibility of developping migratory individuals if conditions are right; it happens in Florida throughout the year even if the most spectacular migrations do occur during the spring. In the monarch there are two to four broods a year and in the breeding areas there are plenty of individuals all summer long.

From Urquhart's returns of marked monarchs is seen that occassionally long-distance flights in different directions occur already in July but the southgoing migrations are not taking place until September. The migratory urge is thus only appearing in one generation. It would, of course, be an important step in the analysis of the migratory urge to find the factor which makes this last generation migratory. The difference between the *Ascia*-type in which all generations may become migratory and the monarch-type in which only one generation has this habit may be caused simply by a single factor, present all the time in Florida, but only in the fall in the North; or it may be considerably more fundamental. Only future experimental work can tell which is correct.

This difference can only be seen in multivoltine species; insects with only one generation a year will always become migratory at a certain season, because only in that season do they have the age in which the migratory urge may appear.

It is not known whether all the monarchs of the last generation migrate; there is actually very few observations of the percentage of migrants actually migrating during an outbreak of any insect. It seems, however, that there are migrations of monarchs every year.

In Florida the populations of *Ascia* in the northern and central part of the area over which it normally is distributed may remain at a low level for one or two years after a cold winter and there will only be few migrations or none at all; but as in *Pieris brassicae* in Europe, years without migrations are exceptions.

In many insects migrations will occur only with intervals of several years. Dragonfly migrations are very spectacular and more than a couple of hundred of them are recorded, and still they are so rare that even specialists in freshwater biology may live a lifetime without ever seeing one.

c) Release of the migratory habit. In order to try to analyse the mechanism of migrations we shall first remember the result of the preceding:

In some individuals exposed to certain factors an urge to migrate appears in a certain species-specific stage.

It is now postulated that the main factor for the appearance of the migratory urge is crowding of the individuals.

In the following, facts are presented throwing light on this postulate. It would be better to make experiments to prove or disprove the hypothesis, but that meets with the difficulty that we do not have any criteria for the urge to migrate except the flight itself.

The first reason to expect crowding to produce migratory activity is, of course, that it has been shown that it is a factor of highest importance for the change of phase from solitary grasshoppers to migratory locusts.

Although this shift, as mentioned, especially is a question of gregariousness, it has also an effect on the tendency to migrate. In the solitary grasshoppers, migratory activity occurs essentially from outbreaks of large numbers of individuals, but the migrants do not form the dense swarms characteristic of locusts.

It could be objected that the reason why migrations always are described as mass-flights and originating from mass-outbreaks is that such cases are much easier noticed by the observers. That is undoubtedly quite often the case, but a systematic investigation disprove this objection.

Many times in our study of *Ascia* we noticed flights of very low intensity, e. g. far inland; following such flights back to the point of origin it was invariably found that there was a real outbreak from which normal migrations were emanating. The small migration first noticed appeared to be only a part of the total migration which somehow had deflected in a direction different from that of the main flight. After some years' study of this species, one eventually became very adept at discovering even one single migrating butterfly, and after years spent among populations of all sizes, I am convinced that migrations never originated from the small ones or between the outbreaks when there are but few adults even in large populations. There is no doubt that in this species, the migratory urge is appearing only in individuals from populations of a certain size and the urge is somehow proportional to the size of the population.

In some butterflies LONG (1953) has shown that there is color changes of the larvae according to the crowding of them; there is also some indication of an influence of crowding on the development of the ovary. Any effect on the habits has not yet been shown but the effect on the maturing of the eggs might be an indication of the magnitude of the migratory urge. If, as presumed, the migration of the female lasts until the eggs are ready to be laid, the migrations would last longer if the crowding caused a delay in the maturing of the eggs. In *Ascia* there was not found any clear effect of crowding neither of larvae nor of adults.

The objection about small migrations from small populations being overlooked, makes it somewhat difficult to judge about the several descriptions in the literature of migrations following mass-occurrence. An exception is, however, the migrations of dragonflies. It has been pointed out above that such migrations are rare. FRAENKEL (1932) has given ample evidence that sudden mass-emergence is a condition for the migrations of this insect. He finds that reports of dragonfly migrations indicate that they occur simultaneously over rather large areas and concludes that the common factor is to be found in the climate of such years: when after a long, cool spring, the weather turns to high temperatures, the nymphs which for some time have been ready to become adults will all do so at the same time. To FRAENKEL's argument could be added that the dragonfly which most frequently has been observed migrating is *Libellula quadrimaculata* which more than most other dragonflies normally has a rather synchronized emergence.

WILLIAMS (1958, p. 161–162) is more or less declining the idea of overcrowding as a cause for migrations partly because flights with very few individuals are known; as mentioned above such "thin" migrations may well have originated from large outbreaks. He further quotes two observations of PITMANN (1928) and ROBINSON (JOUGET, 1928) both of whom have observed intensive outbreaks of *Belenois mesentina* without seeing any migration leaving the place. *Belenois* is a pierid and a well known migrant.

To understand this it must be pointed out that during a large outbreak it is not possible to see the migrants leave from the center of the outbreak area. There is usually a general commotion of butterflies in different stages and ages and only from the outskirts of the breeding area it is possible to see the migrants take off. Furthermore, the observations may have been made at a wrong hour of the day, or *Belenois* may have a long preliminary sedentary period before leaving and the observations may have been made during that period.

In *Ascia* I have observed how a population increased through one whole day; the next morning an incredible number of individuals were present and the normal hour of departure (09h) passed while the milling and whirling around increased until suddenly, at 10h30' migrations in two directions bursted out (April 26, 1950, Fort Pierce, Florida).

In the third type of migration, the monarch-type, we do not know whether crowding is important but I do not think it likely. There seems to be a tendency in the last generation of gregariousness, the individuals are joining one another in the evening, roosting in trees; but I have not seen any description of very crowded conditions which might have been considered causative. There are hardly any observations on the habits of the monarch immediately preceding the take-off so it is impossible to form any opinion; as mentioned above it is likely that other factors than those active for most migrants play a role; it may be a question of photoperiodism as it is in some birds, but that is, of course, completely guesswork.

Even if it is probable that at least in most cases there is a relation between crowding and migration, we are still far from an understanding of this relationship. We do not know whether the crowding is producing the urge to migrate or whether it is releasing an urge which normally appears in all individuals. If e.g. the monarch may be shown to become migratory by a different mechanism (such as a reduction of the length of day) it would be a strong argument for the view that a period of migratory urge is present in all insects with a delayed sexual development, in most cases released by crowding.

Even with the incomplete knowledge we still have of the migratory urge we are at least aware of a number of factors which can inhibit the release. One has already been mentioned, namely the hour of the day. The activity is dominated by a circadian rhythm which through most of the 24 hours usually inhibits the relase of the migration. Unfavorable physical conditions are also inhibitory, especially low temperatures and completely overcast sky. The minimum threshold of temperature for migratory activity is usually much higher than for other activities, such as feeding.

We shall finally mention what little is known about the end of migrations.

We have already described the end of migrations in *Ascia* (p. 174) but have to add: what happens if the urge to migrate comes to an end at a place where potential breeding areas are not available? In *Ascia* the migration continues. A migration goes from an outbreak to a breeding area some 40–50 km away but a part of the migration deviates into the interior of the peninsula; these animals will pass over pastures, hammocks, palmetto covered places, lakes, and sawgrass areas for many kilometers, and none of these places offer any possibility for breeding. The migrants keep a straight-lined course across such countryside; they may stop for the night and continue the next morning until they find a patch of peppergrass along a highway, a garden with *Tropaeolum*, or the like; this is the origin of the small inland populations which appears after years with large migrations. The flights may probably sometimes cross the peninsula, a distance of a couple of hundred kilometers to the marshes on the opposite coast.

B. The migratory flight

In the preceding has been tried to review the pertinent facts, as far as they are known, about the causation of the migratory urge. In the following will be reviewed the different ways in which the migrations are performed. Many more facts are available on this subject.

Except for the locust hoppers, all insect migrations seem to be undertaken by flying. This might be an error caused by ignorance: it would indeed be difficult to observe the migrations of small, crawling animals. But at least the only available records of migrations of adult insects are those performed on the wing.

It will be seen that the three types used as main examples in this review represent three completely different types of orientation during the flight.

a) Windborne flights. The locust migration is, as described above, to a certain degree a passive flight: The active part is just the beginning and the end of the migration and the tendency to keep the swarm together by centripetal flights. There is evidently no visual orientation during the flight.

It is easy to understand that small, fragile insects as aphids migrate passively when they first have become airborne. It is more surprising that large, strong insects as locusts are migrating in a passive way. But in both cases the migration is actively performed in that sense that the commencement and the cessation of the wind transport is controlled by the insect.

Migrants, normally independent of the air movements may, of course, easily be carried away by wind and transported over long distances. In these animals such wind transports can hardly be termed migrations. This is probably the explanation of insects found on snowcapped mountains or appearing far from their normal occurrence. Monarchs found on the British Islands, *Vanessa cardui* found in Iceland, insects blown over mountain passes may all be examples of passive transport. The passive air transport of aphids have been studied by C. G. JOHNSON (1955, 1957). Over an area on which a large population of aphids are breeding and taking off, individuals may be present very high up in the air; the majority is usually above 35 m. The density has two daily peaks, one in the morning and one in the afternoon. In the evening there is a rapid decline in density, becoming practically zero during the night.

The changes in density reflect a periodicity in emergence, a preliminary sedentary period lasting from 6 hours to two days, flight behavior, and meteorological conditions. There seems to be a constant turnover, each individual aphid probably not flying for more than — at most —4 hours.

Although the aphid during the flight is completely carried by the wind, it must be able to end the flight by actively going down to the top of the vegetation where a host plant is selected by active flight. It is a remarkable point that during the flight, changes in the reactions of the animals occur and cause them to select another host plant than the one they left. This change has experimentally been shown to take place after the flight has lasted a certain time.

b) Random selected direction. The second type of flight is the one during which a certain course is adopted by means of visual stimuli. In *Ascia* the observations clearly show that the course is kept as a certain angle to the sun or the polarization of the sky, with allowance for the movement of the sun. It is, indeed, one of the most amazing performances in the world of animals, but not more incredible than that of birds and honeybees; and it is the only possible explanation covering the observations.

The height above ground in flight of this type is low, usually 1–4 m; in very calm weather some may ascend to 8–10 m. By "ground" is

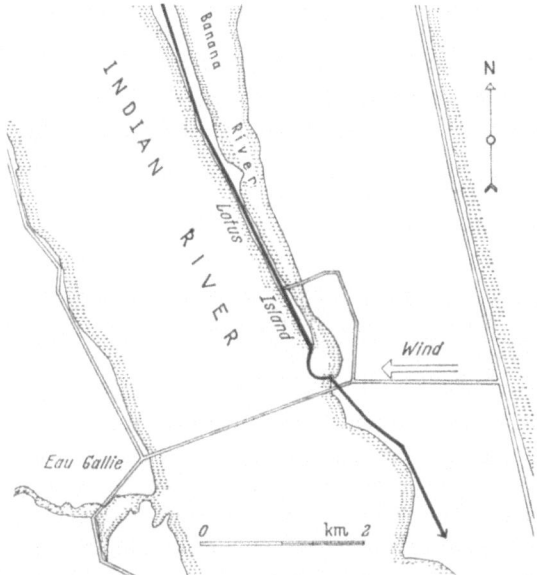

Fig. 6. Flight of *Ascia monuste* along the long, narrow Lotus Island between Banana River and Indian River on the East Coast of Florida. When the butterflies crossed the water towards the larger island close to the eastern end of the bridge to Eau Gallie, they kept oriented towards the nearest point of the shore but a strong east wind carried them in a curved flight over the water (NIELSEN 1960)

here meant the actual surface of the vegetation, in a densely wooded area they might rise above the tree tops, the canopy being the ,,ground". Of the several hundred migrations of *Ascia* observed, I have never seen any more than 10–12 m above ground; still, HAYWARD (1953) reports from Argentine of migrating *Ascia* in elevations of 900–1500 m. The species is the same one as in Florida, but a different subspecies.

Beside the sun compass orientation, *Ascia* is also using a direct visual orientation in relation to guide lines in the landscape if they do not differ more than about 15–20° from the original course. Crossing water, at least up to a distance of 500 m, these butterflies fly with a course towards a visually fixed point on the opposite coast. This is clearly seen from cases when there is a strong sidewind: as the migrants cannot make account for the displacement caused by the wind, the track will be arched towards the lee side and the approach to the coast will be tangentally against the wind (Fig. 5).

How the course is determined at the onset of the flight is not yet completely known but the topographical composition of breeding and feeding areas is at least for *Ascia* the most important factor (Fig. 6).

Most descriptions of migrations, especially of butterflies, are in agreement with those on *Ascia* and although there might be other types, it may be worthwhile to investigate to what extent they are in agreement with the flight of *Ascia* before entering into a variety of possible and impossible explanations. [To the latter category e.g. the idea that meteorological temperature gradients could influence the flight; it has very nicely been killed off by WILLIAMS (1958, p. 128)].

In the experiments with dispersal of isotope-tagged mosquitoes, PROVOST (1952, 1957) showed that although the majority of the migrants moved with the aircurrents, quite a few adopted a different course. Some of these must have had a serious struggle to find sheltered places permitting them during one night to move 5–10 km against a wind which, 2 m above the ground, was 2–3 times faster than the maximum speed of the mosquitoes.

c) Definite direction. The flight of the monarch differs from that of all other migrants so far known because its direction is fixed in regard to the cardinal points. It is true that in some other butterflies there seem to be a tendency to a similarly fixed course, e.g. *Vanessa cardui*, but these cases need much more investigation. The course and track of the fall migrations of the monarch being to the south – between SW and SE – cannot be doubted. But it differs from the *Ascia*-type of migration not only by the fixed direction but also in other respects. It is performed higher in the air, usually from 6–100 m above ground. In one case, a migration following the shore of Lake Michigan towards south, the migration was estimated to fly about 60–90 m above ground and single individuals up to 150 m. The wind was 6–7 m/sec SSW, against the flight. The careful observer (HARRY F. STILES, see URQUHART, 1960, p. 254–255) noticed that those close to the ground had more difficulty with the wind than those higher up and points to the possibility of a more favorable direction of the wind in the upper air. There are other observations of monarchs in high flights against fairly strong winds. *Ascia* would in such cases have kept very low trying to be sheltered by the vegetation. In some cases the flight is performed in fairly compact swarms, but often also as a diffuse flow with low density and a very wide front, quite different from the narrow streams of *Ascia*.

URQUHART (1960, p. 275) found the southward trend in the migratory flight remaining in monarchs with one antenna amputated but lost if both antennae were removed.

VI. Conclusion

In the enormous number of records of insect migrations, one thing strikes the reader as amazing: People have (with very few exceptions) with great care and interest watched migrants passing by; but they seemed never to have thought of trying to find where they come from or what was their destination.

Maybe they beforehand give it up because they have heard about the hundreds or thousands of kilometers covered by such migrations. It happens, of course; but in most cases a couple of hours in a car − or even on a bicycle − might have shown that the migration originated in the next county.

Stationary observations may be useful for finding the number of species which can display migratory flights but they are of little value for an understanding of the phenomenon.

The general problem of migration in insects is most conveniently divided into two categories: (1) the migratory urge, and (2) the migratory flight.

As to the first problem the following may be considered fairly well established facts:

In many insects, especially such as have a sexual latency after emergence, an urge to migrate will appear during this period.

The urge is, at least in many cases, released by the crowded conditions of a mass occurrence of the species, but there are probably other releasing factors as well.

A number of external factors might inhibit the release and sometimes delay it until the urge has disappeared.

The migratory flight caused by the urge can take rather different shapes in different insects. There can be distinguished between the more or less passive drift with aircurrents during which only the commencement and the cessation of the flight is actively controlled by the migrant.

In other cases the flight has a directional course which is either random or fixed towards one of the cardinal points.

It seems fairly well established that the directional flights are guided by the sun or the plane of polarized light, corrected by a time factor and aided by directly visual orientation.

Addendum

After the review was written I have read two important papers: KENNEDY (1961) and SOUTHWOOD (1962) which I believe is better discussed separately.

Both authors have in some important points the same view as advanced here: Migratory activity is a movement away from the habitat where the animal has previously lived, what here is called the home-range; during the migration the animal does not respond to normal stimuli as food, mate, or shelter. I think that it is enlightning to use, as Southwood does, the term "trivial" for movements which are not migratory.

Both authors also stress that migratory activity is what Johnson (1960) calls an evolved adaptation and they also agree with the idea that such activity is limited to a certain part of the life of the insect even if Johnson's idea that the first postteneral flight is the beginning of the migration has too many exceptions to be generally adopted.

In all these points I do not think there is any essential difference between the view-point of Southwood and Kennedy and the one exposed here.

Southwood has further advanced the hypothesis that migratory activity especially is found in insects living in temporary habitats because such species have more evolutionary advantages of migrations than do species living under more permanent conditions. A large number of examples support the idea.

Kennedy proclaims that we have arrived at a turning point in the study of migration. He bases this concept on the recent advances in the analysis of the migrations of locusts and aphids which, as referred above, have been shown to be a more or less passive transport by air currents controlled by an active behavior at the beginning and at the conclusion of the flight.

It is, of course, completely right to consider the progress in the understanding of migrations of locusts by the investigations of Rainey and Waloff, and of aphids by Johnson, Taylor, and Southwood as outstanding; and it should not be forgotten that Kennedy himself has made essential contributions in both fields.

To what extent this principle can be used for other types of migration is doubtful.

Kennedy considers the difference between trivial and migratory locomotion as a difference in the threshold of responses: During the migration the vegetative reflexes (meaning such connected with growth, feeding, mating, egglaying, etc.) are more or less inhibited, and there is a lowering of the threshold of a specific motoric response which forces the animal to move and go on moving. The directiveness observed in some insects is only apparent, and if in some cases there is an active orientation, this has yet to be shown. Beside the readiness to move, the migratory locomotion includes a "straightening-out" of the movement. A reversal of the thresholds for the locomotory and the antagonistic, vegetative responses brings the migration to an end.

I fail to see why it is more correct to describe the habits as "changes of thresholds" rather than in simple terms. If it is a question of semantics, I think that the simplest description is to be preferred; but if it is an expression of a dogmatic creed it is dangerous: To dress up simple observations in a cloak of unwarranted objectivity is to give a false impression of understanding. With a suitable definition of thresholds of sensitivity, all behavior may be described as change of thresholds but as long as the reflexes have not been properly analysed it is not justified to do so; and even if it was shown that habits simply are changes in thresholds, the essential problem is the still unsolved one: What causes these changes?

That the use of apparently "objective" terminology can be dangerous by causing misunderstandings can be seen from KENNEDY's own paper.

Migrating *Ascia* from small and medium sized outbreaks will feed in the morning before they embark on their migration which will be short or of medium duration; according to our terminology: a light or medium migratory urge. Such migrants do not stop for feeding en route. From the large outbreaks migrants with what is here called a strong urge to migrate leave for a travel of maybe ten hours. These migrants feed only little or not at all before the start but will occasionally stop for food during the migration. Actually it is not quite adequate to describe the feeding as a stop. Instead of the usual, casual flitting about, the migrants are actually snatching the nectar hardly stopping the wingbeat; often they will take one sip, begin to leave, and then take one more sip before they hastily rejoin the migration.

To describe this in an "objective" way and hope that anybody will understand the wobbling up-and-down of thresholds will be hard indeed, and the result will be of the type: there was a lowering of the threshold of "autotrophic reactions in relation to the graminetum". Personally, I prefer to say that we had tea on the lawn (T. A. STEPHENSON and ANNE STEPHENSON 1949).

KENNEDY does not accept a sharp line of demarcation between migration and other habits because the movements in both cases end with readiness to respond to some specific stimulus signalling a vegetative requirement. This is not in agreement with the observations of *Ascia*: The migratory locomotion does not end with readiness to respond to a "vegetative" stimulus; it ends with passing over to another type of locomotion which leads to the said response. This is the case with *Ascia monuste*, and must even more be the case with aphids. The migration ends when they leave the air current and start selecting the plant to land on.

The fear of using a "teleological" term as search or appetential behavior makes it impossible for KENNEDY to recognize the fundamental difference between the non-searching, migratory flight and the trivial flight after the release of other reflexes. For the sake of dogmatics he actually throws the baby out with the wash-water.

In the present review we have made a clear distinction between the motivation of the habit of migration which is more or less the same for all insects, and the way in which it is realized in the different types. KENNEDY is not using this distinction, but when he touches the problem of the flight direction he is exclusively referring to the passive transport of aphids and locusts. He does not completely exclude the possibility of an active orientation in some insects but seems simply to overlook the problem until he expects it to be shown to fit into his general concept.

That is, however, hardly the right approach to a general theory of migration; if one thing is clear, it is that in the type of orientation, butterflies (and probably many other insects, see above) are migrating in a way very much different from that of aphids and locusts, and any attempt to form a general theory without including all known facts is futile. But in the causation of migration all insects have fundamental similarities.

Literature

ALEXANDROV, N.: *Eurygaster integriceps* Put. à Varamine et ses Parasites. Publ. trimestrielle du Dept. Gén. de la Protec. des Plantes de l'Iran. p. 11—15 (Sept. 1947), p. 8—18 (Mars 1948), p. 13—21 (Juin 1948). Persian text: ibid. p. 28—41 (Sept. 1947), p. 28—47 (Mars 1948), p. 16—52 (Juin 1948).

COMMON, I. F. B.: A study of the ecology of the adult bogong moth, *Agrotis infusa* with special reference to its behavior during migration and aestivation. Aust. J. Zool. 2, 223—262 (1954).

DOWNES, J. A.: See WILLIAMS, C. B., et al. (1942).

FRAENKEL, G.: Die Wanderungen der Insekten. Ergebn. Biol. 9, 1—238 (1932).

HAYWARD, K. J.: Migrations of butterflies in Argentina during the spring and summer of 1951—1952. Proc. Roy. Entomol. Soc. (Lond.) A, 28, 63—73 (1953).

JOHNSON, C. G.: Ecological aspects of aphid flight and dispersal. Rep. Rothamsted Exp. Sta. for 1955, p. 191—201 (1955).

— The vertical distribution of aphids and the temperature lapse rate. Quart. J. Roy. Meteorol. Soc. 83, 194—201 (1957).

— A basis for a general system of insect migration and dispersal by flight. Nature (Lond.) 186, 348—350 (1960).

—, and L. R. TAYLOR: Periodism and energy summation with special reference to flight rhythms in aphids. J. Exp. Biol. 34, 209—221 (1957).

JOUGET (1928): quoted after C. B. WILLIAMS (1930).

KENNEDY, J. S.: Observations on the mass migration of desert locust hoppers. Trans. Roy. Entomol. Soc. (Lond.) 95, 247—262 (1945).

— The migration of the desert locust (*Schistocerca gregaria* FORSK.). I. The behaviour of swarms. II. A theory of long-range migrations. Phil. Trans. Roy. Soc. (Lond.) B, 235, 163—290 (1951).

— A turning point in the study of insect migration. Nature (Lond.) 189, 785—791 (1961).

LONG, D. B.: Effects of population density on larvae of Lepidoptera. Trans. Roy. Entomol. Soc. (Lond.) 104, 541—585 (1953).

MEYMERIAN, A. T.: (Unpublished reports from the Biological Station at Abu Ghraib, Ministry of Agriculture, Iraq).
NIELSEN, E. T.: On the habits of the migratory butterfly *Ascia monuste* L. Biol. Medd. Dan. Vid. Selsk. 23, 79 pp. (1960).
—, and A. T. NIELSEN: Contributions towards the knowledge of the migration of butterflies. Am. Museum. Novitates no. 1471, 29 pp. (1950).
PITMAN, C. R. S.: The area in the West Mile Provinces of Uganda from which start the great southward migrations of *Belenois mesentina* Cram. in Uganda and Kenya. Proc. Entomol. Soc. (Lond.) 8, 45—46 (1928).
PROVOST, M. W.: The dispersal of *Aedes taeniorhynchus*. I. Preliminary Studies. Mosquito-News 12, 174—190 (1952).
— The dispersal of *Aedes taeniorhynchus*. II. The second experiment. Mosquito-News 17, 233—247 (1957).
RAINEY, R. C.: Some observations on flying locusts and atmospheric turbulence in Eastern Africa. Quart. J. Roy. Meteorol. Soc. 84, 334—354 (1958).
— Some new methods for the study of flight and migration. XVth Int. Congr. Zool., Sect. XI, paper 13, 4 pp. (1960).
SOUTHWOOD, T. R. E.: Migration of terrestrial arthropods in relation to habitat. Biol. Rev. 37, 171—214 (1962).
STEPHENSON, T. A., and A. STEPHENSON: The universal features of zonation on rocky coasts. J. Ecol. 37, 301—302 (1949).
URQUHART, F. A.: The monarch butterfly. XXIV + 361 pp. Univ. of Toronto Press 1960.
UVAROV, B. P.: A revision of the genus *Locusta* L. (*Pachytylus* FIEB.) with a new theory as to the periodicity and migrations of locusts. Bull. ent. Res. 12, 135 to 163 (1921).
— Locusts and grasshoppers. XII + 352 pp. London: Imp. Bur. Ent. 1928.
WILLIAMS, C. B.: The migration of butterflies. XI + 473 pp. Biol. Monogr. Edinburgh-London: Oliver & Boyd 1930.
— Insect migration. XIII + 235 pp. The New Naturalist. London: Collins 1958.
— G. F. COCKBILL, M. E. GIBBS and J. A. DOWNES: Studies in the migration of Lepidoptera. Trans. Roy. Entomol. Soc. (Lond.) 92, 101—283 (1942).
ZWÖLFER, W.: Untersuchungen zur Epidemiologie der Getreidewanze *Eurygaster integriceps* PUT. Z. Entomol. 17, 227—252 (1930).

Namenverzeichnis — Author Index

Die gewöhnlich gesetzten Ziffern weisen auf die entsprechenden Stellen im Text und die *kursiven* Seitenzahlen auf das Literaturverzeichnis hin

Numbers in *italics* refer to the page-numbers in the bibliography, ordinary numbers refer to the page-numbers in the text

Abott, C. E. 63, *76*
Alexandrov, N. 178, *192*
Alexandrowicz, J. S. 5, 6, 7, 8, 9, 10, 11, 19, 22, *35*
— u. M. Whitear 11, 12, 13, 21, 23, *35*
Amans, L. 55, *76*
Anderson, N. G. 118, 120, 121, 122, 124, 128, 131, 167, *158*
Andres, G. s. Lehmann, F. E. 129, *160*
Andrewartha, H. G., u. L. C. Birch 92, 93, 94, 95, 96, *96*
Atsmon, D., u. E. Galun 107, *112*
— s. Galun, E. 107, *113*

Bacmeister, A. 86, 91, 96, *96*
Bangert 62, *76*
Barber, S. B. 19, *36*
— u. M. H. Segel 19, *36*
Barth, G. 21, 25, 26, *36*
Bauer, A. 46, *76*
Bayer, M. 47, *76*
Berchthold, R. s. Hirt, R. 151, 153, 154, *159*
Bernhard, W. s. Harven, E. de 122, *159*
Bertkau, P. 34, *36*
Bethe, A. 5, *36*
Bibring, Th. s. Mazia, D. 120, *160*
Biesele, J. J. 121, 122, *159*
Billard, G., u. C. Bruyant 73, *76*
Birch, L. C. s. Andrewartha, H. G. 92, 93, 94, 95, 96, *96*

Blakeslee, A. F. s. Warmke, H. E. 101, *115*
Böhm, K. 31, *36*
Borthwick, H. A., u. N. J. Scully 104, *112*
Boss, J. 122, 125, 128, 129, *159*
Bott, R. 49, *76*
Brachet, J. s. Mazia, D. 131, *160*
Bretscher, A. s. Lehmann, F. E. 121, 129, 131, 156, *160*
Bridges, C. B. 102, *112*
Brock, Druckrey u. Herken 129
Brues, u. Cohen, M. J. 129
Bruyant, C. s. Billard, G. 73, *76*
Buddenbrock, W. V. 56, *76*
Bueno, J. R. de la Torre 74, *76*
Bullock, T. H., M. J. Cohen u. D. M. Maynard 4, *36*
Burke, W. 21, *36*

Clar, E. 138, 139, 148, *159*
Cockbill, G. F. s. Williams, C. B. *193*
Cohen, M. J. 25, 26, *36*
— s. Brues 129
— s. Bullock, T. H. 4, *36*
Common, J. F. B. 177, *192*
Conrad, K. *112*
— u. K. Mothes 106, *112*
Cooker, R., u. V. Millsaps u. R. Rice 74, *76*

Correns, C. 99, 100, 112 *112*
Czwalina, A. 45, *76*

Dan, K. s. Inoué, S. *159*
Darwin 93
Davidson, H. s. Warmke, H. E. 105, *115*
Dawson s. Keppel 129
Delcourt 129
Dijkgraaf, S. 11, *36*
Domagk, G., S. Petersen u. W. Gauss 138, *159*
Downes, J. A. 175, *192*
— s. Williams, C. B. *193*
Dresden, D. s. Nijenhuis, E. D. 27, *37*
Druckrey s. Brock 129
Dustin, A. P. 129

Edgar, A. L. 34, *36*
Eggers, F. 20, *36*
Engelhardt, W. *76*
Erlenmeyer, H. 150, 151, 155, 156, *159*
Eschenmoser, A. 133, 136, 137
— s. Schreiber, J. 133, 136, *161*
Eymann, H. s. Tardent, P. 158, *161*

Finlayson, L. H., u. O. Lowenstein 15, 17, *36*
— u. D. J. Mowat 17, 18, *36*
— s. Osborne, M. P. 15, 16, *37*
— s. Slifer, E. H. 15, *38*
Fischer, O. 77

Namenverzeichnis — Author Index

Florey, E., u. E. Florey 7, 10, *36*
— s. Florey, E. 7, 10, *36*
Fraenkel, G. 162, 183, *192*
Friederichs, K. 87, *96*
Fuldner, D. 33, *36*

Galan, F. 108, 109, *113*
Galun, E. 106, 107, 108, *113*
— u. D. Atsmon 107, *113*
— Y. Jung u. A. Lang 108, *113*
— s. Atsmon, D. 107, *112*
Gauss, W. s. Domagk, G. 138, *159*
— s. Petersen, S. *161*
Geiger, F. s. Lehmann, F. E. 118, 123, 129, *160*
Geiger, W. s. Lehmann, F. E. 129, 137, 138, *160*
Gettrup, E. 28, *36*
Gibbs, M. E. s. Williams, C. B. *193*
Gisin, G. 83, *96*
Goldschmidt, R. B. 99, 112, *113*
Goodman, L. J. 2, *36*
Gray, E. G. 28, *36*
Gross, F. s. Schär, B. *161*
Günther, K. 87, 88, 91, 96, *96*
Gutmann u. Nagasawa 140

Hadern, H. s. Lehmann, F. E. 129, 133, 135, 138, 140, *160*
Haeckel 80
Hahn, H. P. 155
Hahn, H. P. v., u. F. E. Lehmann 156, 157, *159*
Hamilton, M. A. *77*
Hanna, G. L. s. Rick, L. M. 102, *114*
Harris, P. 153, *159*
Harry, F. Stiles 188
Hartmann, M. 99, 112, *113*
Hartwig, E. s. Lettré, H. *160*
Harven, E. de, u. W. Bernhard 122, *159*
Haskell, P. T. 33, *36*

Hatch, M. H. 49, 62, *77*
Hayward, K. J. 187, *192*
Heilbronn, A. 108, *113*
Hempel, G. 56, 64, *77*
Henzen, M. s. Lehmann, F. E. 118, 123, 129, *160*
Herich, R. 104, *113*
Herken s. Brock 129
Hertweck, H. 28, *36*
Heslop-Harrison, J. 99, 104, 106, 112, *113*
— u. Y. Heslop-Harrison 104, *113*
Heslop-Harrison, Y. s. Heslop-Harrison, J. 104, *113*
Hess, O. 125, 126, 128, *159*
Heumann, L. 61, *77*
Hirata, K. 104, *113*
Hirt, R. 140
— u. R. Berchthold 151, 153, 154, *159*
His, W. 157, *159*
Hoffmann, C. 31, *36*
Hoffmann, W. 103, 104, 105, *113*
Hoffmann-Berling, H. 128, *159*
Holmgren, E. 5, *36*
Huber, W. 132, 138, 141, *159*
Hütte 46, *77*
Hughes, A. *159*
Hughes, G., u. C. A. G. Wiersma 6, *36*
Hughes, G. M. 57, 73, *77*
Huhnke, W., C. Jordan, H. Neuer u. R. v. Sengbusch 106, *113*

Inoué, S., u. K. Dan *159*

Jacobs, W. 61, *77*
Jander, R. s. Linsenmair, K. E. 73, *77*
Johnson, C. G. 186, 190, *192*
— u. L. R. Taylor 190, *192*
Jordan, C. s. Huhnke, W. 106, *113*
Jouget 184, *192*
Jung, Y. s. Galun, E. 108, *113*

Karlson, P. 140, 150, *159*
Karny, H. *77*
Kaston, B. J. 34, *37*
Kennedy, J. S. 169, 189, 190, 191, 192, *192*
Keppel u. Dawson 129
Kinne, O. 87, *96*
Kittel, A. 64, *77*
Köhler, D. 103, 104, 105, 106, *113*
— u. A. Lang 104, *114*
Koella, W. 2, *37*
Korbashi, N., u. K. Nakamura *159*
Korschelt, E. 46, *77*
Kribben, F. J. s. Laibach, F. 107, *114*
Kühn, A. *159*
Kurtz jr., E. B. s. Nitsch, J. P. 107, *114*

Laibach, F., u. F. J. Kribben 107, *114*
Lambert, R., u. G. Teissier 56, *77*
Lang, A. s. Galun, E. 108, *113*
— s. Köhler, D. 104, *114*
Lauck, D. R. 70, *77*
Lehmann, F. E. 121, 122, 125, 126, 129, 137, 138, 140, 157, *159*
— u. G. Andres 129, *160*
— u. A. Bretscher 121, 129, 131, 156, *160*
— u. W. Geiger 129, 137, 138, *160*
— u. H. Hadorn 129, 133, 135, 138, 140, *160*
— M. Henzen u. F. Geiger 118, 123, 129, *160*
— u. V. Mancuso 123, 126, 128, 129, 131, *160*
— s. Hahn, H. P. 156, 157, *159*
— u. Scholl 156
— s. Nieuwkoop, P. D. 155, 156, *161*
Leimgruber, W. s. Schreiber, J. 133, 136, *161*

Lester s. Smith 140
Lettré, H. 118, 121, 122, 129, 130, 133, 136, 138, *160*
— u. E. Hartwig *160*
— u. R. Lettré 120, *160*
Lettré, R. s. Lettré, H. 120, *160*
Lewis, W. H. *160*
Limberk, J. 103, *114*
Lindauer, M., u. J. O. Nedel 32, 33, *37*
Lindroth, C. H. 82, *96*
Linsenmair, K. E., u. R. Jander 73, *77*
Lits 129
Livermann, J. L. s. Nitsch, J. P. 107, *114*
Long, D. B. 183, *192*
Loustalot, P. s. Schär, B. *161*
Lowenstein, O. s. Finlayson, L. H. 15, 17, *36*
Lowne, B. T. 2, 30, *37*
Ludwig, W. 42, 91, *77*, *96*
Lüscher, M. 135, 136, *160*
Lukoschus, F. 27, *37*
Lundblad, O. 74, *77*
Lust, S. 45, *77*

Macan, T. T. *77*
Mackay, E. L. 104, *114*
Mancuso, V. s. Lehmann, F. E. 123, 126, 128, 129, 131, *160*
Markl, H. 32, 33, *37*
Marsland, D. 145, *160*
Marxer, A. 118, 138, *160*
Maynard, D. M. s. Bullock, T. H. 4, *36*
Mazia, D. 122, 125, 126, 128, 129, 131, 154, *160*
— u. Th. Bibring 120, *160*
— J. BRACHET u. A. E. Mirsky *160*
Meier, R., u. B. Schär 138, *161*
Meyer, V. 118
Meymerian, A. T. 178, *193*
Mezaki, M. s. Nishiyama, I. 105, *114*
Millsaps, V. s. Cooker, R. 74, *76*

Mirsky, A. E. s. Mazia, D. *160*
Mitchell, J. S. 138, *161*
Mothes, K. s. Conrad, K. 106, *112*
Mowat, D. J. s. Finlayson, L. H. 17, 18, *36*
Murneek, A. E. 109, *114*
Murray, M. J. 109, *114*

Nachtigall, W. 46, 48, 59, 63, 67, 68, 74, *77*, *78*
Nagasawa s. Gutmann 140
Nakamura, K. s. Korbashi, N. *159*
Nebel, B. R. 129
Nedel, J. O. s. Lindauer, M. 32, 33, *37*
Needham, J. 121, 129, 130, 157, *161*
Neuer, H. s. Huhnke, W. 106, *113*
— u. R. v. Sengbusch 104, *114*
Neumann, D. 81, 86, *96*
Neumann, D. s. Strenzke, K. 85, *97*
Nicholsen 93
Nielsen, E. T. 167, 171, 173, 187, *193*
— u. A. T. Nielsen 171,*193*
Nielsen, A. T. s. Nielsen, E. T. 171, *193*
Nieuwkoop, P. D., u. F. E. Lehmann 155, 156, *161*
Nijenhuis, E. D., u. D. Dresden 27, *37*
Nishiyama, I., I. Yamada u. M. Mezaki 105, *114*
Nitsch, J. P., E. B. Kurtz jr., J. L. Livermann u. F. W. Went 107, *114*
Nursali, J. R. *78*
Nusbaum, J., u. W. Schreiber 5, *37*

Ono, T. 102, *114*
Osborne, M. P. 15, 18, 19, *37*
— u. L. H. Finlayson 15, 16, *37*

Palade, G. E., u. K. R. Porter 122, 123, *161*
Parry, D. A. 20, *37*
Pauson, P. L. 133, 136, 137, *161*
Pease, D. C. 145, *161*
Pepe, F. A. s. Peterson, R. P. 10, *37*
Pesaro, M. s. Schreiber, J. 133, 136, *161*
Peters, W. 32, *37*
Petersen, S., W. Gauss u. E. Urbschat *161*
— s. Domagk, G. 138, *159*
Peterson, R. P., u. F. A. Pepe 10, *37*
Peus, F. 81, 82, 85, 96, *96*
Pilgrim, R. L. C. 9, *37*
— s. Wiersma, C. A. G. 9, 10, 11, *38*
Pitman, C. R. S. 184, *193*
Popham, E. J. 31, 70, *37*, *78*
Porter, K. R. s. Palade, G. E. 122, 123, *161*
Prandtl, L. 42, *78*
Pringle, J. W. S. 15, 19, 28, 29, 30, 31, 34, *37*
Provost, M. W. 188, *193*

Rainey, R. C. 169, 170, 190, *193*
Rathmayer, W. 29, *37*
Rehm, E. 32, *38*
Rice, R. s. Cooker, R. 74, *76*
Rick, L. M., u. G. L. Hanna 102, *114*
Roberts 128
Robinson 184
Rötheli, A. 132, 138, 144, 146, *161*
Rogosina, M. 5, 15, *38*
Rosa, J. T. 106, *114*
Roth, W. 47, 48, *78*

Salpeter, M. M., u. C. Walcott 35, *38*
Schär, B. P. Loustalot u. F. Gross *161*
— s. Meier, R. 138, *161*
Schaffner, J. H. 103, 105, *114*

Namenverzeichnis — Author Index

Schindler, R. 133, 136, 137
Schiodte, J. C. 62, *78*
Scholl s. Lehmann, F. E. 156
Schramm, W. *78*
Schreiber, J., W. Leimgruber, M. Pesaro, P. Schudel, T. Threfall u. A. Eschenmoser 133, 136, *161*
— s. Nusbaum, J. 5, *37*
Schudel, P. s. Schreiber, J. 133, 136, *161*
Scully, N. J. s. Borthwick, H. A. 104, *112*
Segel, M. H. s. Barber, S. B. 19, *36*
Sengbusch, R. v. 103, 105, *114*
— s. Huhnke, W. 106, *113*
— s. Neuer, H. 104, *114*
Shifriss, O. 108, *114*
Slifer, E. H., u. L. H. Finlayson 15, *38*
Smith u. Lester 140
Sneep, J. 102, *114*
Snodgrass, R. E. 30, 73, *38*, *78*
Southwood, T. R. E. 189, 190, *193*
Staiger, H. 84, *97*
Stephenson, T. A., u. A. Stephenson 191, *193*
Stephenson, A. s. Stephenson, T. A. 191, *193*
Storch, O. 57, *78*
Stout, A. B. 109, *114*
Strauss-Dürkheim, H. 61, *78*

Strenzke, K. 81, 82, 83, 88, 89, 95, *97*
— u. D. Neumann 85, *97*
Stuart 19
Swann, M. M. 118, 122, 124, 131, *161*

Tardent, P., u. H. Eymann 158, *161*
Taylor, L. R. s. Johnson, C. G. 190, *192*
Teissier, G. s. Lambert, R. 56, 77
Thienemann, A. 74, *78*
Thorpe 89
Threfall, T. s. Schreiber, J. 133, 136, *161*
Thurm, U. 32, 33, *38*
Tiedemann, H. 158, *161*
Tindall, A. R. 71, *78*
Tonner, F. 5, 73, *38*, *78*
Tournois, J. 105, *115*
Tretzel, E. 92, *97*

Ullyett 94
Ulmer, G. *78*
Urbschat, E. s. Petersen, S. *161*
Urquhart, F. A. 174, 175, 176, 177, 182, 188, *193*
Uvarov, B. P. 168, *193*

Veldstra, H. *161*

Walcott, C. s. Salpeter, M. M. 35, *38*
Waloff 190

Warmke, H. E. 101, *115*
— u. A. F. Blakeslee 101, *115*
— u. H. Davidson 105, *115*
Waugh 128
Weber, H. 30, *38*
Went, F. W. s. Nitsch, J. P. 107, *114*
Wesenberg-Lund, C. 49, 70, 71, 72, 73, *78*
Westergaard, M. 99, 101, 102, 109, *115*
Wetzel, A. 26, *38*
Whitear, M. 22, 24, *38*
— s. Alexandrowicz, J. S. 11, 12, 13, 21, 23, *35*
Wiersma, C. A. G., u. R. L. C. Pilgrim 9, 10, 11, *38*
— s. Hughes, G. 6, *36*
Wilbur, K. M. 129, 136, *161*
Williams, C. B. 162, 164, 181, 184, 188, *193*
— G. F. Cockbill, M. E. Gibbs u. J. A. Downes *193*
Woker, H. 129, 132, 133, 135, 136, *161*
Worth, C. B. 63, *78*

Yamada, I. 104, *115*
— s. Nishiyama, I. 105, *114*
Yamamoto, Y. 102, *115*

Zawarzin, A. 5, 19, *38*
Zeuthen 131
Zwölfer, W. 178, *193*

Sachverzeichnis — Subject Index

Aal 65
Ablösungspunkt 45
Abplattung der Beinglieder 47
Aceanthrenchinon 149
Acenaphthenchinon 139, 148, 150
Acentropus 71
Achaeranea 35
Acilius 43, 44, 45, 46, 48, 49, 51, 52, 53, 54, 55, 57, 58, 59, 60, 61, 62, 63, 64, 68
Acnida 109
Adaptation 75
Adenin 153
Aëdes 65, 67, 68, 69
Aeschna 5, 15, 73
Agabus 43, 56, 71
AG-Komplex 99
Agrotis 177
Amaranthus 109
Aminoketone 151, 154, 156, 157, 158
1,4-Amino-naphthol 142
Aminopterin 153
Aminosäuren 124
Amöbe 129
Amphibien 133
Amphipoden 26
Analpapillen 85
Anaphase 128, 132
Anax 73
Androhermaphrodit 100, 106
Andromonözist 100, 101, 102, 110, 111
Andrözist 100
Anidation 91
Anisops 70
Anisoptera 73
Anomuren 12, 21, 26
Anormogenesen 141
Anpassung 75, 76, 80
Anstellwinkel 44, 45

Anthracen 148
Anthrachinon 148
Antimitotica 121, 130, 131
aphids 180, 186, 190
Apis 27, 32, 33
army-worms 179, 180
Arten, ubiquitäre 80
Ascia 163, 164, 171, 172, 173, 177, 180, 181, 182, 183, 184, 185, 186, 187, 188, 191
Ascophyllum 84
Asparagus 102
Astaciden 8
Astacura 9, 21, 26
Astacus 7, 10, 12, 13, 14, 21, 23, 26
Aster 123
Atemkammer 73
7-Äthoxy-2-oxychinoxalin 153
ATP 128
Auftauchbewegungen 67
Ausleger 70
Außenwelt 82
Autosomen 101
autozoische Dimensionen 91
Auxin 106, 107, 108, 109, 110, 112
Axialfilamente 23
Azulen 138, 140

Baëtidae 72
Baëtis 72
Barthsche Organe 21, 22
Belenois 184
Belostomatiden 70
Belostomum 48
Benzanthracenchinon 149
Benzochinon 132, 135, 139, 140, 141
Beschleunigungs-Weg-Diagramm 54

Bethesche Schwimmgabeln 57
Bidessus 44, 56
biosomatische Partikel 118
Biotopbindung 80
Biotope 80
bipolare Zellen 5
Birgus 26
Blaberus 18
Blattarien s. auch Schaben 15
Blepharoceriden 85
Blühinduktion 103, 104
Blütenpflanzen 98
bogong moth 163, 177, 181
Borstenfelder 32, 34
Borstenfeldsensillen 29, 30, 31, 33
Brachyuren 9, 12, 14, 21, 23, 26
Braconidae 72
Bremsen 45
Bryonia 108, 109
Buenoa 70

Calliphora 2, 31, 32
Calopteryx 72
Cancer 9, 12, 25
Cannabis 100, 102
Caprella 26
Carabiden 47, 56, 81
Carabus 56
Carcinostatica 130
Carcinus 12, 13, 21, 22, 23, 24, 27
Caryomeren 129
CB-(Coxopodit-Basipodit) Organ 22, 23, 24
Centrosphären 136, 138
Ceratopogon 65
Ceratopogoniden 64, 69
Chalcididae 72
Cheliceraten 19, 20, 34
Chemoreceptoren 3, 34

Sachverzeichnis — Subject Index

Chinon 139, 140
Chinone 132, 138
Chinoxalin 151, 152, 153, 157, 158
Chironomidenlarve 65, 66, 68, 69, 84
Chironomus 65, 81, 85, 86, 88
Chloëon 72, 73
Chloranil 139
Chloräthylamine 156
Chordotonalorgane 20, 21, 23, 27, 28, 29, 34
Chrysenchinon 149, 150
Chrysomia 94
Ciliarsegment 23
circadian movements 163
circadian rhythm 185
Cleome 109
Colchicin 129, 130, 132, 133, 134, 135, 136, 137, 138, 139, 146, 149, 157
Coleopteren s. auch Käfer 15, 16, 47, 48, 71, 74
Collembolen 74, 83
Colymbetes 71
Colymbetini 56, 64, 71
Cordylophora 87
Corethra 65, 66, 67, 68, 69, 70, 163
Corixa 47, 70
CP-(Carpopodit-Propodit) Organ 22
Crustaceen s. auch Krebse 5
Cucumis 106, 110
Culex 65, 66, 67, 68, 69
Culiciden 69
Cuticularsensillen 28, 29
Cybister 43
Cyclops 57, 72
Cymatia 70
Cytochrom b 140
Cytoklasie 121

Dacunsa 72
Danais 174, 175, 176
Dekapoden 6, 8, 10, 21
Demecolcin 137, 138
Desoxycholsäure 148, 149
Dermapteren s. auch Ohrwürmer 15, 16

Diapause 180
Dibromphenanthrenchinon 146, 147
Dimensionen, autozoische 91
Dimensionen, konditionale autozoische 87
Dimensionen, neutrale autozoische 88
Dimensionen, ökologische 91
5,7-Dimercaptothiazolo-(5,4 d)-pyrimidin 156
Dimethylaminoisatin 152
2,4-Diphenyl-imidazol 154
Diphenylimidazole 151
Dipteren 4, 15, 18, 19, 64, 65, 72
Dixa 66, 72
Dixippus 16
DL-α-Liponsäure 154
Dotilla 26
dragonfly 182, 183, 184
Drosophila 28, 102
Dytisciden 41, 44, 46, 49, 50, 56, 71
Dytiscini 56, 72
Dytiscus 43, 44, 45, 46, 47, 48, 56, 57, 62

E 96 154
Ecballium 108, 110
Einnischung 91
Eisenhaushalt 86
elastic receptor 13, 23, 25
Endoplasma 118, 119, 123, 124, 139
—, vesikuläres 123
endoplasmatisches Reticulum 123
Energetik des Schwimmens 63
Energiebilanz 63, 76
Entspannungsschwimmen 73
Ephemeriden 15, 72, 73
Eretes 47
Erschütterungssinnesorgane s. auch Vibrationssinnesorgane 21
Eupagurus 12, 13, 21
Eurygaster 178

Expansionsschwimmer 73
Extensor tibiae 46

Faktoren, geschlechtsproduzierende 99
Fasern, akzessorische 7
Fasertrakt 17
Fettsäuren 128
Filterwert 76
Fische 41
Flexor tarsalis 47
— tibiae 46
Flügel 29
Flügelschwimmer 72
Flüssigkeit, interstitielle 124
—, intracelluläre 119
FM-Faktoren 99
FM-Geschlechtsdeterminatoren 99
Folsäure 153
Forficula 31
Formica 32
Formiciden 31, 32
Fortschrittszahl 76
Furchung 132
Furchungsmitose 125

Gammarus 88
Gelenkreceptoren 19, 34
genotypische Geschlechtsbestimmung 100, 108
Geocorisae 73
Gerris 74
Geschlechtsausprägung 105, 107
Geschlechtsbestimmung 98
—, genotypische 100, 108
—, phänotypische 100, 108
Geschlechtsdimorphismus 100
Geschlechtsrealisatoren 112
Geschwindigkeit 56
Geschwindigkeits-Weg-Diagramm 54
Gibberellinsäure 104, 107, 108
Gleitzahl 76
Glyphotaelius 72
granuläre Partikel 119

Sachverzeichnis — Subject Index

Graphoderes 43
gregarious inertia 169
— phase 168, 181
Grenzschichtturbulatoren 45
Grillen 31
Grundplasma 118
Gryllus 31
Gütegrad 43, 44, 64, 68, 75, 76
Gymnohermaphrodit 100
Gymnomonözist 100
Gynözist 100
Gyrinidae 50, 72, 74
Gyrinus 46, 48, 49, 50, 51, 52, 53, 54, 56, 58, 59, 60, 61, 62, 63, 70, 72

Haarsensillen 29, 30, 31, 33
Halipliden 71
Halteren 29
Hämoglobin 86
Hanf, polyploider 105
Harpalus 81
Hauptorgan 25
Hebrus 81
Hemipteren 16, 47, 48
Hemmfasern 7, 9
Hemminnervation 8, 10
Hermaphrodit 100
Herzneuronen 4
Heteropteren 31, 69, 73
Heuschrecken s. auch Orthopteren 2, 16, 21, 31
Homarus 6, 7, 9, 10, 12, 13, 14, 21, 23
homerange 164, 190
Homopteren 28, 31
Hyaloplasma 118, 123, 124
Hydrocampa 72
Hydrometra 73
Hydrophiliden 44, 46, 47, 71, 72
Hydrophilus 48, 57, 63, 72
Hydroporinen 56, 64, 71
Hydroporus 57
Hydroscorisen 69
Hydrous 48
Hygrobiiden 71
Hygrotus 56

Hymenopteren 15, 16, 29, 31, 32, 33
Hyphydrus 43, 44, 56, 71
Hypogastrura 83

Ilybius 56, 57, 71
IM-(Ischiopodit-Carpopodit)Organ 22
Imidazole 154
innervated elastic strands 11, 13, 14
Insekten 10, 15, 19, 20, 27, 28, 29, 41
Interkinese 125
Interphase 118, 122, 135
intersex 100, 106
interstitielle Flüssigkeit 124
intracelluläre Flüssigkeit 119
Isatinderivate 151
Isatine 152
Isotoma 83

Johnstonsche Organe 26, 27

Käfer s. auch Coleopteren 4
Kathepsin 151, 156
Kernbereich, physiologischer 122, 123
Kernmembran 122, 129
Kern-Plasma-Relation 118
kinematische Zähigkeit 41
konditionale autozoische Dimensionen 87
Konkurrenz, interspezifische 92, 93
—, intraspezifische 92
Koordination 57
Krabben 16
Krebse s. auch Crustaceen 19, 20, 21, 27
Kurztagpflanzen 103

Laccophilini 56
Laccophilus 44, 56
Landwanzen 47
Languste s. auch *Procambarus* 11
Leander 8, 9

Lecithinblocker 148
Lepidopteren s. auch Schmetterlinge 15, 17, 28, 71, 72
Lestes 72
Leucania 179
Libellula 33, 184
Limnodites 73
Limnozetes 82
Limulus 19, 20, 21
Lipoide 126
Liponsäure 156
Lobulationen 125, 127, 134
Locusta 16, 31, 33
locusts 168, 169, 179, 180, 181, 182, 183, 185, 186, 190
locust swarm 169, 170, 171
Lucilia 93, 94
Lynchis 101
lyriforme Organe 34, 35

Maja 12
Malacostraken 7
MC-(Meropodit-Carpopodit)Gelenk 25
MC-(Meropodit-Carpopodit)Organ 22
Megalopteren 15, 16, 71
Meiose 127
Melandrium 101, 108, 110
Melanoplus 181
Melolontha 19, 163
Mercaptoäthanol 154, 156, 158
Mesovelia 74
Metaphase 132
Metazentrum 45
4-Methoxy-6-oxy-2,5-toluchinon 139
Methyl-bis-(β-Chloräthyl) Amin-Chlorid 154
Metriocnemus 89
Microvelia 74
migration 162, 163
migratory flight 185
Milieuwiderstände 87, 89, 90
Minimalumwelt 84, 87, 88
Mitochondrien 18, 119, 123, 140, 147, 150

Sachverzeichnis — Subject Index

Mitose 116, 118, 120, 122, 127, 134
Mitoseapparat 120, 123, 125, 136
Mitosegifte 129, 130, 132
Modifikatorgen 107
monarch butterfly 163, 167, 174, 177, 181, 182, 184, 186, 188
Monözist 100, 103, 110, 111
Moosmilben 82
mosquitoes 180, 188
Mucopolysaccharide 124
muscular receptors 11, 12, 13, 14, 15, 23, 25
Muskelreceptororgane 6, 7, 8, 9, 10, 14, 15, 16, 17, 18
Muskelsehne 7
Muskelspindel 17
Muskeltonus 30
Myochordotonalorgane 21
Myosin 128
Myriapoden 20
Myrmiciden 32

Na-Chi = Naphthochinon
Nackenorgan 31, 32, 33
Nackenpolster 33
Naphthochinon 132, 140, 141, 142, 143, 144, 145, 146
Naphthylessigsäure 107
Naucoris 47, 48, 70
Nepa 16, 48, 69
Nervenplexus, subepithelialer 19
Nervenzellnetz 5
Neuronen, sensible 4
Neuroptera 72
neutrale autozoische Dimensionen 88
Newtonsches Widerstandsgesetz 42
Nicotinsäureamid 154, 156
Nische, ökologische 91, 92
N-Methyl-, 5-dimethylisatin 152
Notonecta 48, 62, 70
nuclear bag 17
Nucleolen 122

Nucleotide 124
N-Zellen 10, 11, 14, 15

Oberflächenläufer 73
Odonaten 15, 72, 73
Ohrwürmer s. auch Dermapteren 31
Ökologie 79
ökologische Dimensionen 91
— Nische 91, 92
— Potenz 89, 90, 91
— Umwelt 85, 91
Orectochilus 63, 72
Oribatiden 82
Orthopteren s. auch Heuschrecken 28

Paguriden 5
Palaemon 5
Paläogyrinus 47
Palinura 21
Palinurus 6, 7, 8, 12, 21
Panulirus 9, 11
Paracentrotus 121
Partikel, biosomatische 118
—, granuläre 119
—, vesiculäre 119
PD-(Propodit-Dactylopodit) Organ 22, 23, 27
Pelobius 71
periodicity 179
Periplaneta 27, 31
Peritrichen 45
Petroleumfliege 89
Phalangium 34
Phänokopie 103
phänotypische Geschlechtsbestimmung 100, 108
Phase, sensible 135
Phasmiden 15
Phe-Chi = Phenanthrenchinon
Phenanthren 140, 148
Phenanthrenchinon 132, 139, 144, 145, 146, 147, 149
Philanthus 29
Phormia 18
Phosphatidblock 140, 151, 153

Photoperiodik 103, 106, 107
Phryganea 74
Pieris 166, 180, 182
Pimanthrenchinon 146, 147
Pinguine 58
Pinocytose 129
Plasmalemma 118, 124, 129, 139
Plea 70
Plecopteren 15, 16
Plecopterenlarve 71
Podura 74
polarization 186
Polymorphismus 84
Polynema 73
Polypeptide 124
Positivzone 89, 90
Postpetiolus 32
Potenz, ökologische 89, 90, 91
Prestwichia 72
Procambarus s. auch Languste 9, 10
Proctotrupidae 73
Profilprinzip 58
Pro-Metaphase 132
Prophase 135
Proprioceptoren 3
Prosternalorgan 2, 31, 32
proximales Organ 25, 26
Psilopa 89
Pteridine 151, 152
Puppe 66, 67
Purpura 84
Purpurogallin 137

Radiomimetica 156
Ranatra 48, 69, 70
Receptormuskeln 6, 10
Regeneration 157, 158
Regenerationshemmer 156
Retenchinon 146, 147
Reticulum, endoplasmatisches 123
Reynoldsche Zahl 41, 42
Rhagovelia 74
Rhantus 71
Rhodnius 16
Ribosomen 123
Richtungskörper 127
Ricinus 108
Robben 58

Rotator femoris 46
Rückresorptionsgrad 76
Rückstoßschwimmer 73
Ruderbein 43, 47
Ruderschlag 51, 58
Ruderschwimmer 69
Rumex 102, 105, 111

Samia 17
Saltatorien 15
Säugetiere 133
Schaben s. a. Blattarien 31
Schistocerca 16, 33
Schlagbewegung 51
Schlagfrequenz 57
Schlängelschwimmer 72
Schmetterlinge s. auch Lepidopteren 15, 16, 18
Schnicksen 46
Schub 58
Schubleistung 69
Schwereorientierung 34
Schweresinnesorgane 33
Schwerpunkt 45
Schwimmblase 67
Schwimmblättchen 49, 50, 51, 52
Schwimmen 48
Schwimmfächer 74
Schwimmgabeln 71
Schwimmhaare 49, 50, 51, 52, 53
Schwingungsdämpfung 45
Sciara 179
Scirpus 89
Seeigel 131, 133, 136, 156, 158
Seeschildkröten 58
Selbststabilisierung 45
sensible Phase 135
Sensilla chaetica 30
Sensilla trichodea 30
Sensillen, campaniforme 29, 30, 34
Setodes 71
sexual latency 180
Sialis 17, 71
Sigara 47, 48, 70
Siphlonuridae 72
Sisyriden 72
Skolopidium 23
Skolopidien, heterodyniale 23
—, isodyniale 23, 24

Skorpione 19
Sminthurides 74
Spaltsinnesorgane 34
Spindelkörper 123
Spinnen 19, 20, 34
Sprungbewegungen 67, 68
Squilla 6, 8
Stabilität 45
Stachel 29
Standorttypen 80
Staphilinidae 73
Staudruck 42
Staupunkt 45
Stenotopie 81
Stenus 73
Sterinhormone 148
Steuerung 60, 69
Stilboestrol 132
Stokesches Widerstandsgesetz 42
Stomatopoden 6, 7, 10
Streckreceptoren 4, 10, 15, 16, 18, 19
Strömungsanpassung 42
Subandrözist 100
Subgenualorgane 21, 27
Subgynözist 100, 103, 104
sun compass orientation 187
sunn bug 163, 178, 181
Suppressorgene 101, 109, 111

Tarsus 47
Tegenaria 20
Telophase 132, 133
Terminalfaden 23
Tetraphenchinon 139, 140, 149, 150
Tetraripis 74
Theodoxus 86, 88
Thermoreceptoren 3
Totwassergebiet 45
Trägheitskräfte 41
Triaenodes 71
Trichopteren 15, 17, 71, 72, 74
Trimonözist 100, 102
Tropfenform 44
Tropfenkörper 42
Tropolon-Derivate 137
Tropolone 136
Tryptophan 151, 152
Tubifex 121, 122, 123,

124, 125, 126, 129, 131, 132, 133, 134, 135, 136, 137, 138, 140, 149, 150, 152, 153, 156, 158
Tumorbiologie 130
Tympanalorgane 21, 27

Ubichinon 140, 147
ubiquitäre Arten 80
Umgebung 82
Umströmung 44
Umwelt 79, 82, 87
—, ökologische 85, 91
Umweltfaktoren 84

Vanessa 186, 188
Velia 73, 74
vesiculäre Partikel 119
Vibrationssinnesorgan s. auch Erschütterungssinnesorgane 34, 35
Vögel 41
Vortrieb 58, 59
Vortriebsprinzip 57

Wasserkäfer 41
Wassersäuger 41
Widerstandsbeiwert 42, 44, 47, 68, 69, 75, 76
Widerstandsgesetz 42
Widerstandsverteilungskurve 59, 60
Wirkungsgrad 43, 59, 60, 63, 68, 75, 76
Wuchsstoff 106, 107

X-Chromosom 101, 102
Xenopus 135, 136, 137, 151, 153, 154, 156, 157, 158
Xiphosuren 4, 19, 20

Y-Chromosom 101, 102

Zähigkeit, kinematische 41
Zähigkeitskräfte 41
Zellhaut 118
Zellkern 122
Zellmembran 124
Zellsaft 119
Zellverdoppelung 122, 125
Zentrosom 122, 126
Zentrum, mitotisches 122
Zygopteren 72

The manufacturer's authorised representative in the EU is Springer Nature Customer Service Centre GmbH, Europaplatz 3, 69115 Heidelberg, Germany. If you have any concerns regarding our products, please contact ProductSafety@springernature.com

Printed and bound by CPI Group (UK) Ltd, Croydon, CR0 4YY
23/03/2026
02076675-0013